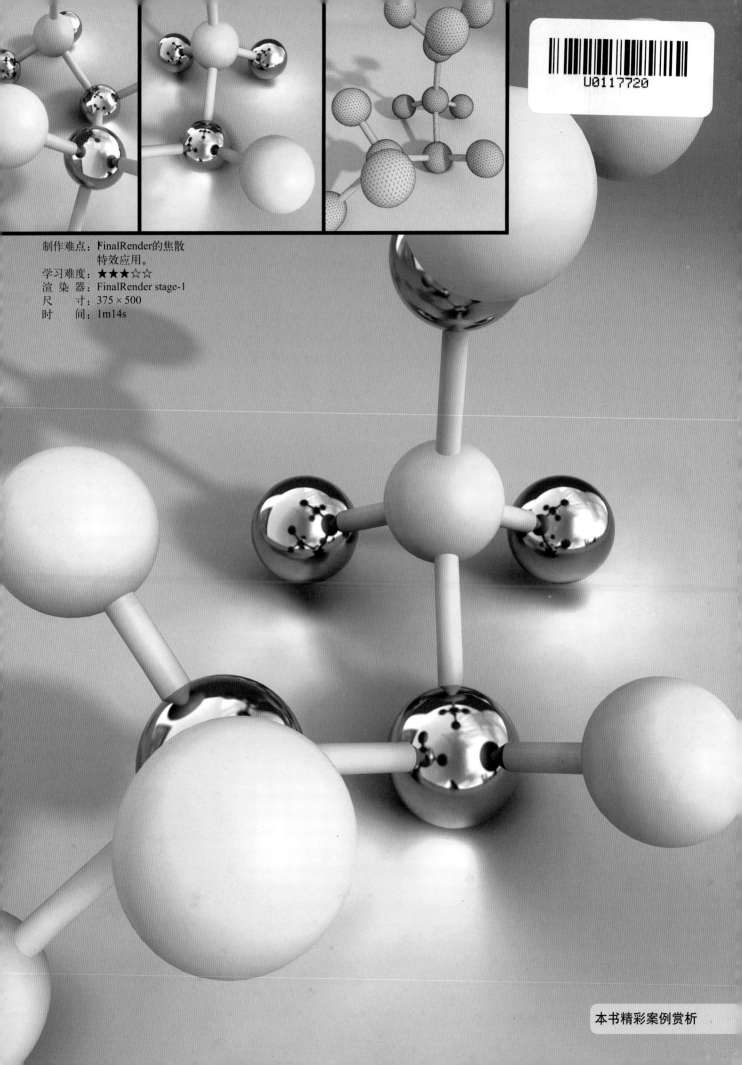

制作难点：FinalRender的焦散
　　　　　特效应用。
学习难度：★★★☆☆
渲 染 器：FinalRender stage-1
尺　　寸：375×500
时　　间：1m14s

U0117720

本书精彩案例赏析

制作难点：长满苔藓的地面材质、破旧并且
贴满报纸的墙壁材质。
学习难度：★★★☆☆
渲 染 器：finalRender stage-1
尺　　寸：500×344
时　　间：16m8s

本书精彩案例赏析

制作难点：凹凸不平的墙壁与地面
　　　　　材质、逼真的竹筐材质、
　　　　　蔬菜与真实的鸡蛋材质。
学习难度：★★★★☆
渲 染 器：VRay 1.50 SP2
尺　　寸：500×344
时　　间：3m16.1s

本书精彩案例赏析

制作难点：拉丝金属质感、精细纹路的木制镜管
材质、小场景不光技巧。

学习难度：★★★☆☆

渲 染 器：VRay 1.50 SP2

尺　　寸：500×375

时　　间：1m27.1s

本书精彩案例赏析

制作难点：HDRI贴图的应用技巧、
　　　　　金属生锈后的斑驳质感。
学习难度：★★☆☆☆
渲 染 器：VRay 1.50 SP2
尺　　寸：391×500
时　　间：19.8s

制作难点：户外光线的模拟、真
　　　　　实植物材质。
学习难度：★★★☆☆
渲 染 器：FinalRender stage-1
尺　　　寸：406×500
时　　　间：10m44s

制作难点：通过坦克实例学习怎样使用【Matte/Shadow】
材质使地面与背景自然过渡。
学习难度：★★★☆☆
渲 染 器：FinalRender stage-1
尺　　寸：500×375
时　　间：1h1m47s

制作难点：工业产品各种部件
　　　　　材质的表现。
学习难度：★★★☆☆
渲 染 器：VRay 1.50 SP2
尺　　 寸：500×375
时　　 间：4m23.3s

制作难点：运用【VRayHDRI】贴图模拟
　　　　　环境光源。
学习难度：★★★☆☆
渲 染 器：VRay 1.50 SP2
尺　　 寸：500×313
时　　 间：12.6s

制作难点： 多种破旧材质的制作，真实光源的创建。

学习难度： ★★★★☆

渲 染 器： FinalRender stage-1

尺 　 寸： 500×344

时 　 间： 31m23s

制作难点： 运用VRayFur模拟绳子上的绒毛效果。

学习难度： ★★★☆☆

渲 染 器： VRay 1.50 SP2

尺 　 寸： 500×375

时 　 间： 35.0s

本书精彩案例赏析

制作难点：运用药片实例介绍VRay
　　　　　景深特效的实现；
学习难度：★★★★☆
渲 染 器：VRay 1.50 SP2
尺　　 寸：391×500
时　　 间：6m3.9s

双剑合璧

3ds max 2009/VRay & FinalRender
渲染传奇

杨彩平　何智娟　编著
飞思数码产品研发中心　监制

电子工业出版社.
Publishing House of Electronics Industry
北京·BEIJING

内容简介

本书用视频化教程、配以大量丰富的实例，为读者深入地讲解3ds max的两大渲染器VRay和FinalRender的功能及其实际应用。

全书结构顺序按两个渲染器分为两大部分，总共16章，内容主要围绕两个渲染器的灯光照明设置、材质设置、环境设置、渲染设置，并在每章根据不同渲染器的应用，结合不同类型的实例进行讲解。让读者可以系统、全面地掌握室内效果图、产品设计效果表现、CG艺术作品等各种渲染表现方式的制作过程。

本书配套光盘中提供了超大容量的多媒体视频教学录像，与图书内容相辅相成，是图书内容的扩充和升华，方便读者学习，从而提高读者的学习效率。

本书特别适合那些想要或正在学习3ds max的新手和希望深入掌握渲染技巧的读者使用。

未经许可，不得以任何方式复制或抄袭本书之部分或全部内容。
版权所有，侵权必究。

图书在版编目（CIP）数据

双剑合璧3ds max 2009/VRay&FinalRender渲染传奇／杨彩平，何智娟编著.−北京：电子工业出版社，
2009.5
（3D传奇）
ISBN 978−7−121−08299−3

Ⅰ.3… Ⅱ.①杨…②何… Ⅲ.三维−动画−图形软件，3DS MAX 2009 Ⅳ.TP391.41

中国版本图书馆CIP数据核字（2009）第020941号

责任编辑：王树伟 李利健
印　　刷：中国电影出版社印刷厂
装　　订：三河市皇庄路通装订厂
出版发行：电子工业出版社
　　　　　北京市海淀区万寿路173信箱　邮编：100036
开　　本：889×1194　1/16　印张：20　字数：576千字　彩插：12
印　　次：2009 年 5 月第 1 次印刷
印　　数：4 000册　　　定价：85.00元（含光盘1张）

前言

随着计算机技术的飞速发展，CG艺术和技术也得到了长足的发展。三维创作是CG的重要分支。三维创作软件有很多，例如3ds max、Maya、Sofitmage／XSI、Lightwave等都是三维创作的著名软件。

渲染器是3D设计软件中最具有诱惑力的工具之一，拿3ds max来说，其功能十分强大。但只是渲染器还不够完善，此时众多的外挂渲染器很好地解决了这个问题。FinalRender stage-1是四大渲染器中较为复杂的一个，其功能全面、强大，其速度和质量在四大渲染器之中较为均衡。VRay渲染器是优秀的光能渲染系统，它以快速的渲染速度、高品质的图像、简单的操作和对max材质的良好支持，赢得了广大max用户的喜爱。

本书是应广大读者的迫切需求，用视频化教程、配以丰富而典型的实例，完美地将VRay和FinalRender的基础知识讲解与具体实例制作紧密相结合，采用边讲解、边操作的方式，对软件命令及应用做了深入细致的描述。书中实例题材广泛，涵盖CG艺术作品、工业产品设计、室内效果图设计等诸多方面，在收录经典作品的同时，向读者展示了最前沿的技术与解决方案。

本书通过大量的经典实例，全面介绍了3ds max的两大渲染器FinalRender、VRay渲染器的功能、参数和特点，全面展示了渲染器实现各种效果的详细步骤。

全书结构顺序按两个渲染器分为两大部分，总共16章，内容包括摄像机的创建和使用、灯光照明设置、使用VRay和FinalRender特有的材质和贴图、VRay和FinalRender渲染参数的设置等。具体内容如下：

第1章简单介绍VRay和FinalRender渲染器的功能；第2章讲述VRay渲染器光源系统、材质系统、渲染设置面板的相关知识；第3章通过子弹实例介绍运用"VRayHDRI"贴图模拟环境光源；第4章介绍运用VRayFur模拟绳子上的绒毛效果；第5章运用药片实例介绍VRay景深特效的实现；第6章讲述如何运用材质模拟户外环境；第7章运用指南针实例讲述金属和木纹质感的体现；第8章运用静物实例介绍多种植物果实与泥土地面材质的制作；第9章讲述工业产品——显卡的制作；第10章通过简约客厅实例讲述室内效果图的制作流程；第11章介绍FinalRender渲染器的光源系统、材质系统、渲染设置面板的相关知识；第12章通过分子仪实例讲述如何使用FinalRender渲染器制作焦散特效；第13章通过门锁实例实现FinalRender的景深特效；第14章通过坦克实例学习怎样使用"Matte/Shadow"材质使地面与背景的过渡自然；第15章通过破旧自行车实例学习旧质感的体现；第16章通过仙人球实例学习户外光线与质感的控制。

本书特别适合那些想要或正在学习3ds max的新手和希望深入掌握渲染技巧的读者使用。

编　著　者

e 联系方式

咨询电话：（010）88254160　　88254161-67

电子邮件：support@fecit.com.cn

服务网址：http://www.fecit.com.cn　　http://www.fecit.net

通用网址：计算机图书、飞思、飞思教育、飞思科技、FECIT

光盘使用说明

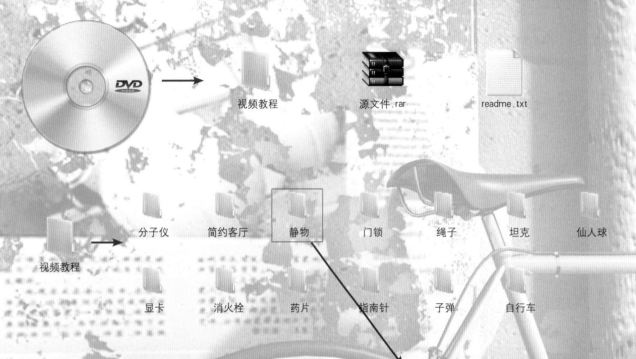

视频教程　　　　　源文件.rar　　　　readme.txt

视频教程

分子仪　　简约客厅　　静物　　　门锁　　　绳子　　　坦克　　　仙人球

显卡　　　消火栓　　　药片　　　指南针　　　子弹　　　自行车

"视频教程"文件夹中包含13个精彩案例的视频教学录像（共计72个高清晰视频教学录像，配有语音同步讲解，播放时间长达680分钟）。

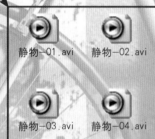

静物—01.avi　　静物—02.avi

静物—03.avi　　静物—04.avi

为了降低读者的购书成本，我们将源文件进行了压缩，读者可以先将压缩包拷贝到硬盘中，使用winrar软件解压后，即可正常使用。

源文件.rar 解压后，可以发现"源文件"中共有14个文件夹，文件夹中包含了每个案例所应用到的素材文件与场景文件，方便读者练习使用。

源文件

分子仪	简约客厅	静物	门锁
汽车	绳子	坦克	仙人球
显卡	消火栓	药片	指南针
子弹	自行车		

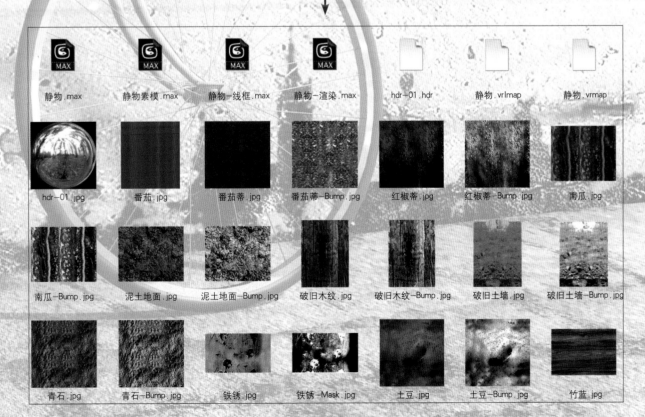

静物.max	静物素模.max	静物-线框.max	静物-渲染.max	hdr-01.hdr	静物.vrlmap	静物.vrmap
hdr-01.jpg	番茄.jpg	番茄蒂.jpg	番茄蒂-Bump.jpg	红椒蒂.jpg	红椒蒂-Bump.jpg	南瓜.jpg
南瓜-Bump.jpg	泥土地面.jpg	泥土地面-Bump.jpg	破旧木纹.jpg	破旧木纹-Bump.jpg	破旧土墙.jpg	破旧土墙-Bump.jpg
青石.jpg	青石-Bump.jpg	铁锈.jpg	铁锈-Mask.jpg	土豆.jpg	土豆-Bump.jpg	竹蓝.jpg

光盘视频路径

目录

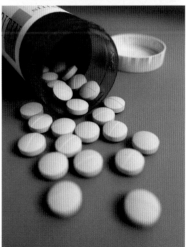

第1章 VRay和FinalRender简介

　　本章主要介绍VRay和FinalRender渲染器的功能和特点，接着对两款软件进行比较。同时给出了运用这两个渲染器渲染的部分优秀作品，希望能够提高和增强读者学习这两款软件的兴趣。

1.1 VRay渲染器

VRay是比较流行的外挂渲染器之一，它是由chaosgroup（http://www.chaosgroup.com）和asgvis（www.asgvis.com）公司出品，在中国由曼恒公司（www.vraychina.com.cn）负责推广的一款高质量的渲染软件。

VRay是目前业界最受欢迎的渲染引擎之一。基于V-Ray内核开发的有VRay for 3Dmax、Maya、Sketchup、Rhino等诸多版本，为不同领域的优秀3D建模软件提供了高质量的图片和动画渲染。除此之外，VRay也可以提供单独的渲染程序，方便使用者渲染各种图片。

VRay渲染器提供了一种特殊的材质——VRayMtl。在场景中使用该材质能够获得更加准确的物理照明（光能分布）、更快的渲染效果、更方便的反射和折射参数调节。使用VRayMtl，你可以应用不同的纹理贴图控制其反射和折射，增加凹凸贴图和置换贴图，强制直接全局照明计算，选择用于材质的BRDF。

VRay光影追踪渲染器提供了较为强大的功能。如：真正的光影追踪反射和折射；平滑的反射和折射；可创建石蜡、大理石、磨砂玻璃等半透明材质；特有的VRayshadows柔和阴影，包括方体和球体发射器；提供了间接照明系统，可采取直接光照和光照贴图方式（HDRi）；能实现运动模糊、焦散、摄像机景深特效；有着优秀的抗锯齿功能。它包括fixed、simple 2-level和adaptive approaches等采样方法。

VRay渲染器在建筑设计、工业设计、产品设计方面应用广泛，都拥有大量成功的作品，如图1-1所示。

图1-1

1.2 FinalRender渲染器

FinalRender是一款针对3ds max的第三方渲染器插件，它的出现给3ds max带来了革命性的变化，解决了3ds max自身渲染器做不到的问题，为高水平的效果图绘制带来很多便利。

FinalRender的功能包括：高级、快速的全局照明系统；多种全局照明渲染引擎可选；完全支持分散光线追踪特效；建立在全局照明基础上的现实性非常强的散焦效果；真实体积光的次表面光线发散，模拟半透明材质；高级自适应的像素次取样技术以抗锯齿；真正支持HDRI图像（无须灯光用背景图像即可照明场景）；建立在3ds max内部的快速光线追踪系统；建立在自然基础上的景深光线追踪式摄像机特效；特别快的光线追踪式柔和阴影；真正的局部灯光发生器（基于物体的灯光，把一个圆柱体变成一个光源），基于自然的漫反射模糊光线追踪方式；彩色体积阴影，彩色阴影贴图，完全支持渲染特效的界面，完全支持标准的渲染云素（如反射、漫反射等）、反射与折射散焦效果；完全支持气效光（如雾）、体积光中的光线追踪阴影，彩色阴影贴图存到硬盘中，加强了光线追踪式的阴影，崭新的圆柱体式局部灯光类型，光线追踪式局部灯光体积阴影，新的体积光能量图，体积光比3ds max内部的体积光快10倍以上。

其实，FinalRender渲染器在针对建筑及室内表现方面做了很多努力。对室内的材质表现，专门设有材质过滤器补丁，使其材质表现能力非常强大，尤其是绸料的表现。在灯光渲染方面，自带一系列灯光体系，可以同3ds max的标准灯光和光度学灯光混用。在天光制作上也是非常出色的。FinalRender比较注重气氛的表现，有很好的艺术表现力。

运用FinalRender渲染器进行渲染也可制作出大量优秀的作品，如图1-2所示。

图1-2

1.3 VRay和FinalRender渲染器对比

VRay和FinalRender作为当前主流的渲染器，各具优势。它们既有相同点，也有各自的特性。VRay渲染器主要用于渲染一些特殊的效果，如次表面散射、光迹追踪、焦散、全局照明等。

VRay是一种结合了光线跟踪和光能传递的渲染器，其真实的光线计算创建专业的照明效果，可用于建筑设计、灯光设计、展示设计等多个领域。其特点是渲染速度快，目前很多制作公司使用它来制作建筑动画和效果图。

VRay渲染器设置简单是一大特色，它的控制参数并不复杂，完全内嵌在材质编辑器和渲染设置中，这为初学者快速入门提供了可能。

VRay渲染器有"焦散王"的称号，在焦散方面的效果是渲染器中较为优秀的。

FinalRender渲染器是市面上第一个提供加强版次表面光线分散效果（sub-surface light scattering effects，简称3S）的渲染器，它能让内部的物体在外部的物体上产生真实的阴影效果，尤其是在制作类似人类皮肤、玉器、水果、蜡烛等半透明的效果上，非常逼真。对室内的材质表现非常强大，尤其是绸料的表现。

FinalRender渲染器在灯光渲染方面自带一系列灯光体系，可以同3dx max的标准灯光和光度学灯光混用。在天光制作上也是非常出色的。

FinalRender比较注重气氛的表现，有很好的艺术表现力。它的渲染速度，除了可以和VRay一样使用保存光照贴图的方式提高渲染速度以外，完全支持网络渲染，极大地提高了渲染速度，节省了渲染时间。

FinalRender渲染器的控制参数比较多且非常详细，完全内嵌在材质编辑器和渲染设置中，且不脱离3ds max这个大框架，为绘制效果图提供了更多的灵活性。

FinalRender的体积光效有自己独立的光能设定界面，用法类似于3ds max的Track View。3ds max自带的材质都可以通过FinalRender的Volume Lights来做出各种各样的神奇效果。不仅如此，它还具有先进的体积光聚焦（Volume Caustic Rendering）功能，使得FinalRender的caustics有更加完美的表现。

1.4 本章小结

VRay和FinalRender都是当前主流的渲染器，它们各有所长。所以我们都需要熟练掌握。但是在学习软件的同时一定要明白软件只是工具，只有专业修养和艺术修养的提高才能制作出更优秀的作品。

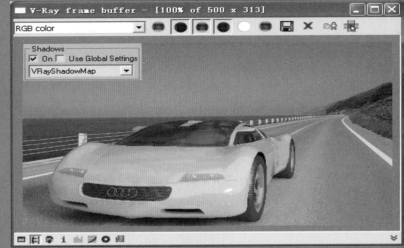
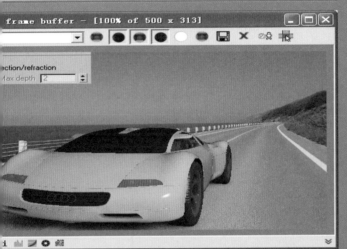

第2章 VRay软件相关知识

在进行实例的学习前，需要对渲染器的基本构成有所了解。本章介绍VRay渲染器光源系统、材质系统、渲染设置面板这三大构成模块的相关知识，希望读者通过本章的学习能重点掌握光源系统中的VRayLight和VRaySun光源；材质系统中VRayMtl材质的使用；渲染设置面板中Global switches（全局设置）、Image sampler（采样设置）、Indirect illumination（间接照明）、Irradiance map（发光贴图）、Light cache（灯光缓存）、Environment（环境）卷展栏中的控制参数。

2.1 选择VRay渲染器

　　在运用VRay渲染器进行渲染前，首先需要指定当前渲染器为VRay。单击工具栏上的 按钮打开渲染设置面板，在Assign Renderer卷展栏中单击 按钮，选择V-Ray DEMO 1.50SP2版本，如图2-1所示。

图2-1

　　如果当前渲染器未设置为VRay渲染器，将会出现下列状态：在设置材质时，材质/贴图浏览器中只显示max的默认材质和部分VRay材质，一部分VRay材质将不能显示，如图2-2所示。

图2-2

如果当前渲染器未设置为VRay渲染器，打开已经指定了VRay材质的场景，材质编辑器中的材质呈黑色显示，如图2-3所示。

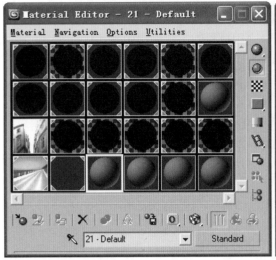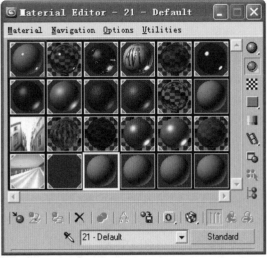

图2-3

如果当前渲染器未设置为VRay渲染器，渲染面板无法设置VRay的渲染参数，如图2-4所示。

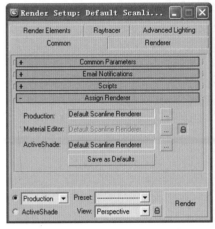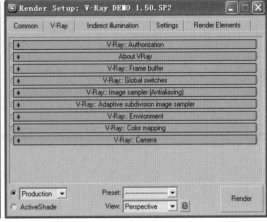

图2-4

2.2 VRay光源系统

3ds max 2009 CG

VRay渲染器能够使用3ds max 2009照明系统的光源，同时它也有自己专有的光源。VRay的照明系统包含了VRayLight（VR灯光）、VRaySun（VR阳光）、VRayIES（VR阳光），如图2-5所示。

图2-5

VRayLight光源和光度学灯光的区域光源类似，也是从矩形区域发射光线的。

VRaySun用于模拟物理世界里的真实阳光。

VRayIES是这个版本中新增的光源，它同样可以用于模拟户外的太阳光源。

2.3 VRay材质系统

VRayMtl材质是VRay渲染器特有的、最常用的材质。只有当前渲染器为VRay渲染器时，才能将max的Standard材质转换为VRayMtl材质。VRayMtl材质的设置面板包含了Basic parameters、Maps、BRDF、Options、Reflect interpolation、Refract interpolation等卷展栏。

VRayMtlWrapper包裹器材质可以控制材质的全局光照、焦散、不可见等光照属性。

VRay2SidedMt双面材质可以设置物体前、后两面不同的材质。

VRaylightVR发光材质指定给对象后，可以通过材质的参数设置使对象模拟光源。

VR快速3S材质用于计算次表面散射效果的材质。

VRayDirt脏旧贴图是VR特有的程序纹理贴图，它可以用来模拟真实世界中物体上的污垢效果。

VRayEdgesTex线框贴图用于模拟线框效果。

VRayHDRI高动态范围贴图主要用于环境贴图，把HDRI当做光源使用。

2.4 VRay渲染设置面板

如果当前渲染器设置为VRay渲染器后，在渲染设置面板上将会出现新的设置面板。在设置面板中集中了控制VRay渲染的大量参数，下面分别学习这些参数。

2.4.1 Frame buffer（帧缓存）卷展栏

"帧缓存"卷展栏用于设置VRay渲染器自身的图形渲染窗口，渲染图片的大小，以及保存渲染图形，如图2-6所示。

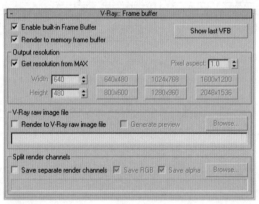

图2-6

"Enable built-in Frame Buffer（启用内置帧缓冲区）"：当勾选此选项后，用户就可以使用VRay渲染器自身的图形渲染窗口；当不勾选此选项后，将使用max默认的渲染窗口。

"Render to memory frame buffer（渲染到内存的缓冲区）"：当勾选此选项后，可以将图像渲染到内存中，然后由帧缓冲渲染窗口显示出来；当不勾选此选项时，就不会出现渲染窗口，需要直接保存到硬盘上。

"Show last VFB（显示最后的VFB）"：单击此按钮，可以看到上次渲染的图形。

"Get resolution from max（从max获取分辨率）"：当勾选此选项后，将从3ds max中获得渲染图片的分辨率；当不勾选此选项时，渲染图片将使用VRay设置的分辨率。

"Width/Height（宽度/高度）"：用于设置渲染图片的宽度和高度，只有"从max获取分辨率"选项不被勾选时才可用。

"Render to V–Ray raw image file（渲染到V-Ray原（raw）图像文件）"：当不勾选"Render to memory frame buffer（渲染到内存的缓冲区）"选项时，单击 浏览… 按钮，在硬盘上指定位

置来存放渲染图片。

　　"Save separate render channels（保存单独的通道）"：当勾选此选项后，将允许在缓存中指定特殊通道作为单独文件保存在指定目录下。

　　"Save RGB/ Save Alpha（保存RGB和Alpha通道）"：当勾选此选项后，将会保存RGB和Alpha通道。

2.4.2　Global switches（全局设置）卷展栏

　　"全局设置"卷展栏主要针对场景中的灯光对象、材质反射/折射属性、置换、间接照明等进行总体控制，它的卷展栏如图2-7所示。

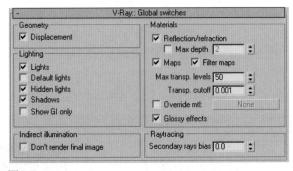

图2-7

　　"Displacement（置换）"：控制场景中的置换效果是否弹出。

　　"Lights（灯光）"：控制场景中的灯光效果是否弹出。当不勾选此选项时，系统不会渲染任何灯光。

　　"Default lights（默认灯光）"：控制是否使用系统默认的光照。在渲染时，最好不勾选此选项。

　　"Hidden lights（隐藏灯光）"：控制是否渲染隐藏灯光。当勾选此选项时，系统会渲染隐藏的灯光效果而不考虑灯光是否隐藏。

　　"Shadows（阴影）"：控制场景是否产生阴影。当勾选了Shadows（阴影）选项后，在渲染时物体将产生阴影；当不勾选Shadows（阴影）选项时，在渲染时物体将不产生阴影。如图2-8所示为勾选该项前后的对比效果。

　　"Show GI only（只显示全局光）"：当勾选此选项后，直接光照将不包含在最终渲染的图像中，但在计算全局光的时候直接光照仍会被考虑，最后只显示间接照明的效果。

　　"Don't render final image（不渲染最终的图像）"：控制是否渲染最终图像。当勾选此选项后，VRay渲染器在计算完成光子后就不再渲染最终图像。

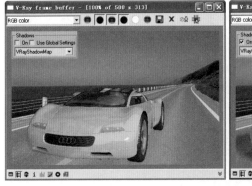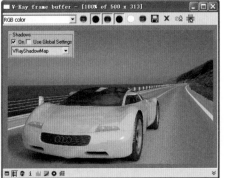

图2-8

　　"Reflection/refraction（反射/折射）"：控制是否计算材质的反射和折射效果。当勾选该选项，材质具有反射或折射效果；当不勾选该选项，材质无反射或折射效果，效果如图2-9所示。

2 Chapter

1 Chapter (p1~4)

2 Chapter (p5~16)

3 Chapter (p17~36)

4 Chapter (p37~58)

5 Chapter (p59~84)

6 Chapter (p85~106)

7 Chapter (p107~134)

8 Chapter (p135~164)

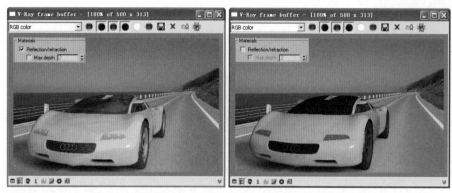

图2-9

"Max depth（最大深度）"：用于设置场景中反射和折射的最大反弹次数。

"Maps（贴图）"：控制是否让场景中的程序贴图和纹理贴图渲染出来。当勾选"Maps（贴图）"选项，将渲染程序和纹理贴图；当不勾选该选项，将不渲染程序和纹理贴图，效果如图2-10所示。

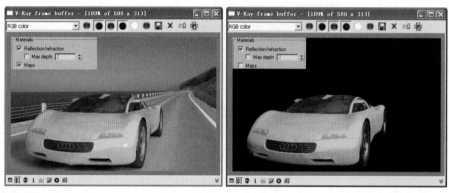

图2-10

"Filter maps（过滤贴图）"：控制是否使用贴图纹理过滤。当勾选此选项，VRay渲染器将使用自身的抗锯齿对贴图纹理过滤；当不勾选此选项，将以原始图像进行渲染。

"Max transp.levels（最大透明级别）"：控制透明物体被光线追踪的最大深度。

"Transp.cupoff（透明中止阈值）"：控制VRay渲染器对透明物体追踪的中止数值。

"Override mtl（覆盖材质）"：控制是否给场景一个统一的材质。当勾选此选项，使用后面的材质槽指定材质替代场景中所有的物体材质进行渲染。

"Glossy effects（光滑效果）"：是否弹出反射或折射模糊效果。

"Secondary rays bias（二级光线偏移）"：用于设置光线发生二次反弹时的偏置距离。

2.4.3 Image sampler（采样设置）卷展栏

图像采样是采样和过滤的一种算法，它产生最终的像素数组来完成图形的渲染。"图像采样（反锯齿）"卷展栏提供了多种不同的采样算法，如图2-11所示。

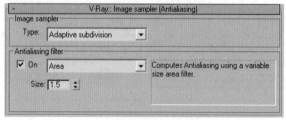

图2-11

"Type（类型）"：其中提供了三种图像采样器，分别是Fixed（固定）、Adaptive

subdivision（自适应细分）、Adaptive QMC（自适应准蒙特卡罗）。

当选择"Adaptive subdivision"图像采样器时，将在VRay的渲染参数面板上增加"Fixed（固定图像采样器）"卷展栏，如图2-12所示。它是VRay渲染器中最简单的采样器，对于每个像素使用一个固定数量的样本。"Subdivs（细分）"细分数值用于确定每一个像素使用的样本数量。当细分数值越高，采样品质越高，但是渲染的时间越长。

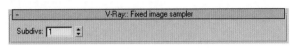

图2-12

当选择"Adaptive QMC（自适应准蒙特卡罗）"图像采样器时，将在VRay的渲染参数面板上增加"Adaptive QMCimage sampler（自适应准蒙特卡罗图像采样器）"卷展栏，如图2-13所示。此采样器适合场景中拥有少量模糊效果或者具有高细节的纹理贴图和大量几何体面。

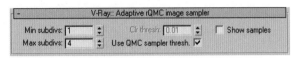

图2-13

"Min subdivs（最小细分）"：定义每个像素使用样本的最小数量。

"Max subdivs（最大细分）"：定义每个像素使用样本的最大数量。

"Clr thresh（颜色阈值）"：颜色的最小判断值，当颜色的判断达到这个数值，就停止对颜色的判断。

"Show Samples（显示采样）"：当勾选此选项，可以看到样本的分布状况。

当不勾选Show Samples（显示采样）选项将不渲染样本，当勾选Show Samples（显示采样）选项将渲染样本。

"Use QMC Sampler thresh（使用准蒙特卡罗采样器阈值）"：当勾选此选项，Clr thresh（颜色阈值）将不起作用。

当选择"Adaptive subdivision（自适应细分）"图像采样器时，将在VRay的渲染参数面板上增加"Adaptive subdivisionimage sampler（自适应细分图像采样器）"卷展栏，如图2-14所示。此采样器适合在没有或有少量模糊效果的场景中，这样渲染的速度比较快。

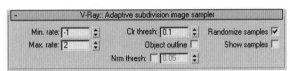

图2-14

"Min rate（最小比率）"：定义每个像素使用样本的最小数量。

"Max rate（最大比率）"：定义每个像素使用样本的最大数量。

"Clr thresh（颜色阈值）"：颜色的最小判断值，当颜色的判断达到这个数值时，就停止对颜色的判断。

"Object outline（对象轮廓）"：当勾选此选项，将对物体轮廓线使用更多的样本，从而使物体轮廓品质更高。

"Nrm thresh（标准阈值）"：控制物体表面法线的采样程度。

"Randomize samples（随机采样）"：当勾选此选项，采样样本将随机分布。

"Show Samples（显示采样）"：当勾选此选项，可以看到样本的分布状况。

2.4.4 Indirect illumination（间接照明）卷展栏

"Indirect illumination（GI）（间接照明）"卷展栏是VRay的全局光照明的核心部分，在这里可以弹出全局光效果，全局光引擎也是在这里选择的，它的卷展栏如图2-15所示。

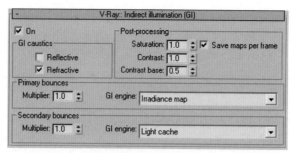

图2-15

"On（开）"：当勾选此选项，将弹出间接照明，渲染得到的场景光线增强；当不勾选On（开）选项，将不弹出间接照明，渲染得到场景的暗部较多。

"Saturation（饱和度）"：控制图片的饱和度，数值越高，饱和度越强。

"Contrast（对比度）"：控制图片的对比度，数值越高，色彩对比度越强。

"Contrast base（基本对比度）"：用于控制图片的明暗对比度。

"Save maps per frame（保存每帧贴图）"：当勾选此选项，在渲染动画时将使用"后处理选"项组中的参数进行控制。

"Reflective（反射）"：控制是否让间接照明产生反射焦散。

"Refractive（折射）"：控制是否让间接照明产生折射焦散。

"Primary bounces（首次反弹选项组）"：用于控制光线的首次反弹。

"Secondary bounces（二次反弹选项组）"：用于控制光线的二次反弹。

"Multiplier（倍增器）"：用于控制光线的倍增数值。数值越高，光线的能量越强，场景的亮度越高。

"GI engine（全局光引擎）"：用于选择全局光的渲染引擎，当选择不同的渲染引擎，VRay的渲染参数面板将增加新的卷展栏，得到的渲染效果也略有不同。

2.4.5 Irradiance map（发光贴图）卷展栏

当在"Indirect illumination（间接照明GI）"卷展栏的"Primary bounces（首次反弹）"选项组中选择了"Irradiance map（发光贴图）"作为全局光渲染引擎，在VRay的渲染参数面板中将增加"Irradiance map（发光贴图）"卷展栏，如图2-16所示。

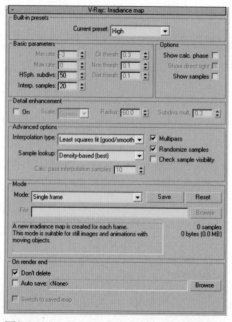

图2-16

"Current preset（当前预置）"：系统提供了8种预设模式供选择，当选择不同的预设模式时，它的基本参数选项组的参数也就不同。

"Min rate （最小比率）"：控制场景中平坦区域的采样数量。

"Max rate（最大比率）"：控制场景中物体边沿、角落、阴影细节的采样数量。

"HSph.subdivs（模型细分）"：用于模拟光线的数量，数值越高，光线越多，样本的精度也就越高，渲染的品质越好。

"Interp.samples（插补采样）"：用于对样本进行模糊处理，数值越高，得到的效果越模糊。

"Clr thresh（颜色阈值）"：用于分辨哪些是平坦区域，哪些不是平坦区域，它是按照颜色的灰度进行区分的。

"Nrm thresh（标准阈值）"：用于分辨哪些是交叉区域，哪些不是交叉区域，它按照颜色的灰度进行区分。

"Dist thresh（间距阈值）"：用于分辨哪些是弯曲表面区域，哪些不是弯曲表面区域，它按照表面距离和表面弧度进行区分。

"Show calc.phase（显示计算状态）"：勾选此选项，用户可看到渲染帧里的间接照明预计算过程。

"Show direct light（显示直接光）"：勾选此选项，将会显示预计算过程。

"Show sample（显示采样）"：勾选此选项，可以显示样本的分布以及分布的密度。

"On（开）"：控制是否弹出细部增强功能。

"Scale（缩放）"：它的下拉菜单有屏幕和世界两种方式。"屏幕"是按照渲染图的大小来衡量后面的半径单位。"世界"是按照3ds max的场景尺寸来进行设置。

"Radius（半径）"：表示细节部分有多大区域是用细部增强功能。

"Subdivs mult（细分倍增）"：此选项用于控制细部的细分。

"Interp .samples（插补类型）"：VRay渲染器提供了权重平均值（好/强）、最小平方适配（好/光滑）、Delone三角剖分（好/精确）、最小平方w/Voronoi权重（测试）4种插补类型，为发光贴图的样本相似点进行插补。

"Sample lookup（查找采样）"：此选项在渲染过程中使用，它决定发光贴图中被用于插补基础合适的点的选择。它提供了平衡嵌块（好）、接近（草稿）、重叠（很好/快速）、基于密度（最好）4种方式。

"Multipass（多过程）"：当勾选此选项，VRay渲染器将根据最小比率和最大比率进行多次计算。

"Randomize samples（随机采样）"：控制发光贴图是否随机分布。

"Check sample visibility(检查采样可见度)"：此选项可以有效地防止灯光穿透两面接受完全不同照明的薄壁物体时产生漏光现象。

"Mode（模式）"：提供发光贴图6种不同的使用模式。

"Don't Delete（不删除）"：勾选此选项可以将发光贴图保存在内存中，直到下一次渲染。

"Auto Save（自动保存）"：勾选此选项，在渲染结束后，VRay将发光贴图文件自动保存到用户指定的目录。

"Switch to saved map（切换到保存的贴图）"：当"Auto Save(自动保存)"选项被勾选的时候，此选项才被激活。勾选它后将自动使用最新渲染的光子图进行大图渲染。

2.4.6 Quasi-Monte Carlo GI（准蒙特卡罗）卷展栏

当在"Indirect illumination（间接照明GI）"卷展栏中选择了"Quasi-Monte Carlo GI（准蒙特卡罗）"作为全局光渲染引擎，在VRay的渲染参数面板中将增加"Irradiance map（发光贴图）"

卷展栏，如图2-17所示。

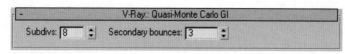

图2-17

"Subdivs（细分）"：用于设置准蒙特卡罗全局光的样本数量。数值越大，得到的效果越好。

"Secondary bounces（二次反弹）"：当在"Indirect illumination（间接照明GI）"卷展栏的"Secondary bounces（二次反弹）"选项组中选择了"准蒙特卡罗算法"作为全局光渲染引擎时，此选项才被激活。它用于控制计算过程中二次反弹的次数。

2.4.7 photo map（光子贴图）卷展栏

"photo map（光子贴图）"是基于场景中灯光密度来进行渲染的，其卷展栏如图2-18所示。

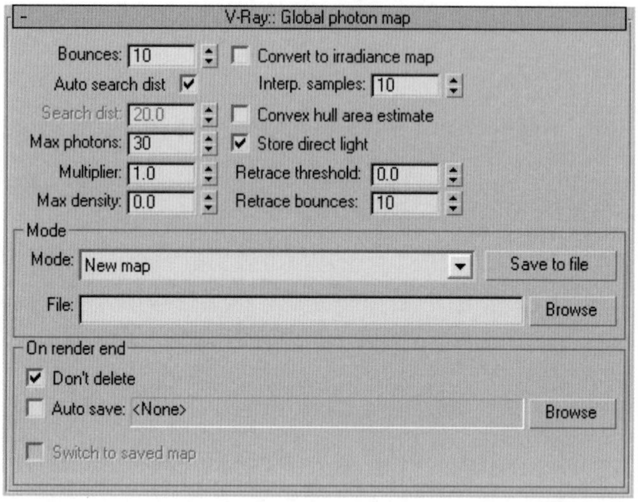

图2-18

"Bounces（反弹）"：用于控制光线的反弹次数，较大的反弹次数会产生更逼真的效果。

"Convert to irradiance map（转换为发光贴图）"：当勾选此选项后，可以让渲染效果更平滑。

"Auto search dist（自动搜索距离）"：VRay渲染器根据场景的光照信息自动设置一个光子的搜索距离。

"Interp.samples（插补）采样）"：用于控制样本的模糊程度。

"Search dist（搜索距离）"：当不勾选"自动搜索距离"选项时，此选项被激活，可以手动设置数值来控制光子的搜索距离。

"Convex hullarea estimate（凸起壳体区域估计）"：当勾选此选项，VRay渲染器会强制去除光子贴图产生的黑斑。

"Max photons（最大光子）"：该数值决定在场景中计算光子的数量。

"Store direct light（保存直接光）"：当勾选此选项，将在光子贴图中同时保存直接照明的信息。

"Multiplier（倍增器）"：用于控制光子的亮度，数值越高，场景越亮。

"Retrace threshold（折回阈值）"：用于控制光子来回反弹的阈值。

"Max density（最大密度）"：表示在多大范围内使用一个光子贴图。

"Retrace bounces（折回反弹）"：用于设置光子来回反弹的次数。

2.4.8 Light cache（灯光缓存）卷展栏

当在"Indirect illumination（间接照明GI）"卷展栏中选择了"Light cache（灯光缓存）"作为全局光渲染引擎，在VRay的渲染参数面板中将增加"Light cache（灯光缓存）"卷展栏，如图2-19所示。

"Subdivs（细分）"：用于控制灯光缓存的样本数量。当数值越高，样本数量越多，渲染效果也越好。

"Store direct light（保存直接光）"：当勾选此选项，灯光缓存将保存直接光照信息。

"Sample size（采样大小）"：用于控制灯光缓存的样本的大小，比较小的样本可以得到更多的细节。

"Show calc.phase（显示计算状态）"：当勾选此选项，可以显示灯光缓存的计算过程。

"Scale（比例）"：此选项用于确定样本的大小依靠的单位，有"屏幕"和"世界"两种方式。

"Adaptive tracing（自适应跟踪）"：此选项用于记录场景中光的位置，并在光的位置上采用更多的样本。

"Pre-filter（预滤器）"：当勾选此选项，将对灯光缓存的样本进行提前过滤。

"Filter（过滤器）"：此选项是在渲染最后成图时对样本进行过滤。

"Use light cache for glossy rays（使用灯光缓冲为光滑光线）"：当勾选此选项，将提高场景中反射和折射模糊效果的渲染速度。

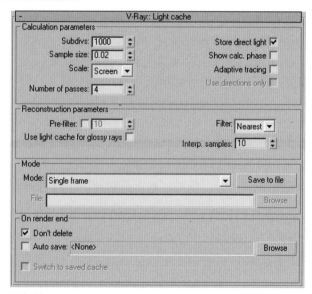

图2-19

2.4.9 Color mapping（颜色映射）卷展栏

"Color mapping（颜色映射）"卷展栏主要控制灯光方面的衰减以及色彩的不同模式，如图2-20所示。

图2-20

"Type（类型）"：VRay渲染器提供了7种曝光模式，选择不同的模式，它们的参数则不同。选择不同的曝光方式，渲染时将得到不同的效果。

"Dark multiplier（变暗倍增器）"：对渲染图片的暗部进行控制，增加此数值将提高暗部的亮度。当此数值设置得越高，暗部越亮。

"Bright multiplier（变亮倍增器）"：对渲染图片的亮部进行控制，增加此数值将提高亮部的亮度。当此数值设置得越高，亮部越亮。

"Gamma（倍增器）"：控制渲染图片的总体亮度。

2.4.10　Environment（环境）卷展栏

"Environment（环境）"卷展栏包含VRay天光、反射环境和折射环境，它的参数面板如图2-21所示。

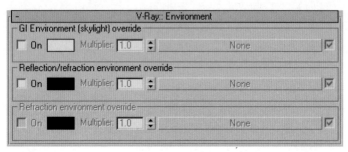

图2-21

"全局光环境（天光）覆盖"：此选项用于控制VRay天光。

"开"：当勾选此选项，将弹出VRay天光。

"倍增器"：控制VRay天光的亮度，数值越高，天光亮度越强。

"反射/折射环境覆盖"：用于控制场景中的反射环境。

"开"：当勾选此选项，将弹出VRay的反射环境。

"倍增器"：控制反射环境的亮度，数值越高，反射环境亮度越强。

"折射环境覆盖"：用于控制场景中的折射环境。

"开"：当勾选此选项，将弹出VRay的折射环境。

"倍增器"：控制折射环境的亮度，数值越高，折射环境亮度越强。

2.5　本章小结

3ds max 2009 CG

本章介绍了VRay渲染器的光源系统、材质系统、渲染设置面板这三大模块，它们的相关知识对后面实例的学习非常重要。希望读者通过本章的学习，对VRay渲染器的构成、布局有大致的了解。

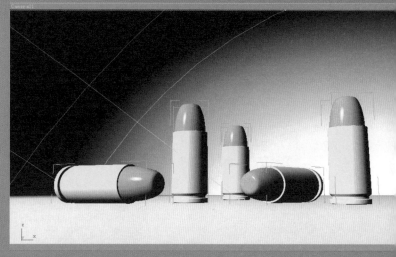
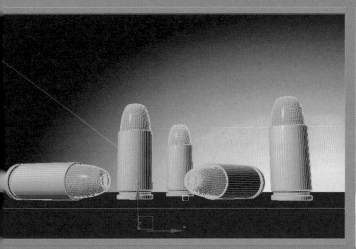
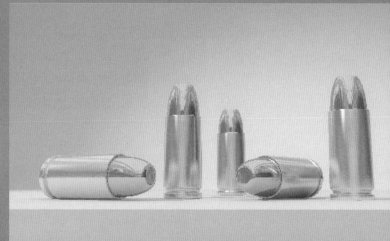

第3章 VRayHDRI贴图的使用——子弹

V Ray渲染器支持HDRI贴图。HDRI是High Dynamic Range
Image（高动态范围图像）的简写，它除了拥有基本颜色
以外，还有一个亮度通道，所以可以用来照明。本章通过子弹
实例的制作，介绍如何运用VRayHDRI贴图模拟环境光源进行
照明，并实现逼真的金属效果。本章的学习重点在于如何控制
使用"VRayHDRI"贴图进行照明。

3.1 创建摄像机

打开任意一个场景首先需要选择合适的、具有表现力的观察角度。在场景中创建并调整摄像机，从而确定最终的观察角度。

Step 1 在3ds max 2009中打开"子弹.max"场景模型，如图3-1所示。

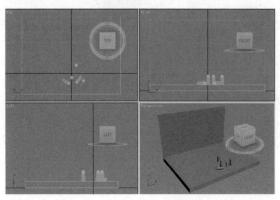

图3-1

Step 2 3ds max 2009的界面上新增了导航器，为了方便观察视图中的物体，可以将导航器的尺寸设置小。执行菜单栏中的"Views"→"Viewport Configuration"命令，在弹出的"Viewport Configuration"对话框中，在"ViewCube Size"列表中选择"Small"选项，如图3-2所示。

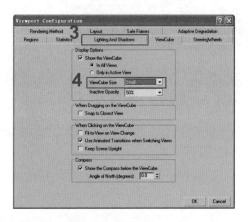

图3-2

Step 3 单击"Viewport Configuration"对话框中的 OK 按钮，场景中导航器的图标尺寸变小，更方便观察视图，如图3-3所示。

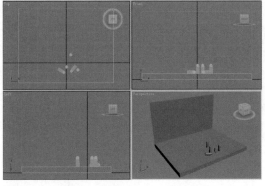

图3-3

Step 4 单击摄像机创建命令面板上的 Target 按钮，在Top视图中创建一架摄像机，如图3-4所示。

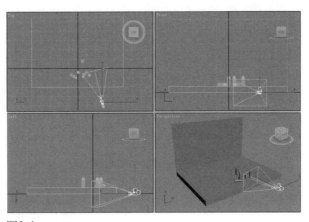

图3-4

Step 5 在视图中选择摄像机头，接着在视图下方设置（X：20；Y：-400；Z：60），摄像机头沿Z轴向上移动。选择摄像机目标点，同样设置（X：20；Y：-40；Z：115），摄像机目标点沿Z轴向上移动，如图3-5所示。

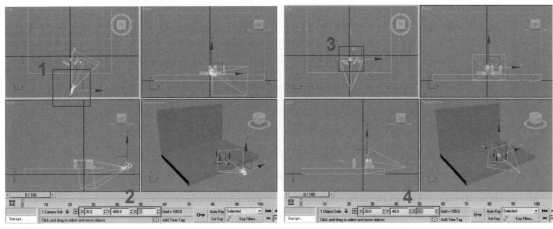

图3-5

Step 6 激活透视图，并在键盘上按下【C】键，将透视图转换为摄像机视图。选择摄像机头并单击按钮，在修改命令面板上将"Lens"设置为40，如图3-6所示。

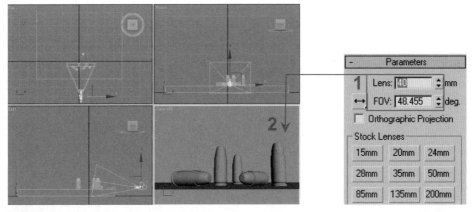

图3-6

Step 7 在摄像机视图左上角单击鼠标右键，在弹出的关联菜单中选择"Show Safe Frame"选项显示安全框，如图3-7所示。

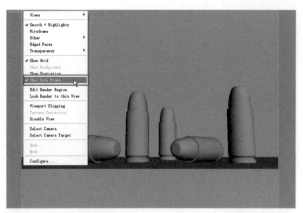

图3-7

Step 8 单击工具栏上的 按钮，在弹出的对话框中设置渲染图片的"Width"和"Height"数值，如图3-8所示。

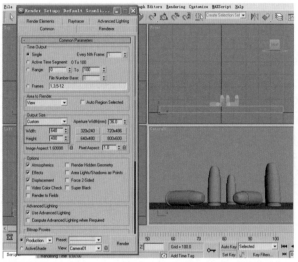

图3-8

Step 9 当场景中未创建光源时，系统提供默认光源，便于在建模时观察物体。用鼠标右键单击视图下方的 按钮，在弹出的"Viewport Configuration"对话框中可见默认光源为"1Light"，在进行渲染测试时，场景中只有一盏默认光源，如图3-9所示。

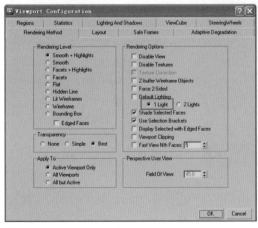
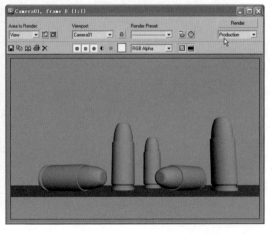

图3-9

Step 10 在弹出的"Viewport Configuration"对话框中将默认光源设置为"2Lights",此时场景中的默认光源为两盏,如图3-10所示。

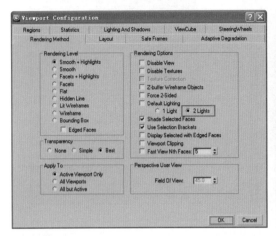 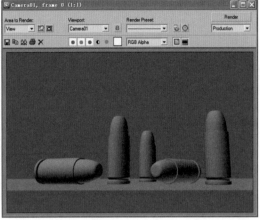

图3-10

3.2 设置基本渲染测试参数

3ds max 2009 CG

确定当前渲染器为VRay DEMO 1.50SP2,接着设置最基本的渲染参数来对场景进行渲染调试。

Step 1 将当前渲染器设置为VRay DEMO 1.50SP2渲染器。在"Assign Renderer"对话框中单击 按钮,选择VRay DEMO 1.50 SP2渲染器并单击 OK 按钮,如图3-11所示。

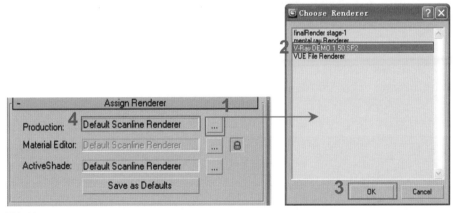

图3-11

Step 2 在"Common Parameters"对话框中重新设置"Width"和"Height"数值,如图3-12所示。这样渲染图片尺寸缩小,能够迅速看到效果。

Step 3 在"Image sampler(Antialiasing)"对话框中设置抗锯齿效果为"Fixed",选择"Area"类型的过滤器。然后在"Color mapping"对话框中设置曝光方式为"Exponential",如图3-13所示。

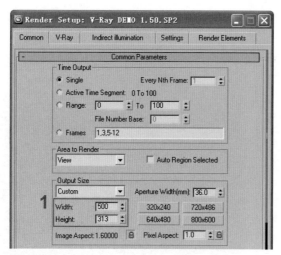

图3-12

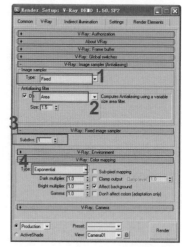

图3-13

Step 4 展开 "Indirect illumination" 对话框,设置首次反弹和二次反弹的强度和渲染引擎,接着在 "Irradiance map" 对话框选择当前设置为 "Low" 选项,如图3-14所示。

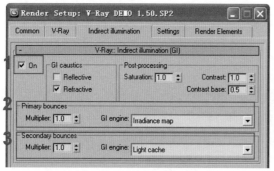

图3-14

Step 5 展开 "Light cache" 对话框,将 "Subdivs" 设置为100;在 "DMC Sampler" 对话框中将 "Adaptive amount" 设置为0.85,如图3-15所示。

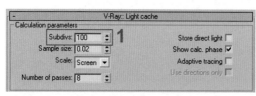

图3-15

3.3 指定初始材质并调试场景光源

3ds max 2009 CG

为了节约渲染时间,可以为场景中的物体设置简单初始的材质;然后调整测试场景的光源效果。

3.3.1 指定初始材质

Step 1 在键盘上按下【M】键弹出材质编辑器,激活一个空白材质球,将它赋给场景中所有的物体,接着单击材质名称后的 Standard 按钮,选择 "VRayMtl" 材质,如图3-16所示。

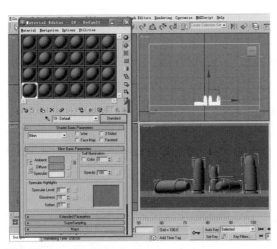

图3-16

Step 2　单击Diffuse后的　　　　按钮，在弹出的颜色选择器中选择灰白色（Hue：0；Sat：0；Value：200），如图3-17所示。

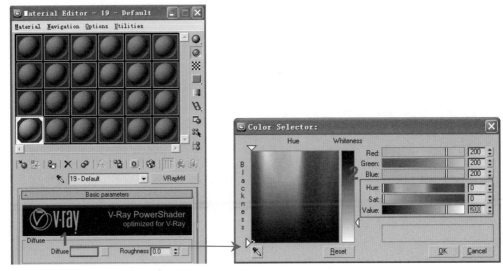

图3-17

Step 3　单击工具栏上的　按钮进行渲染，效果如图3-18所示。

图3-18

Step 4 展开"Global switches"对话框，去掉"Default lights"选项的勾选。当不勾选此项，渲染时不渲染默认灯光，渲染图片漆黑，如图3-19所示。

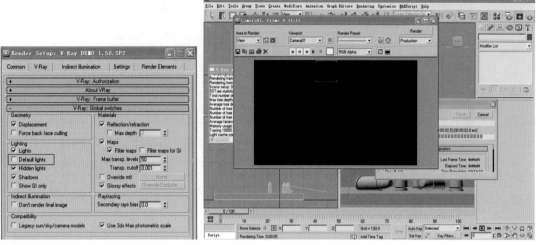

图3-19

Step 5 在渲染设置面板上展开"Environment"对话框，勾选"On"选项并单击 [ ] 按钮，选择蓝色（Hue：0；Sat：0；Value：200）作为环境颜色，如图3-20所示。

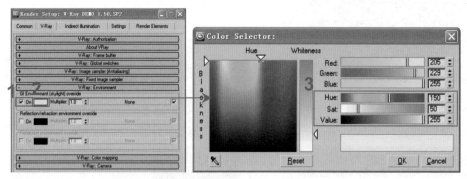

图3-20

Step 6 单击工具栏上的 ○ 按钮进行渲染，效果如图3-21所示，环境颜色影响了渲染效果。

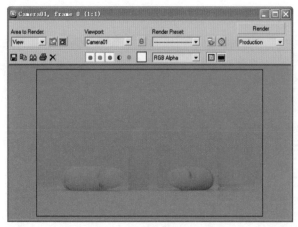

图3-21

Step 7 在"Environment"对话框中将"Multiplier"数值设置为2，如图3-22所示。

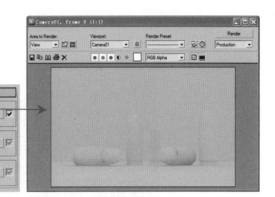

图3-22

Step 8 在材质编辑器中激活新的空白材质球，并将它转换为"VRayMtl"材质，单击Diffuse后的 按钮，在弹出的颜色选择器中选择黄色（Hue：30；Sat：230；Value：230）作为弹壳固有色；然后单击Reflect后的 按钮，在弹出的颜色选择器中选择灰白色（Hue：0；Sat：0；Value：200）控制反射率，如图3-23所示。

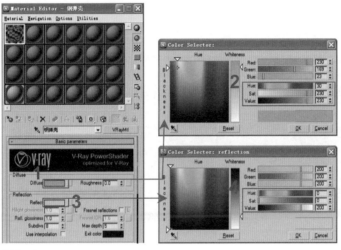

图3-23

Step 9 选择场景中的子弹壳物体，单击材质编辑器中的 按钮，把它指定给场景中的子弹壳，如图3-24所示。

图3-24

Step 10 激活新的材质球并转换为"VRayMtl"材质，将此材质命名为"铜弹头"，单击Diffuse后的 按钮，在弹出的颜色选择器中选择黄色（Hue：20；Sat：220；Value：160）作为弹壳固有色；然后单击Reflect后的 ████ 按钮，在弹出的颜色选择器中选择灰白色（Hue：0；Sat：0；Value：150）控制反射率，如图3-25所示。

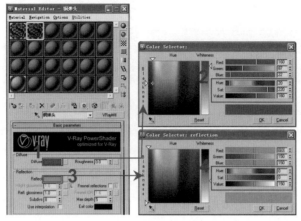

图3-25

Step 11 选择场景中的弹头物体，单击材质编辑器中的 按钮，把设置好的材质指定给它。单击工具栏上的 按钮进行渲染，效果如图3-26所示。

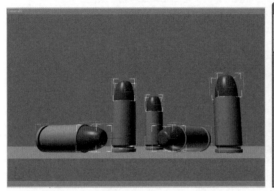

图3-26

3.3.2 使用VRayHDRI贴图作为环境光源

Step 1 展开"Environment"对话框，单击"GI Environment（skylight）override"选项组中的 None 按钮，在材质/贴图浏览器中选择"VRayHDRI"贴图并单击 OK 按钮，如图3-27所示。

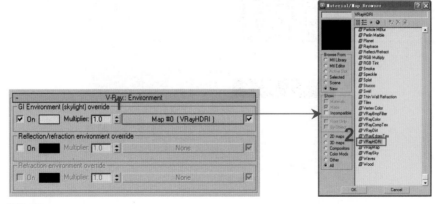

图3-27

Step 2　同时打开材质编辑器，将"GI Environment（skylight）override"选项组后的"VRayHDRI"贴图拖动到材质编辑器的任意空白材质球上进行复制，在弹出的"Instance"对话框中选择"Instance"复制方式，如图3-28所示。

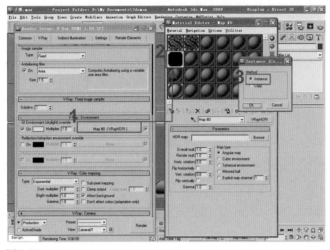

图3-28

Step 3　在材质编辑器上单击 Browse 按钮指定"hdr-01.hdr"作为环境贴图，接着进行渲染，效果如图3-29所示，可见场景光线不足。

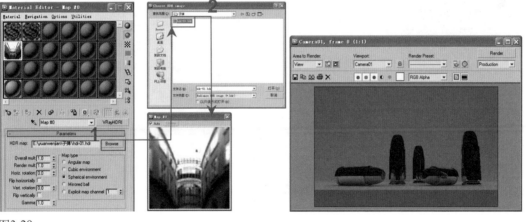

图3-29

Step 4　通过增强"VRayHDRI"贴图的强度来使场景亮度得到增强。将"Overall mult"数值设置为2，再次进行渲染可见场景亮度略增，但是子弹无反射，如图3-30所示。

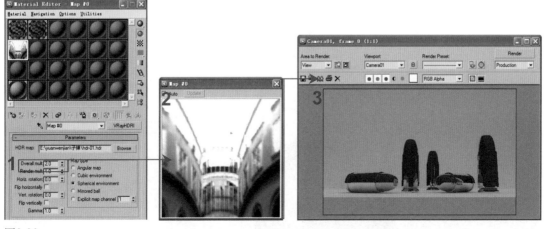

图3-30

Step 5 在"Environment"卷展栏中勾"Reflection/refraction environment override"选项组中的"On"选项启用反射/折射环境。将"GI Environment（skylight）override"选项组后的"VRayHDRI"贴图拖动到"Reflection/refraction environment override"选项组中的 None 按钮上，在弹出的"Instance"对话框中选择"Instance"复制方式。再次进行渲染可见子弹有反射现象，如图3-31所示。

图3-31

Step 6 观察渲染图片可见子弹弹身两侧略暗，因此，在材质编辑器中将"Overall mult"数值设置为2.5，渲染可见子弹两侧亮度增强，如图3-32所示。

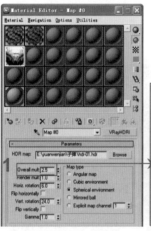

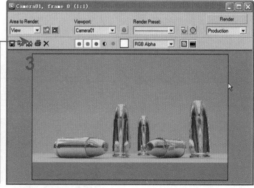

图3-32

3.3.3 创建场景主光源

Step 1 创建场景光源。单击标准灯光创建命令面板上的 Target Spot 按钮，在Top视图中创建一盏目标聚光灯。选择聚光灯的发射点设置（X：-1000；Y：-1000；Z：850），光源将沿Z轴向上移动，如图3-33所示。

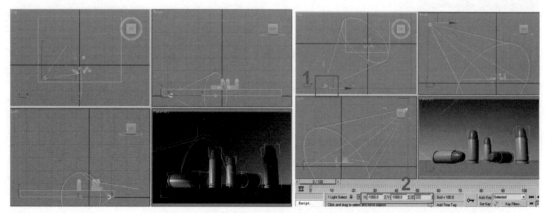

图3-33

Step 2 选择聚光灯的目标点，在视图下方将Z轴后的数值设置为50，目标点将沿Z轴略为上移，如图3-34所示。

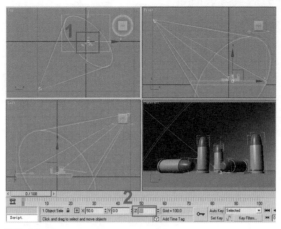

图3-34

Step 3 执行菜单栏中的"Views"→"Viewport Configuration"命令，在弹出的"Viewport Configuration"对话框中单击 Lighting And Shadows 选项卡，选择"Good(SM2.0 Option)"选项。这样，场景中创建的光源能进行即时显示，如图3-35所示。

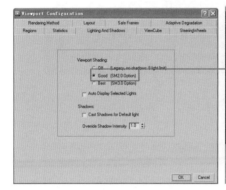

图3-35

Step 4 进行渲染后的可见效果如图3-36所示，目标聚光灯的光线照亮了场景背景。

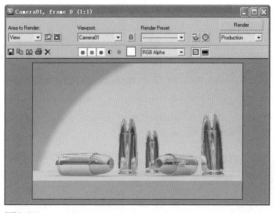

图3-36

Step 5 为了使目标聚光灯的光线边缘不生硬，在"Spolight Parameters"卷展栏中设置"Hotspot/Beam"数值为20、"Fall off/Field"数值为40。这样，光线边缘生硬的界限消失，如图3-37所示。

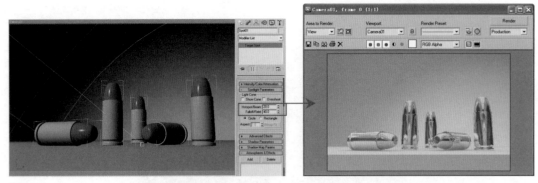

图3-37

Step 6 场景拥有了主光源，但是场景中的物体都还没有投影，在"General Parameters"卷展栏中勾选"Shadows"选项组中的"On"选项，在渲染场景中的对象就有了投影，如图3-38所示。

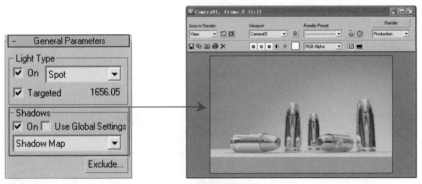

图3-38

Step 7 在"Shadows"选项组中选择阴影类型为"VRayShadow"，当切换了阴影类型后，场景阴影更逼真，画面明暗对比度更强，如图3-39所示。

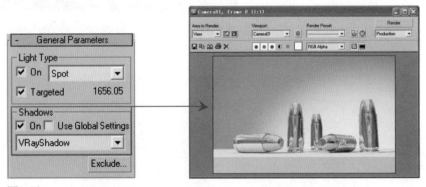

图3-39

Step 8 在目标聚光灯的"Intensity/Color/Attenuation"卷展栏中将"Multiplier"数值设置为2.5，渲染可见场景总体光线增强，如图3-40所示。

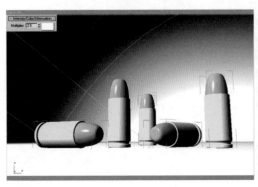

图3-40

Step 9 目标聚光灯的默认光线为白色，为了使场景颜色统一，可以修改光源颜色。单击"Multiplier"后的____按钮，在弹出的颜色选择器中选择黄色（Hue：30；Sat：100；Value：255）作为光源颜色，如图3-41所示。

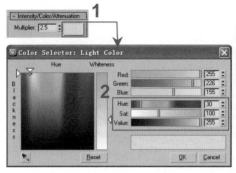 

图3-41

Step 10 进行渲染后的可见效果如图3-42所示，目标聚光灯的光线略为偏黄，但是仍然不够理想。

图3-42

Step 11 再次弹出颜色选择器，选择黄色（Hue：25；Sat：200；Value：255）作为光源颜色，如图3-43所示。

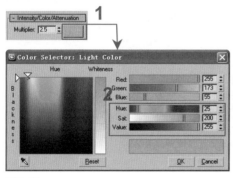 

图3-43

Step 12 再次渲染，效果如图3-44所示，目标聚光灯的光线更偏暖色。

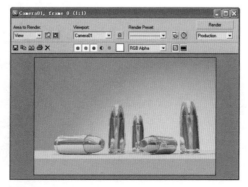

图3-44

3.4 细调场景材质

深入仔细地调整场景中的材质，力求材质更为真实和生动。

Step 1 场景中子弹壳的材质颜色略浅，在材质编辑器中激活"钢弹壳"材质。设置漫反射颜色为（Hue：28；Sat：240；Value：200），然后设置控制反射率的颜色为（Hue：0；Sat：0；Value：150），如图3-45所示。

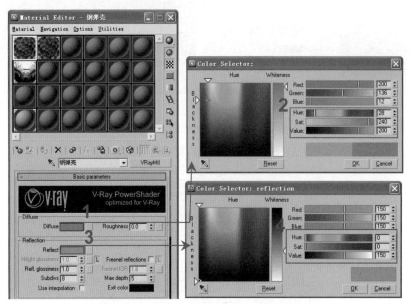

图3-45

Step 2 再次进行渲染，子弹壳的颜色更加饱和，如图3-46所示。

图3-46

Step 3 在此材质的"Reflection"选项组中将"Hilight glossiness"设置为0.82，"Refl.glossiness"设置为1，放大的材质球有强烈反射，球体表面光滑无模糊效果，如图3-47所示。

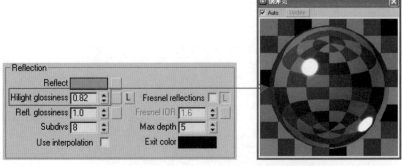

图3-47

Step 4 将"Refl.glossiness"数值设置为0.86，材质球表面进行模糊反射，效果如图3-48所示。

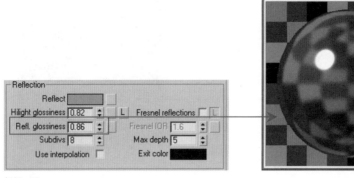

图3-48

Step 5 在材质编辑器中激活"铜弹头"材质，设置漫反射颜色为（Hue：10；Sat：180；Value：140），然后设置控制反射率的颜色为（Hue：0；Sat：0；Value：120），如图3-49所示。

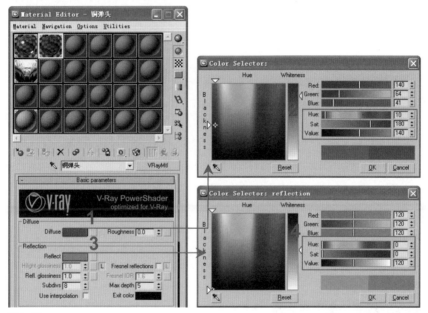

图3-49

Step 6 当调整了"铜弹头"材质后，再进行渲染，弹头更偏暖色，如图3-50所示。

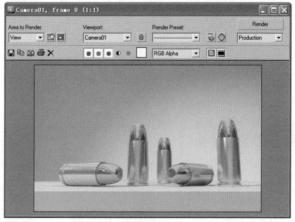

图3-50

Step 7 在"铜弹头"材质的设置面板上将"Hilight glossiness"设置为0.92，"Refl.glossiness"设置为1，材质球有反射和高光区，球体表面光滑无模糊，如图3-51所示。

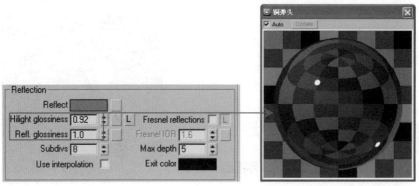

图3-51

Step 8 将"Refl.glossiness"数值设置为0.86，材质球表面进行模糊反射，效果如图3-52所示。

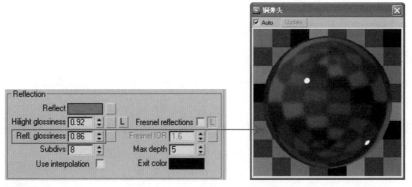

图3-52

Step 9 激活新的材质球，并转换为"VRayMtl"材质，将此材质命名为"黑镜"，单击Diffuse后的按钮，在颜色选择器中选择黄色（Hue：170；Sat：64；Value：24）作为弹壳固有色；然后单击Reflect后的按钮，在弹出的颜色选择器中选择灰白色（Hue：0；Sat：0；Value：65）控制反射率，如图3-53所示。

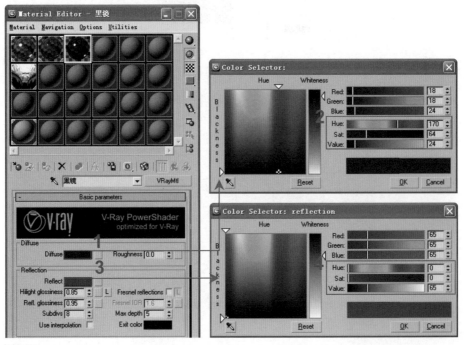

图3-53

Step 10 在视图中选择台面对象，单击材质编辑器上的 按钮，将此材质指定给它。再次进行渲染，场景台面颜色变黑，如图3-54所示。

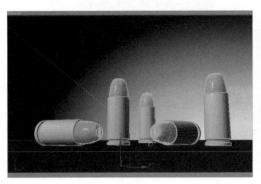

图3-54

Step 11 激活新的材质球并转换为"VRayLight"材质，将此材质命名为"背景"。单击"Params"卷展栏中的 None 按钮，为它指定"金属纹理.jpg"文件，如图3-55所示。

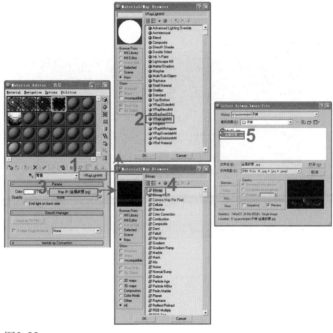

图3-55

Step 12 在场景中选择背景物体，并为它添加UVW Mapping修改器，如图3-56所示为设置贴图坐标的尺寸。进行渲染，背景为黑色。

图3-56

Step 13 背景应具有纹理，但是渲染却为黑色，是因为光线原因造成的。因此，将"VRayLight"材质的强度设置为5.0。此时放大观察材质球，材质纹理清晰可见，如图3-57所示。

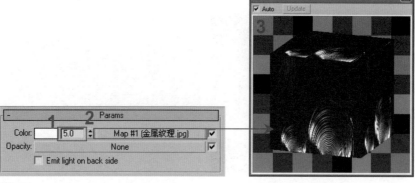

图3-57

Step 14 再次进行渲染，背景效果如图3-58所示。

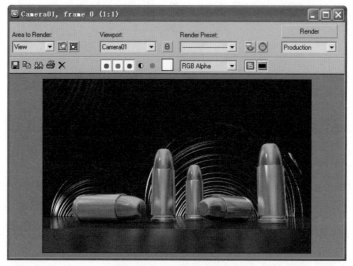

图3-58

3.5 本章小结

3ds max 2009 CG

　　VRayHDRI贴图可以指定hdr格式的图片，它是一种带有阳光信息的光子图片，它能作为光源使用。在3D中不用创建任何灯光就能很好地把场景里的对象质感体现出来，特别是放射较强的金属材质。

frame buffer - [100% of 500 x 375]

V-Ray frame buffer - [100% of 500 x 375]

RGB color

frame buffer - [100% of 500 x 375]

V-Ray frame buffer - [100% of 500 x 375]

RGB color

V-Ray DEMO 1.50.SP2 | file: 绳子.max | frame: 00000 | primitives: 207744 | render time: 0h 0m 35.2s

第4章 毛发效果——绳子

VRayFur是内置于VRay中的毛发插件，可以使用它在几何体表面产生毛发效果。但是这个毛发效果仅仅在渲染时产生，在场景中并不能进行实时观察。本章运用VRayFur来模拟麻绳上的绒毛效果，学习重点是VRayFur物体的创建和此物体的各个控制参数。

4.1 创建摄像机并设置素模材质

创建摄像机确定场景的观察角度，接着为所有物体指定"素模"材质，这样便于调试观察场景光线。

Step 1 在3ds max 2009中打开"绳子.max"场景，此时场景如图4-1所示，未创建材质及光源。

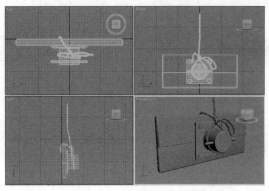

图4-1

Step 2 执行"Customize"→"Units Setup"命令，在弹出的"Units Setup"对话框中单击 System Unit Setup 按钮，在弹出的对话框中设置系统单位，如图4-2所示。

图4-2

Step 3 单击摄像机创建命令面板上的 Target 按钮，在Top视图中拖动创建一架摄像机，如图4-3所示。

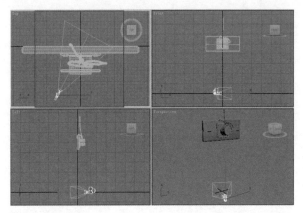

图4-3

Step 4 调整摄像机的位置。在视图中选择摄像机头，如图4-4所示。在视图下方设置（X：-10；Y：-200；Z：490）。接着选择摄像机目标点，在视图下方设置（X：10；Y：100；Z：510）。

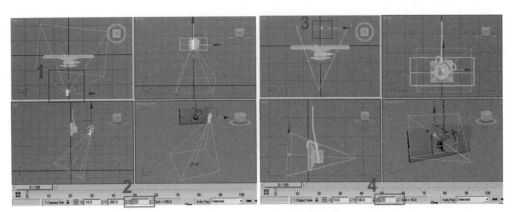

图4-4

Step 5 激活透视图，并在键盘上按下【C】键将视图转换为摄像机视图。进入摄像机的 "Parameters" 卷展栏设置它的参数。将 "Lens" 数值设置为30， "FOV" 数值设置为 61.928。随着数值的变动，摄像机视图也会发生相应的变化，如图4-5所示。

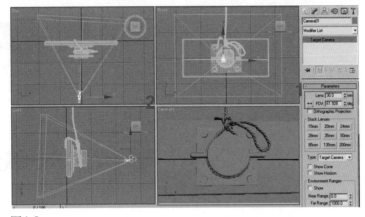

图4-5

Step 6 单击 按钮，在弹出的渲染设置面板上设置渲染图片的尺寸。将 "Width" 设置为500、 "Height" 设置为375。在摄像机视图左上角单击鼠标右键，在弹出的菜单中选择 "Show Safe Frame" 选项显示安全框，如图4-6所示。

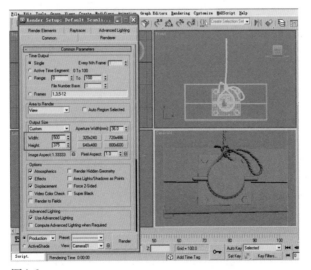

图4-6

Step 7 执行菜单栏上的 "Rendering" → "Environment" 命令，弹出 "Environment and Effects" 对话框，可以在此对话框中更改场景的背景颜色。单击 按钮，在弹出的颜色选择器中选择 "Hue"、 "Sat"、 "Value" 都为0的颜色，如图4-7所示。

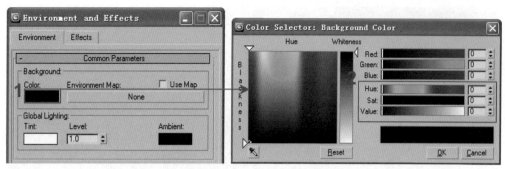

图4-7

Step 8 用鼠标右键单击视图下方的 按钮，弹出 "Viewport Configuration" 对话框，选择 "1 Light" 项，使场景中默认光源为一盏。进行渲染，场景效果如图4-8所示。

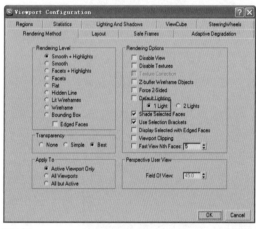
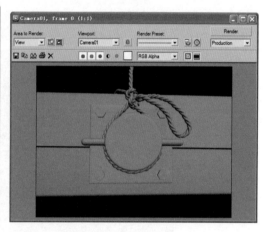

图4-8

4.2 设置基本渲染参数

3ds max 2009 CG

确定当前渲染器并设置基本渲染参数，在未创建环境和场景光源的前提下进行初次试渲。

Step 1 设置VRay渲染参数。首先选择当前渲染器为 "V-Ray DEMO 1.50 SP2"，如图4-9所示。

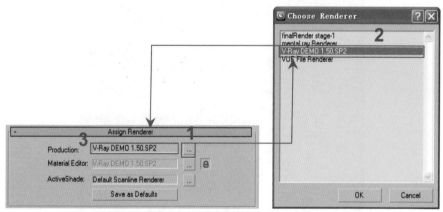

图4-9

Step 2 在 "Image sampler(Antialiasing)" 对话框中设置抗锯齿方式和过滤器；在 "Color mapping" 对话框中设置曝光方式等，如图4-10所示。

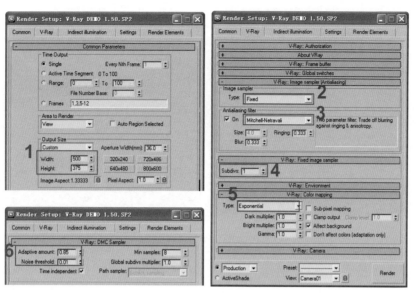

图4-10

Step 3 展开"Indirect illumination"对话框，按图4-11所示设置首次反弹和二次反弹的强度和渲染引擎，接着在"Irradiance map"对话框中选择当前预设模式为"Low"。

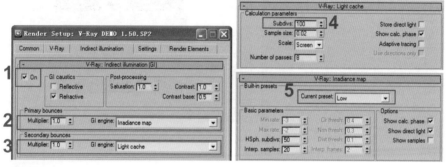

图4-11

Step 4 为场景中所有的物体指定素模材质。在材质编辑器中激活一个空白材质球，将它赋给场景中所有的物体，接着单击材质名称后的 Standard 按钮，选择"VRayMtl"材质。单击Diffuse后的 按钮，在弹出的颜色选择器中选择灰白色（Hue：0；Sat：0；Value：200），如图4-12所示。

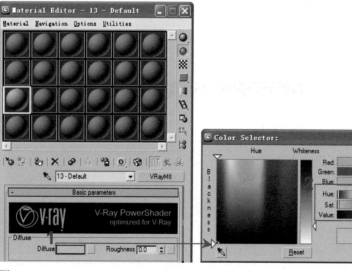

图4-12

Step 5 将设置好的材质指定给场景中的所有物体，单击 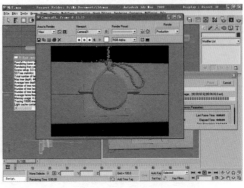 按钮进行渲染，效果如图4-13所示。

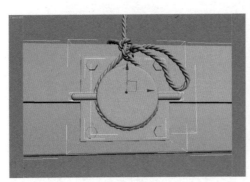

图4-13

Step 6 展开"Frame buffer"卷展栏，勾选"Enable built-in Frame Buffer"选项；再次进行渲染，渲染效果未发生变化，但是渲染面板发生改变，此时使用的是VRay自带的渲染面板，如图4-14所示。

 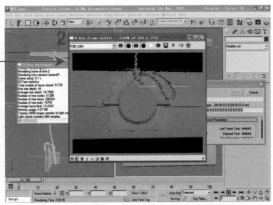

图4-14

Step 7 VRay自带的渲染面板能显示渲染时间、场景面数等更详细的信息。当渲染完成后，单击渲染面板右下方的 ❤ 按钮展开卷展栏，接着单击 回 按钮显示相关信息，如图4-15所示。

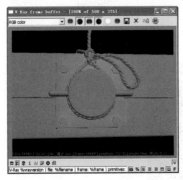

图4-15

4.3 设置环境光源

3ds max 2009 CG

在"V-Ray:Environment"卷展栏中设置"VRayHDRI"贴图作为环境光源。

Step 1 展开"V-Ray:Environment"卷展栏，勾选"GI Environment (skylight) override"选项组中的"On"选项弹出环境光。单击"On"选项后的按钮，在弹出的颜色选择器中选择白色（Hue：150；Sat：50；Value：255）作为环境光颜色。渲染效果如图4-16所示，场景亮度偏低，光源颜色偏蓝。

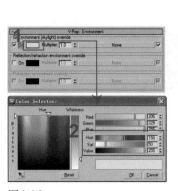
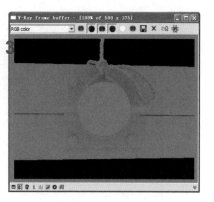

图4-16

将"GI Environment (skylight) override"选项组中的"Multiplier"数值设置为2。再次渲染，
效果如图4-17所示，场景亮度增强，但是场景光源层级不够丰富。

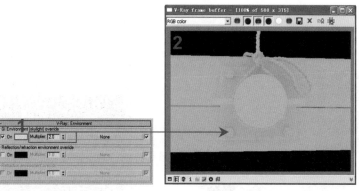

图4-17

单击"GI Environment (skylight) override"选项组中的 None 按钮，
在弹出的材质/贴图浏览器中选择"VRayHDRI"贴图，如图4-18所示。

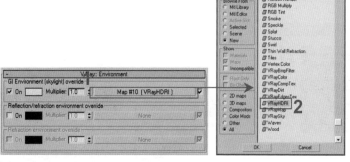

图4-18

在键盘上按下【M】键展开材质编辑器，将"GI Environment (skylight) override"选项组中的
"VRayHDRI"贴图拖动到材质编辑器中的空白材质球上，在弹出的"Instance"对话框中选
择"Instance"方式进行复制，如图4-19所示。

4 Chapter

1
Chapter
(p1~4)

2
Chapter
(p5~16)

3
Chapter
(p17~36)

4
Chapter
(p37~58)

5
Chapter
(p59~84)

6
Chapter
(p85~106)

7
Chapter
(p107~134)

8
Chapter
(p135~164)

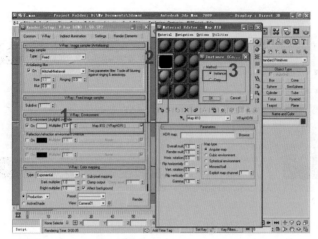

图4-19

Step 5 指定"VRayHDRI"贴图文件。在材质编辑器中单击 Browse 按钮，选择"hdr-01.hdr"文件作为环境贴图。进行渲染，如图4-20所示，图片光线微弱，这是因为环境贴图强度不够造成的。

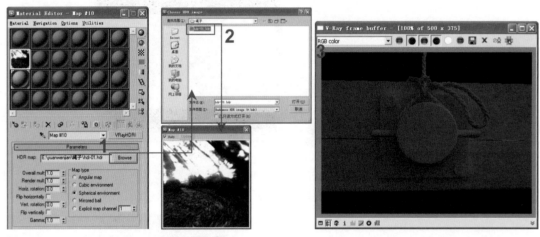

图4-20

Step 6 在"VRayHDRI"贴图设置面板上将"Overall mult"数值设置为4，使贴图强度增强。渲染图片亮度得到增加，光线也具有层次，如图4-21所示。

图4-21

Step 7 在"VRayHDRI"贴图设置面板上勾选"Filp horizontally"选项，将"Horiz.rotation"数值设置为205，使贴图旋转角度。再次渲染，可见光线来源方向发生变化，阴影角度也发生相应的变化，如图4-22所示。

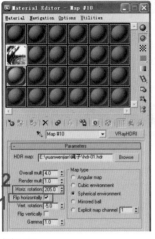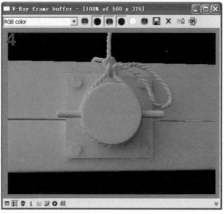

图4-22

4.4　设置场景材质

3ds max 2009 CG

在材质编辑器中创建场景中的"旧铁皮"材质、"旧木纹"材质、"麻绳"材质。

Step 1 激活空白材质球并将它转换为"VRayMtl"材质，为此材质命名为"旧铁皮"。单击Diffuse后的　　　　按钮，选择灰白色（Hue：0；Sat：0；Value：200）作为固有色；接着单击Reflect后的　　　　按钮，选择（Hue：0；Sat：0；Value：200）的颜色控制反射。此时的材质球表面光滑且具强反射，如图4-23所示。

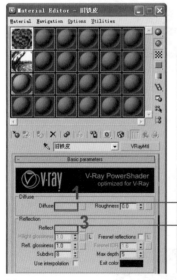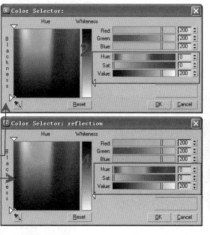

图4-23

Step 2 在材质编辑器中激活调整后的"旧铁皮"材质，然后在视图中选择铁扣物体，单击　按钮指定给选择物体。单击　按钮进行渲染，效果如图4-24所示。此时，铁扣物体呈现状态与材质示例窗中的"旧铁皮"材质差异较大，渲染图片中的铁扣物体呈黑色无反射状态，这是因为环境造成的。

图4-24

Step 3 回到"Environment"卷展栏，将"GI Environment (skylight) override"选项组中的"VRayHDRI"贴图拖动到"Reflection/refraction environment override"选项组中的 ■ 按钮处，在弹出的"Instance"对话框中选择"Instance"方式进行复制。再次渲染，效果如图4-25所示，铁扣物体反射了"VRayHDRI"贴图。

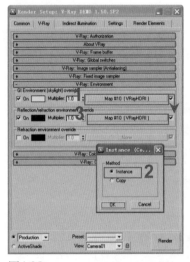

图4-25

Step 4 "旧铁皮"材质表面过于光滑，可以使它表面粗糙些。在材质设置面板上将"Refl. glossiness"数值设置为0.8，材质表面将出现模糊反射，如图4-26所示。

图4-26

Step 5 渲染效果如图4-27所示，铁扣物体反射的"VRayHDRI"贴图的纹理也变得模糊，"旧铁皮"材质也具有磨砂感。

Step 6 为了使"旧铁皮"材质有陈旧感，还需进行系列调整。单击Reflect后的██按钮，在"材质/贴图浏览器"中选择"Bitmap"贴图，接着指定"铁锈.tif"文件。此时的材质球如图4-28所示，表面有锈斑。

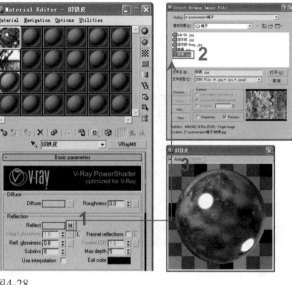

图4-27 图4-28

Step 7 当"旧铁皮"材质添加了"Bitmap"贴图后，需要为指定次材质的物体添加"UVW Mapping"贴图修改器指定贴图坐标。将"Length"和"Width"设置为25、"Heigth"为50，如图4-29所示。

图4-29

Step 8 调整贴图坐标使铁锈的锈斑增大，将"Length"、"Width"、"Heigth"设置为150，如图4-30所示。

图4-30

Step 9 单击 ⊙ 按钮进行渲染，效果如图4-31所示，铁扣物体表面出现了黄色的锈迹。此时的材质球如图4-28所示，表面有锈斑。

Step 10 展开"旧铁皮"材质的"Maps"卷展栏，将"Reflect"通道前方的数值设置为50，材质球表面的锈斑略为减轻，如图4-32所示。

图4-31

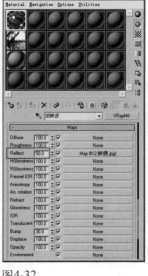

图4-32

Step 11 进行渲染，效果如图4-33所示，相对于图4-31，铁扣物体表面黄色的锈迹减轻。

Step 12 在"旧铁皮"材质的"Map"卷展栏，将"Reflect"通道后的贴图拖动到"Bump"通道中，在弹出的"Instance"对话框中选择"Instance"方式进行复制。这样，材质球所示表面将根据贴图纹理具有起伏感，如图4-34所示。

图4-33

图4-34

Step 13 单击 ⊙ 按钮进行渲染，效果如图4-35所示，铁扣物体表面出现强烈凹凸效果。

图4-35

Step 14 为了使材质球表面的凹凸不那么强烈，可以在"Maps"卷展栏中将"Bump"前的数值设置为8，材质球表面的纹理起伏降低，如图4-36所示。

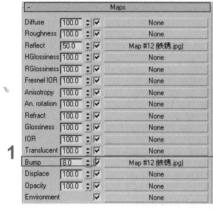

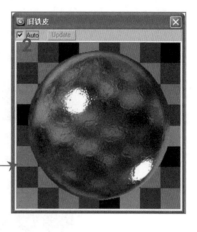

图4-36

Step 15 渲染效果如图4-37所示，铁扣物体表面出现凹凸程度有所降低。

Step 16 激活空白材质球，并将它转换为"VRayMtl"材质，为此材质命名为"旧木纹"。单击Diffuse后的　按钮，在"材质/贴图浏览器"中选择"Bitmap"贴图，接着指定"旧木纹.jpg"文件。此时的"旧木纹"材质球如图4-38所示。

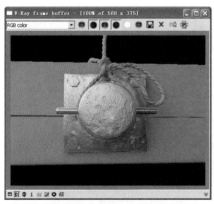

图4-37

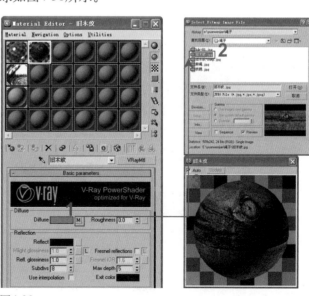

图4-38

Step 17 将调整后的"旧木纹"材质指定给木板物体,并为它指定添加"UVW Mapping"贴图修改器指定贴图坐标。将"Length"和"Width"设置为350、"Heigth"为150,如图4-39所示。

图4-39

Step 18 单击 👁 按钮进行渲染,效果如图4-40所示,"旧木纹"材质完全无反射。

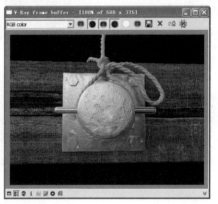

图4-40

Step 19 单击"旧木纹"材质设置面板上Reflect后的 ▨ 按钮,在"材质/贴图浏览器"中选择"Falloff"贴图。在"Falloff"贴图设置面板上按如图4-41所示设置参数,这样,材质球具有较强的反射。

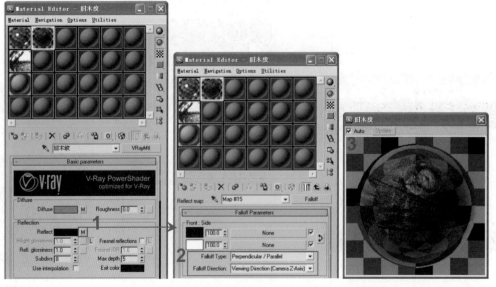

图4-41

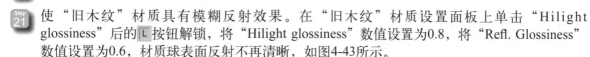

Step 20 单击 👁 按钮进行渲染，效果如图4-42所示，场景中的木板物体具有强烈反射效果。

Step 21 使"旧木纹"材质具有模糊反射效果。在"旧木纹"材质设置面板上单击"Hilight glossiness"后的 L 按钮解锁，将"Hilight glossiness"数值设置为0.8，将"Refl. Glossiness"数值设置为0.6，材质球表面反射不再清晰，如图4-43所示。

图4-42

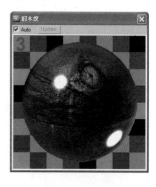

图4-43

Step 22 进行渲染，效果如图4-44所示，场景中木板物体的强反射被模糊。

Step 23 展开"旧木纹"材质的"Maps"卷展栏，单击"Bump"通道后的 None 按钮，在"材质/贴图浏览器"中选择"Bitmap"贴图，接着指定"旧木纹-Bump.jpg"文件。此时的"旧木纹"材质球具有凹凸效果，如图4-45所示。

图4-44

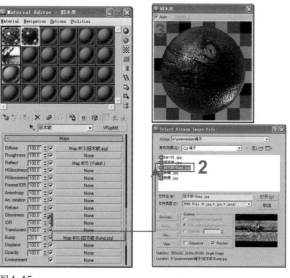

图4-45

Step 24 渲染效果如图4-46所示，场景中的木板物体表面具有凹凸效果。采用平行的视觉观察木板，木板的凹凸效果不明显，因此，将"Bump"通道前的数值设置为20。

Step 25 激活空白材质球，并将它转换为"VRayMtl"材质，为此材质命名为"麻绳"。单击Diffuse后的 ██ 按钮，在"材质/贴图浏览器"中选择"Bitmap"贴图，接着指定"麻绳.jpg"文件。此时的"旧木纹"材质球如图4-47所示。

图4-46　　　　　　　　　　　　图4-47

 在场景中选择麻绳物体，将调整后的"麻绳"材质指定给它，并为它指定添加"UVW Mapping"贴图修改器指定贴图坐标。将"Length"、"Width"、"Heigth"都设置为20。渲染效果如图4-48所示。

图4-48

4.5　生成并调试毛发

3ds max 2009 CG

运用VRayFur模拟绳子上的细小绒毛效果。在创建之初，绳子上的毛毛既粗又很密，需要对它的控制参数进行调整，才能达到满意的效果。

绳子表面应该有细小的毛毛，运用VRayFur进行模拟。选择绳子物体，并单击VRay创建命令面板中的　VRayFur　按钮，在视图中的任意位置拖动创建VRayFur物体，毛发将对绳子物体产生作用，如图4-49所示。设置"Length"数值为15、"Thickness"数值为0.2、"Gravity"数值为-3、"Bend"数值为1。

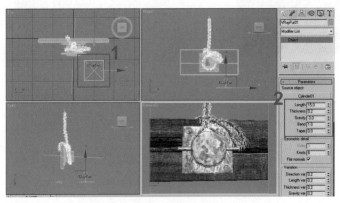

图4-49

Step 2 渲染可见绳子物体上生成紫色的毛发，放大局部的效果如图4-50所示，生成的毛发比较长且浓密。

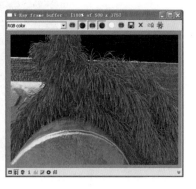

图4-50

Step 3 在"Parameters"卷展栏中设置"Length"数值为5，生成的毛发长度变短，如图4-51所示。

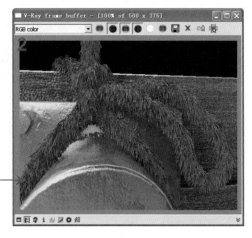

图4-51

Step 4 在"Parameters"卷展栏中设置"Thickness"数值为0.05，生成的毛发变细，如图4-52所示。

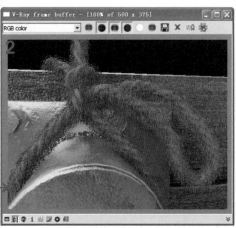

图4-52

Step 5 在"Parameters"卷展栏中设置"Gravity"数值为-1.5。因为毛发受到的重力降低，生成的毛发更为蓬松，如图4-53所示。

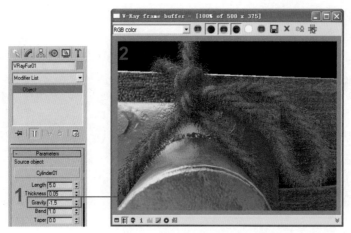

图4-53

Step 6 在"Parameters"卷展栏中设置"Bend"数值为1.5，毛发进行弯曲，如图4-54所示。

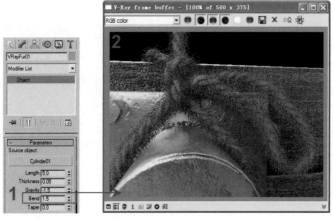

图4-54

Step 7 在视图中选择毛发对象，接着在材质编辑器中激活"麻绳"材质，并单击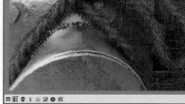按钮将它指定给选择对象，如图4-55所示。

Step 8 再次进行渲染，毛发由紫色变成了麻绳绳身的纹理颜色，如图4-56所示。

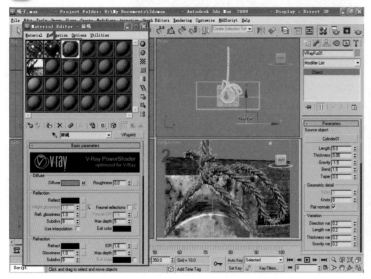

图4-55   图4-56

4.6 添加场景主光源

3ds max 2009 CG

创建场景的主导光源并生成阴影，但是默认的阴影有些生硬，可以调整阴影参数使阴影变得柔和。

Step 1 创建光源。这种平行视觉的场景，通常光源分布平均，可以使用泛光灯来模拟。单击标准灯光创建命令面板上的 Omni 按钮，在Top视图中创建一盏泛光灯，如图4-57所示。

Step 2 选择泛光灯，在视图下方的Z轴输入框中将数值设置为1000，泛光灯将移动位置，如图4-58所示。

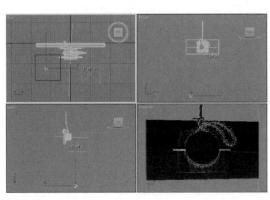

图4-57

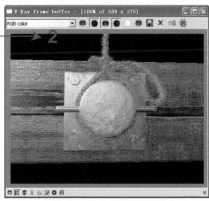

图4-58

Step 3 进入泛光灯的修改命令面板，在"Intensity/Color/Attenuation"卷展栏中将"Multiplier"数值设置为1。渲染可见场景的亮度得到增强，如图4-59所示。

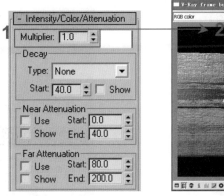

图4-59

Step 4 将"Multiplier"数值设置为2，场景的亮度再次得到增强，如图4-60所示。

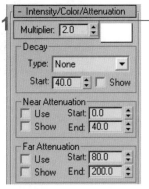

图4-60

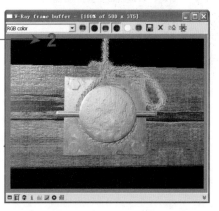

Step 5 这里可以将光源颜色设置为暖色。单击"Multiplier"后的____按钮，在弹出的颜色选择器中设置"Hue"为30、"Sat"为35、"Value"为255的颜色作为光源颜色。再次渲染场景光源略偏黄，但是画面略飘，如图4-61所示。

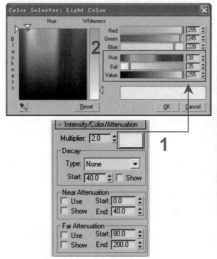
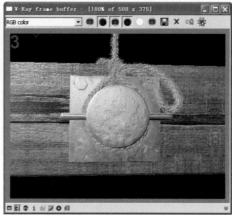

图4-61

Step 6 画面漂浮是因为场景中无阴影，缺乏重色造成的。在"General Parameters"卷展栏中勾选"Shadows"选项组中的"On"选项，在下拉菜单中选择"VRayShadows"类型阴影。此时渲染则产生阴影，放大阴影部分，可见阴影边缘清晰，但仍比较生硬，如图4-62所示。

Step 7 展开"VRayShadows Params"卷展栏，勾选"Area shadow"选项，并将"U size"、"V size"、"W size"的数值都设置为10。再次渲染，可见阴影的边缘变得柔和，如图4-63所示。

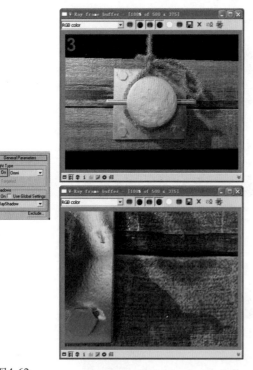
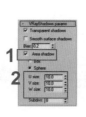
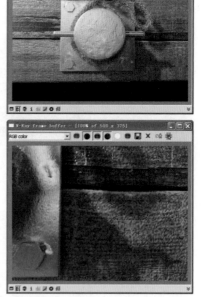

图4-62   图4-63

Step 8 将"U size"、"V size"、"W size"的数值增加为75，随着数值的增大，阴影的边缘变得更柔和，如图4-64所示。

图4-64

4.7 微调场景材质灯光

3ds max 2009 CG

当粗略调整完成，渲染图片的大致格调确定后。对场景中的材质和灯光进行细微调整。

Step 1　回到材质编辑器中激活"旧铁皮"材质，将"Refl.glossiness"数值增加为0.85，材质表面的模糊反射增强，如图4-65所示。

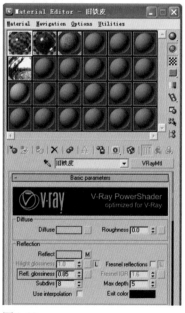

图4-65

Step 2　激活"旧木纹"材质，展开"Maps"卷展栏，将"Bump"通道前方的数值由20降低为15，凹凸效果减弱，如图4-66所示。

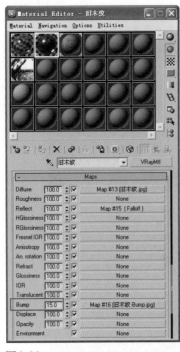

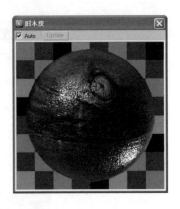

图4-66

Step 3 选择毛发物体，在"Parameters"卷展栏中设置"Thickness"数值为0.02，生成的毛发再次变细，如图4-67所示。

Step 4 再次渲染，最终效果如图4-68所示。

图4-67

图4-68

4.8 本章小结

3ds max 2009 CG

VRayFur是VRay渲染器自带的毛发插件，通过VRayFur能制作头发和动物的毛发，它非常简单实用，便于造型，并且在质感和控制上更为优秀。

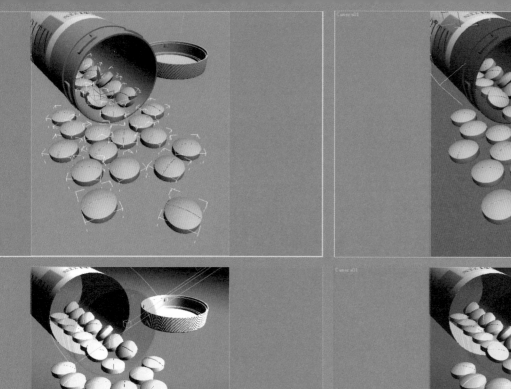

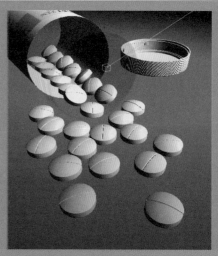

第5章 VRay的景深特效——药片

在镜头前方（调焦点的前、后）有一段一定长度的空间，当被摄物体位于这段空间内时，其在底片上的成像恰位于焦点前后这两个弥散圆之间。被摄体所在的这段空间的长度，就叫景深。换言之，在这段空间内的被摄体，其呈现在底片面的影象模糊度都在容许弥散圆的限定范围内，这段空间的长度就是景深。本章运用药片实例介绍如何实现VRay景深特效来突出、烘托画面主体。控制景深特效的参数集中在"Camera"卷展栏中，本章的学习重点就是"Camera"卷展栏中控制景深的各项参数。

5.1 创建摄像机和设置基本渲染参数

在场景中创建摄像机，确定需要的观察角度和设置基本渲染参数，测试渲染场景。

Step 1 在3ds max 2009中打开"药片.max"场景，此时场景中无摄像机和光源，如图5-1所示。单击摄像机创建命令面板上的 Target 按钮，在视图中创建一架摄像机。

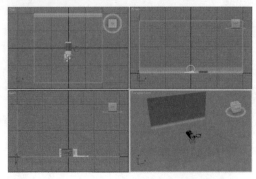

图5-1

Step 2 调整摄像机的位置。首先选择摄像机头，在视图下方设置（X：-32；Y：-90；Z：48），选择对象将沿Z轴向上移动。接着选择摄像机目标点，在视图下方设置（X：-2.5；Y：-45；Z：2.5），目标点将沿Z轴向上移动，如图5-2所示。

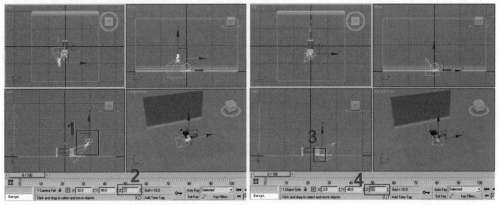

图5-2

Step 3 在视图中选择摄像机头并单击 按钮进入修改命令面板，在"Parameters"卷展栏中将"Lens"设置为42。激活透视图，在键盘上按下【C】键转换为摄像机视图，此时的观察角度和范围如图5-3所示。

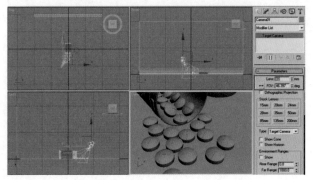

图5-3

Step 4 在摄像机视图左上角单击鼠标右键，在弹出的关联菜单中选择"Show Safe Frame"选项使安全框在视图中显示。接着在渲染设置对话框中渲染图片的"Width"数值为391、"Height"数值为500，如图5-4所示。

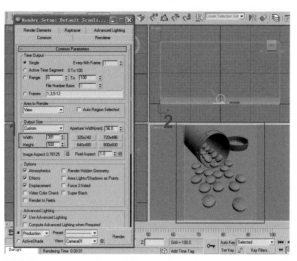

图5-4

Step 5　用鼠标右键单击视图下方的 按钮，弹出"Viewport Configuration"对话框，选择默认光源为"1Light"。此时单击 按钮进行渲染，效果如图5-5所示。

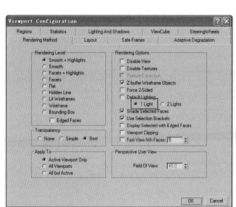

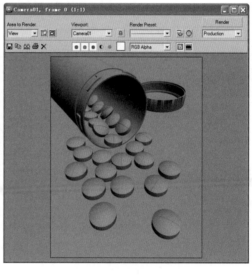

图5-5

Step 6　设置当前渲染器。在"Assign Renderer"对话框中单击 按钮，在弹出的对话框中选择VRay DEMO 1.50SP2渲染器，并单击 OK 按钮，如图5-6所示。

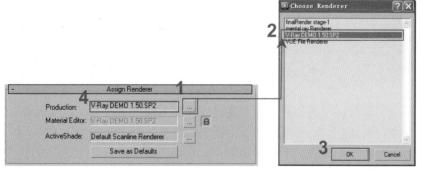

图5-6

Step 7　设置VRay的渲染参数。在"Image sampler(Antialiasing)"对话框中设置抗锯齿方式和过滤器；在"Color mapping"对话框中设置曝光方式，如图5-7所示。

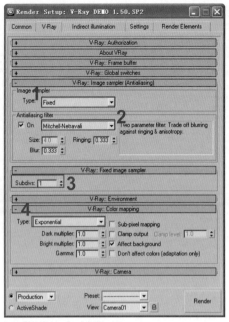

图5-7

Step 8 展开"Indirect illumination"对话框，按图5-8所示设置首次反弹和二次反弹的强度和渲染引擎，接着在"Irradiance map"对话框选择当前预设模式为"Low"。

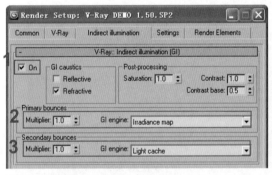 

图5-8

Step 9 展开"Light cache"对话框，将"Subdivs"设置为100；在"DMC Sampler"对话框中将"Adaptive amount"设置为0.85，如图5-9所示。

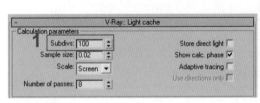 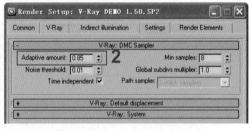

图5-9

Step 10 设置素模材质。在创建光源前给场景整体指定一个材质，便于观察场景物体。在材质编辑器中激活一个空白材质球，将它赋给场景中所有的物体，接着单击材质名称后的 Standard 按钮，选择"VRayMtl"材质。单击Diffuse后的 按钮，在弹出的颜色选择器中选择灰白色（Hue：0；Sat：0；Value：150），如图5-10所示。

5
Chapter

1
Chapter
（p1～4）

2
Chapter
（p5～16）

3
Chapter
（p17～36）

4
Chapter
（p37～58）

5
Chapter
（p59～84）

6
Chapter
（p85～106）

7
Chapter
（p107～134）

8
Chapter
（p135～164）

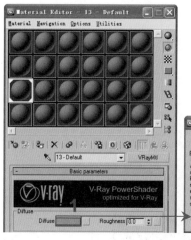
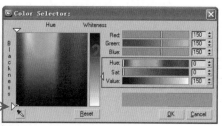

图5-10

Step 11 将设置好的材质指定给场景中的所有物体，单击工具栏上的 ◎ 按钮进行渲染，效果如图5-11所示。

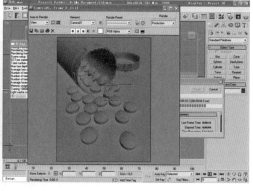

图5-11

Step 12 展开"Global switches"对话框，去掉"Defalt lights"选项的勾选，再进行渲染，渲染图片漆黑，如图5-12所示。

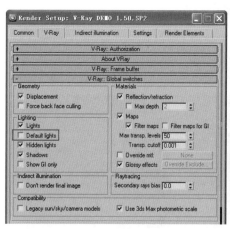
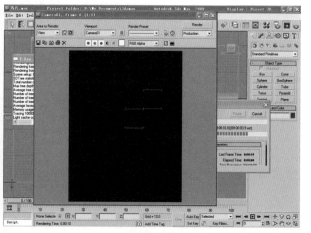

图5-12

5.2 初调场景光源和材质

3ds max 2009 CG

为了便于观察场景，简单地设置场景中的光源，接着为场景中的物体创建并指定材质。

5.2.1 初调光源

Step 1 展开"Environment"对话框，设置与环境相关的各项参数。勾选"GI Environment（skylight）override"选项组中的"On"选项，并单击 ⬜ 按钮，选择蓝色（Hue：150；Sat：50；Value：255）作为环境颜色，如图5-13所示。

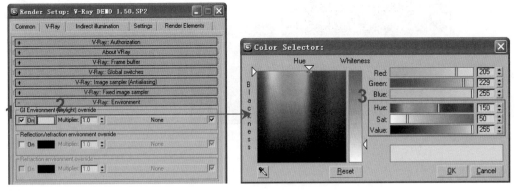

图5-13

Step 2 单击工具栏上的 🔘 按钮进行渲染，场景整体光线略为偏蓝，但光线强度偏低，如图5-14所示。

图5-14

Step 3 在"Environment"卷展栏中将"Multiplier"数值设置为2。再次渲染场景光线得到增强，如图5-15所示。

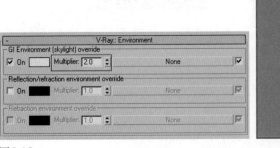

图5-15

5.2.2 初调材质

Step 1　在材质编辑器中激活新的空白材质球，并将它转换为"VRayMtl"材质，单击Diffuse后的　按钮，在弹出的材质/贴图浏览器中选择Bitmap贴图，接着指定"药品标签.jpg"。然后单击Reflect后的　　　　按钮，在弹出的颜色选择器中选择灰白色（Hue：0；Sat：0；Value：15）控制反射率，如图5-16所示。

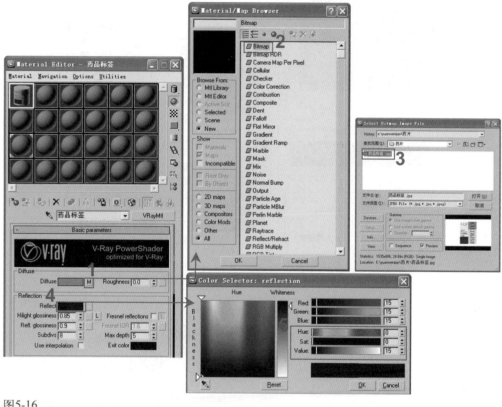

图5-16

Step 2　双击材质示例窗可放大材质球，能够清楚地观察材质。将调整后的"药品标签"指定给药瓶表面的标签物体，接着为它添加"UVW Mapping"修改器，并设置贴图坐标的各项参数，如图5-17所示。

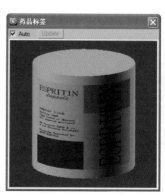

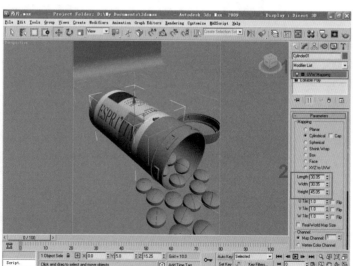

图5-17

Step 3 激活新的空白材质球,并将它转换为"VRayMtl"材质,为此材质命名为"白色塑料"。单击Diffuse后的 ▨▨▨ 按钮,在弹出的颜色选择器中选择白色(Hue:0;Sat:0;Value:220)作为固有色。然后单击Reflect后的 ▨▨▨ 按钮,在弹出的颜色选择器中选择灰色(Hue:0;Sat:0;Value:25)控制反射率,如图5-18所示。

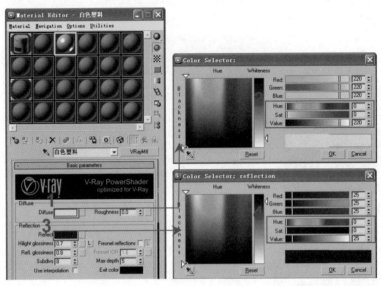

图5-18

Step 4 此时的材质表面光滑略有反射,将它指定给场景中的药瓶盖,如图5-19所示。

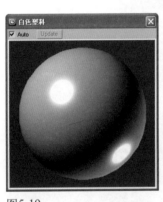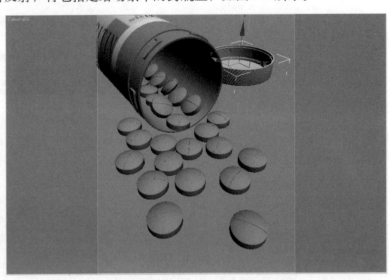

图5-19

Step 5 激活新的空白材质球,并将它转换为"VRayMtl"材质,为此材质命名为"药片"。单击Diffuse后的 ▨▨▨ 按钮,选择黄绿色(Hue:40;Sat:115;Value:215)作为固有色。然后单击Reflect后的 ▨▨▨ 按钮,在弹出的颜色选择器中选择黑色(Hue:0;Sat:0;Value:10)控制反射率,如图5-20所示。在"Basic parameters"卷展栏中单击 **L** 按钮激活"Hilight glossiness"参数,并设置它的数值为0.5,将"Refl.glossiness"数值设置为0.6。

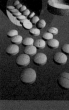

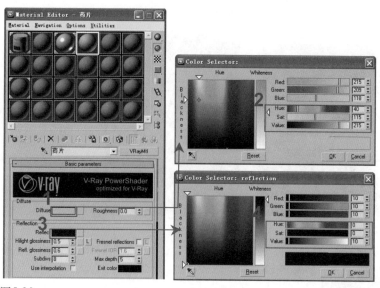

图5-20

Step 6 此时的药片材质表面光滑呈黄绿色，将它指定给场景中的药片，如图5-21所示。

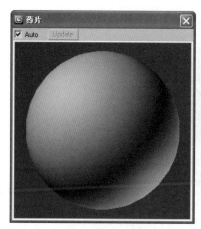 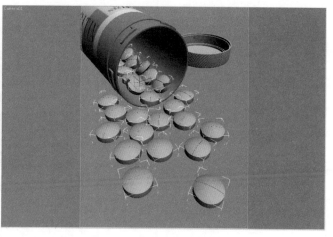

图5-21

Step 7 激活空白材质球，并将它转换为"VRayMtl"材质，为此材质命名为"纸"。单击Diffuse后的▇▇▇▇按钮，选择黄绿色（Hue：0；Sat：0；Value：250）作为固有色，如图5-22所示。

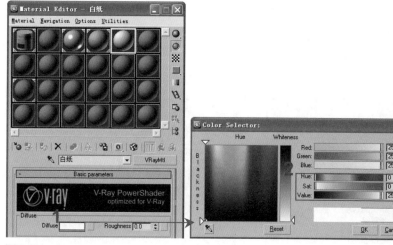

图5-22

Step 8 此时的药片材质表面平滑呈白色，将它指定给场景中的药瓶瓶身，如图5-23所示。

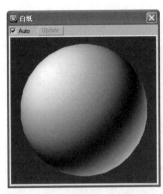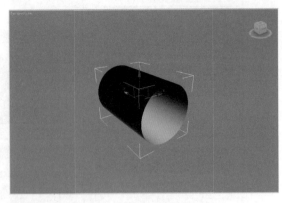

图5-23

Step 9 激活空白材质球，并将它转换为"VRayMtl"材质，为此材质命名为"桌面"。单击Diffuse后的███████按钮，选择蓝色（Hue：155；Sat：140；Value：140）作为固有色；然后单击Reflect后的███████按钮，在弹出的颜色选择器中选择黑色（Hue：0；Sat：0；Value：10）控制反射率。在"Basic parameters"卷展栏中将"Refl.glossiness"数值设置为0.65，如图5-24所示。

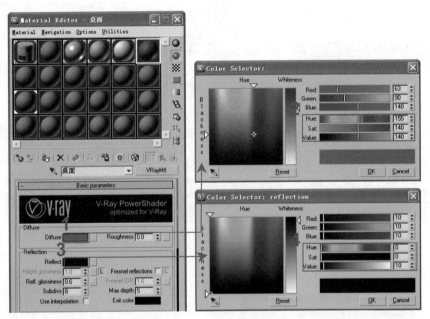

图5-24

Step 10 此时的药片材质呈蓝色，反射较弱，将它指定给场景中的桌面物体，如图5-25所示。

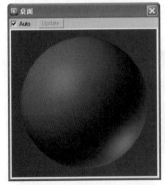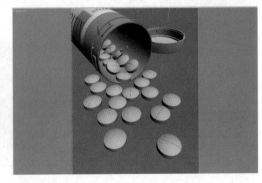

图5-25

Step 11 当基本的初始材质设置完成后，单击工具栏上的 ⚪ 按钮进行渲染，效果如图5-26所示。

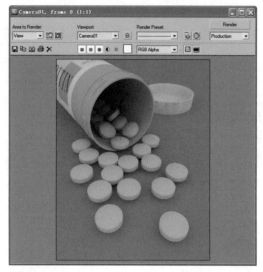

图5-26

Step 12 激活新的空白材质球，并将它转换为"VRayMtl"材质，为此材质命名为"橙红色透明塑料"。单击Diffuse后的 ▭ 按钮，选择黄绿色（Hue：15；Sat：255；Value：175）作为固有色，如图5-27所示。

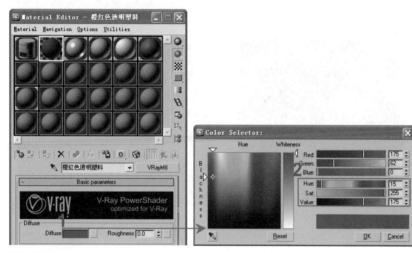

图5-27

Step 13 将此材质指定给场景中的药瓶瓶身，进行渲染，效果如图5-28所示，瓶身无反射/折射，不透明。

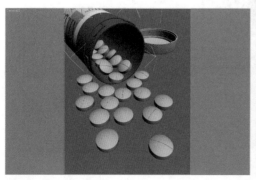

图5-28

Step 14 在"Reflection"选项组中单击"Reflect"后的▨按钮，在弹出的材质/贴图浏览器中选择Fall off贴图，然后将"Falloff Type"设置为"Fresnel"，如图5-29所示。

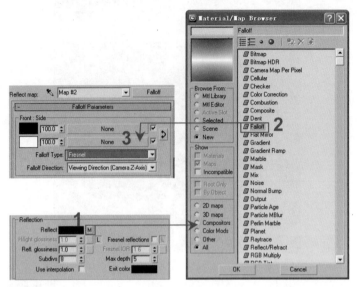

图5-29

Step 15 放大"橙红色透明塑料"材质，可见材质球表面出现高光，有反射，渲染效果如图5-30所示。

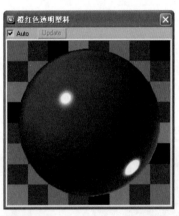

图5-30

Step 16 设置材质折射率。在"Reflection"选项组中单击"Refract"后███████按钮，选择白色（Hue：0；Sat：0；Value：250）控制材质的折射。可见，此时的材质球具有折射效果，呈透明状态，如图5-31所示。

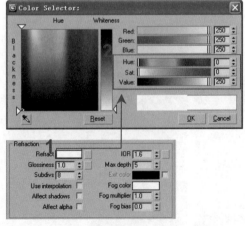

图5-31

Step 17 单击工具栏上的 ◎ 按钮进行渲染，效果如图5-32所示，玻璃瓶身十分透明。

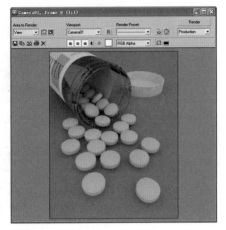

图5-32

Step 18 若想令瓶身的透明度低一些，可以通过调整控制折射的颜色来实现。单击"Refract"后的
████按钮，选择灰白色（Hue：0；Sat：0；Value：200）控制材质的折射。可见，此时
的材质球透明度有所降低，如图5-33所示。

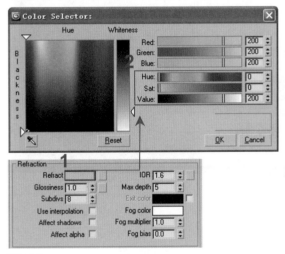

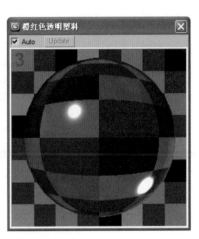

图5-33

Step 19 再次进行渲染，玻璃瓶身的材质效果如图5-34所示。

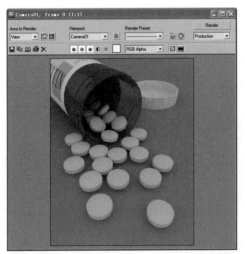

图5-34

Step 20 在"Reflection"选项组中将"IOR"折射率数值设置为1.45，材质的折射效果略有变化，如图5-35所示。

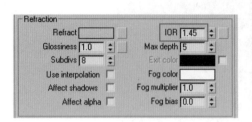

图5-35

Step 21 在"Reflection"选项组中将"Glossiness"数值设置为0.9，材质具有折射模糊效果，如图5-36所示。

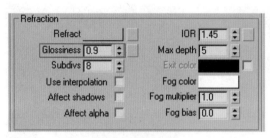
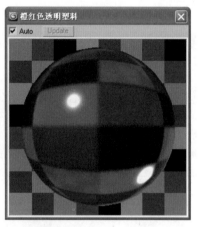

图5-36

Step 22 玻璃瓶身的材质表面略为模糊，效果如图5-37所示。

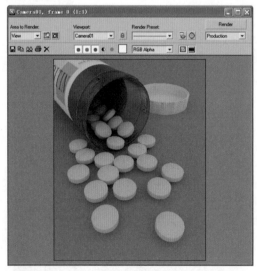

图5-37

Step 23 单击Fog color后的 ▊▊▊ 按钮，选择浅橙色（Hue：15；Sat：35；Value：255）作为材质内部填充色。再次进行渲染，瓶身材质的饱和度增加，如图5-38所示。

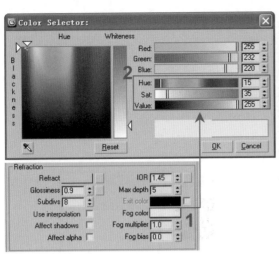

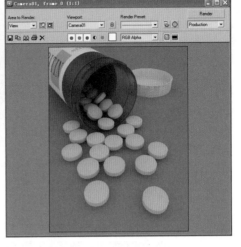

图5-38

Step 24 修改"Fog color"颜色，选择橙色（Hue：15；Sat：125；Value：255）作为内部填充色。再次进行渲染，瓶身材质颜色更加饱和，如图5-39所示。

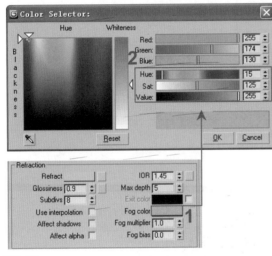

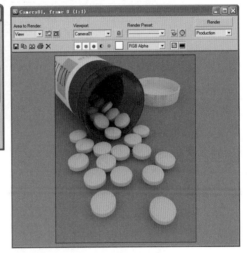

图5-39

Step 25 将"Fog multiplier"数值设置为0.05，填充颜色的强度降低。再次进行渲染，瓶身材质通透，如图5-40所示。

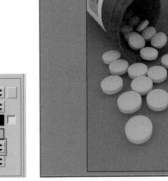

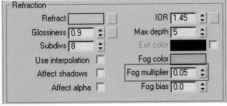

图5-40

5.3 设置环境光源

在"Environment"卷展栏中指定"VRayHDRI"贴图作为环境光源。当场景光线强度不足时，可以增强"Overall mult"数值来增强场景光线。

Step 1 展开"Environment"对话框，单击"GI Environment（skylight）override"选项组中的 **None** 按钮，在材质/贴图浏览器中选择"VRayHDRI"贴图，如图5-41所示。

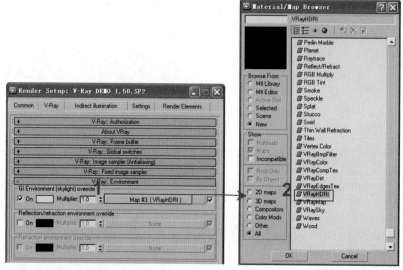

图5-41

Step 2 将"GI Environment（skylight）override"选项组后的"VRayHDRI"贴图拖动到材质编辑器的任意空白材质球上进行复制，选择"Instance"复制方式，如图5-42所示。

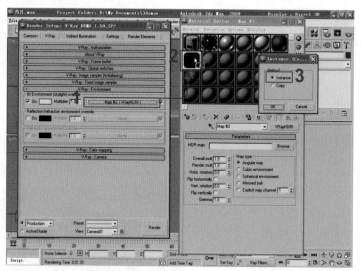

图5-42

Step 3 单击工具栏上的 按钮进行渲染，效果如图5-43所示，场景亮度明显过低。

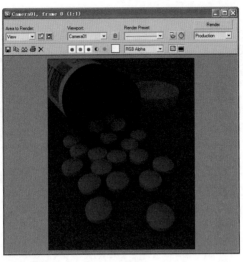

图5-43

5
Chapter

1
Chapter
(p1~4)

2
Chapter
(p5~16)

3
Chapter
(p17~36)

4
Chapter
(p37~58)

5
Chapter
(p59~84)

6
Chapter
(p85~106)

7
Chapter
(p107~134)

8
Chapter
(p135~164)

Step 4 将"Overall mult"数值设置为5，"VRayHDRI"贴图的光线增强，如图5-44所示。

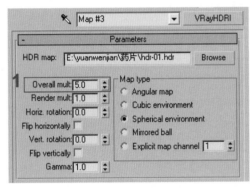 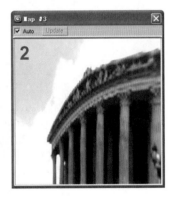

图5-44

Step 5 再次进行渲染，场景光线增强，效果如图5-45所示。

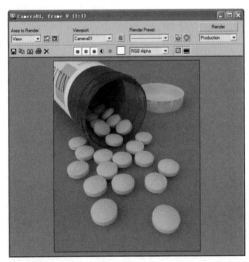

图5-45

Step 6 在"Environment"卷展栏中勾选"Reflection/refraction environment override"选项组中的"On"选项启用反射/折射环境。将"GI Environment (skylight) override"选项组后的"VRayHDRI"贴图拖动到"Reflection/refraction environment override"选项组中的
`None` 按钮上，选择"Instance"方式进行复制。进行渲染后，可见场景光线再次增强，如图5-46所示。

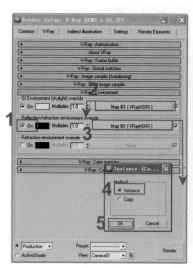 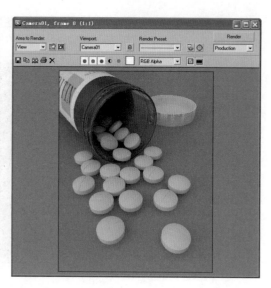

图5-46

Step 7 在"VRayHDRI"贴图的设置面板上将"Horiz.rotation"数值设置为165，勾选"Filp horizontally"选项，"Vert.rotation"数值设置为10，贴图发生变化，如图5-47所示。

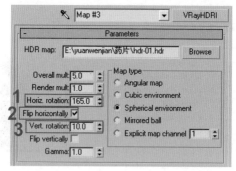

图5-47

Step 8 再次进行渲染，场景中物体阴影的角度发生变化，如图5-48所示。

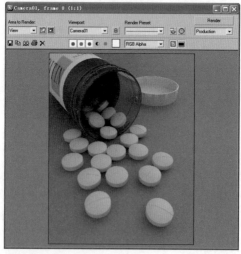

图5-48

5.4 创建场景主光源

3ds max 2009 CG

　　创建场景主光源，并使场景中的物体产生阴影。阴影的品质由"VRayShadows parame"卷展栏中的"Subdivs"数值控制。此数值越高，阴影的品质越细腻，耗费渲染时间越长。

Step 1 单击标准灯光创建命令面板上的 `Target Spot` 按钮，在视图中创建一盏目标聚光灯，如图5-49所示。

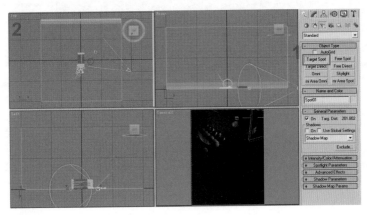

图5-49

Step 2 选择聚光灯的发射点，在视图下方设置（X：250；Y：-400；Z：400），光源将沿Z轴向上移动；选择聚光灯的目标点，在视图下方将X轴后的数值设置为（X：25；Y：0；Z：0），目标点将沿X轴向右移动，如图5-50所示。

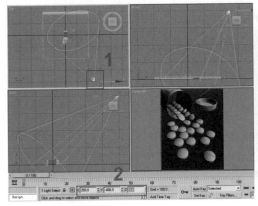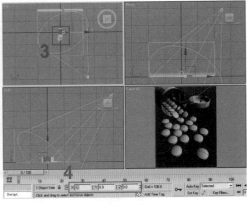

图5-50

Step 3 执行菜单栏中的"Views"→"Viewport Configuration"命令，在弹出的"Viewport Configuration"对话框中单击 `Lighting And Shadows` 选项卡，选择"Good(SM2.0 Option)"选项。此时场景中的光源将进行即时显示，如图5-51所示。

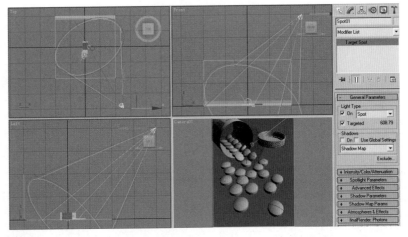

图5-51

Step 4 在"Spolight Parameters"卷展栏中设置"Hotspot/Beam"数值为8、"Fall off/Field"数值为24。这样目标聚光灯的范围将发生变化，如图5-52所示。

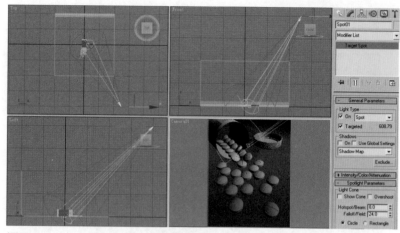

图5-52

Step 5 在目标聚光灯的"Intensity/Color/Attenuation"卷展栏中将"Multiplier"数值设置为1。目标聚光灯光线增强，场景整体亮度提高，如图5-53所示。

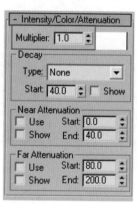

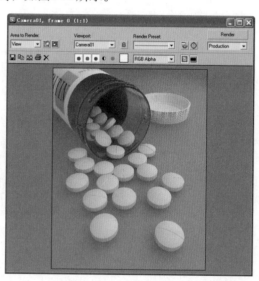

图5-53

Step 6 此时场景光线过于充足，画面整体很亮，层次感不足。因此，在"VRayHDRI"贴图的设置面板上将"Overall mult"数值设置为2.5，这样，环境光线的强度相应降低，如图5-54所示。

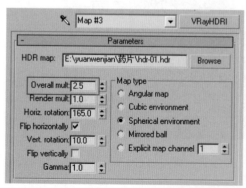

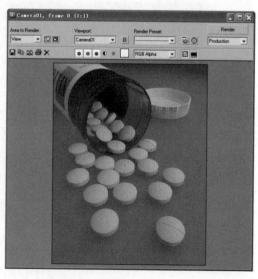

图5-54

Step 7 再次将目标聚光灯的"Multiplier"数值设置为2，作为主光源的目标聚光灯光线增强，如图5-55所示。

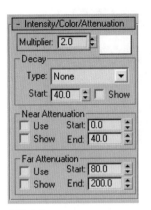
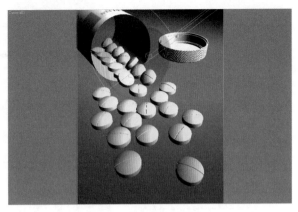

图5-55

Step 8 单击 ⊙ 按钮进行渲染，效果如图5-56所示，场景中的物体显得有些轻飘飘的感觉，这是因为物体没有投影造成的。

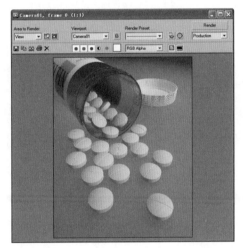

图5-56

Step 9 在"Spolight Parameters"卷展栏中勾选"Shadows"选项组中的"On"选项，在"Shadows"选项组中选择阴影类型为"VRayShadow"。单击 ⊙ 按钮进行渲染，效果如图5-57所示，物体产生阴影，画面层次更加丰富。

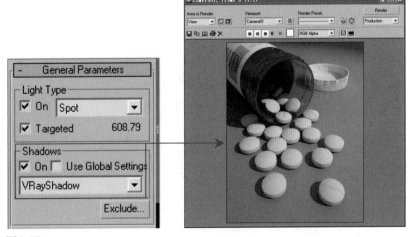

图5-57

Step 10 展开"VRayShadows params"卷展栏,勾选"Sphere"选项,将U size、Vsize、Wsize数值都设置为10。进行渲染,阴影的效果如图5-58所示。

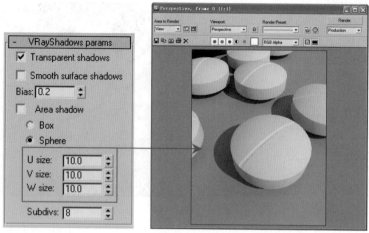

图5-58

Step 11 勾选"Area shadow"选项,再次进行渲染,阴影显得更加柔和,如图5-59所示。

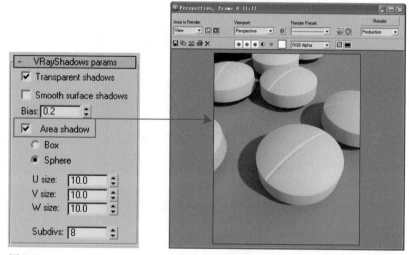

图5-59

Step 12 将U size、Vsize、Wsize数值都设置为150,阴影面积加大,显得更加柔和,如图5-60所示。

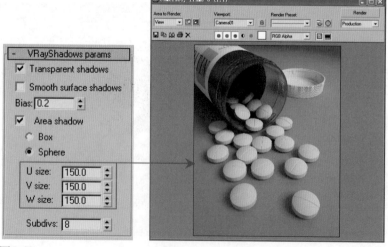

图5-60

Step 13 将"Subdivs"数值设置为2，阴影品质比较低，出现黑色颗粒，如图5-61所示。

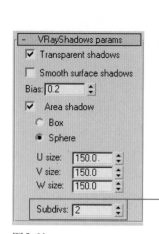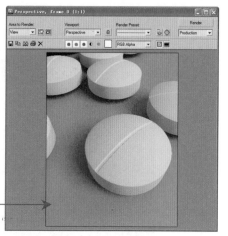

图5-61

Step 14 展开"VRayShadows params"卷展栏，将"Subdivs"数值设置为20，阴影品质较高，显得平滑和柔和，如图5-62所示。

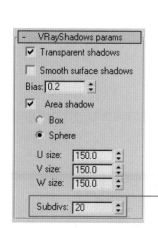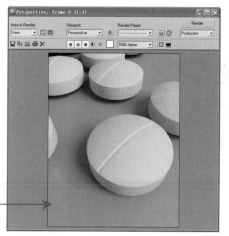

图5-62

Step 15 修改主光源的颜色。单击目标聚光灯"Multiplier"后的____按钮，在弹出的颜色选择器中选择黄色（Hue：25；Sat：150；Value：255）作为光源颜色，如图5-63所示。

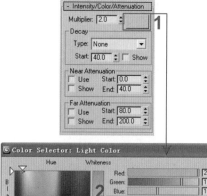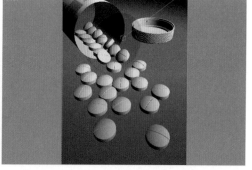

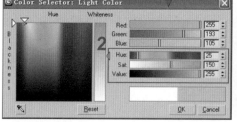

图5-63

Step 16 单击 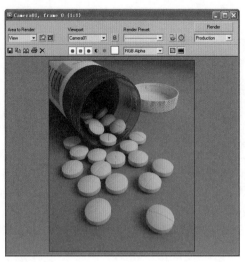 按钮进行渲染，效果如图5-64所示，光源颜色偏黄色。

图5-64

Step 17 将"Height glossiness"数值设置为0.8、"Refl.glossiness"数值设置为0.85，对瓶身材质进行模糊反射，效果如图5-65所示。

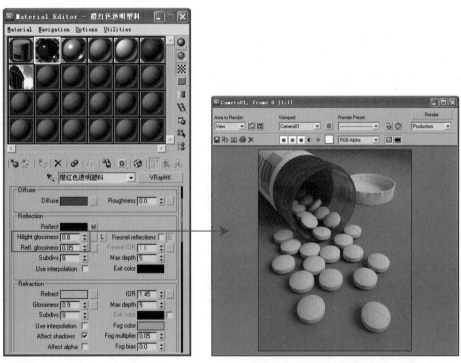

图5-65

5.5 景深特效的设置

为了更好地突出表现的主体，可以设置景深特效，使画面具有虚实对比效果，这样能更清楚、明显地烘托强调画面上清楚的部分。

Step 1 在渲染设置面板上展开"Camera"卷展栏，勾选"Depth of field"选项组中的"On"选项弹出景深特效。使用默认参数设置进行渲染，渲染图片变得模糊，如图5-66所示。

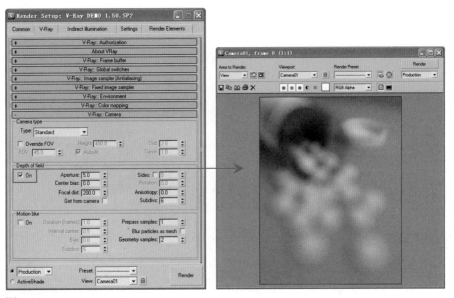

图5-66

Step 2 将"Aperture"光圈数值设置为1.5，再次进行渲染，渲染图片的模糊程度降低，如图5-67所示。

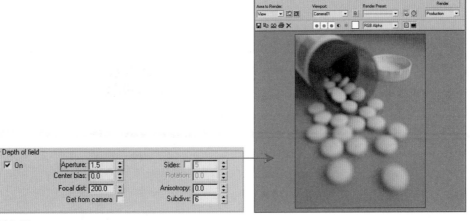

图5-67

Step 3 设置"Focal dist"焦距数值为80，再次进行渲染，渲染图片出现景深的位置发生变化，如图5-68所示。

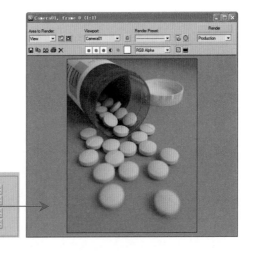

图5-68

Step 4 "Depth of field"选项组中的"Subdivs"数值控制着景深特效的品质。将"Subdivs"数值设置为2，出现景深特效的物体周围呈颗粒状，如图5-69所示。

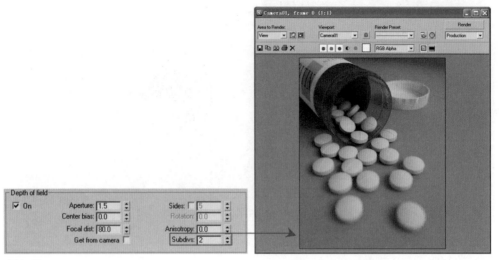

图5-69

Step 5 将"Depth of field"选项组中的"Subdivs"数值设置为12，出现景深特效的物体周围的颗粒消失，如图5-70所示。

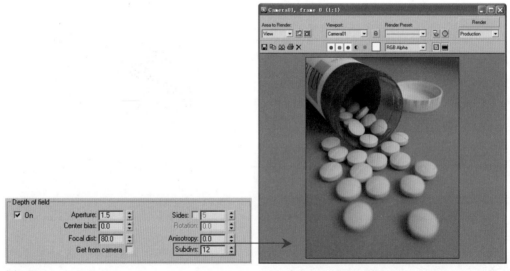

图5-70

5.6 本章小结

3ds max 2009 CG

景深效果在CG作品中极其常用，该效果能使环境虚糊、主体清楚，这是突出主体的有效方法之一。景深越小，这种环境虚糊也就越强烈，主体也就更突出。

 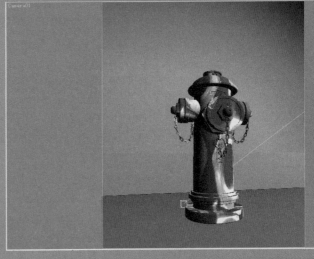

  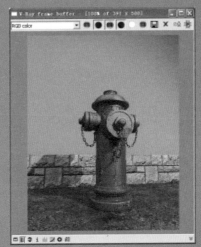 

第6章 户外环境的模拟——消火栓

　　本章实例表现的是一个户外场景，根据离摄像机的距离远近，可以将户外场景分为远景和近景。远景和近景都可以用模型来进行制作，但是这样的建模工作量比较大。为了合理地控制工作量，可以仔细建立近景的模型，远景可以通过材质来模拟。这样能节省时间，降低建模的工作量。本章的学习重点是如何运用材质来模拟场景中的远景物体。

6.1 创建摄像机和设置渲染参数

调试创建的摄像机，确定场景的观察角度，接着设置基本渲染参数，试渲素模材质场景。

Step 1 在3ds max 2009中打开"消火栓.max"场景，此时场景如图6-1所示。场景中未创建摄像机、材质及光源。

Step 2 创建摄像机。单击创建命令面板上的 📷 按钮进入摄像机创建命令面板，接着单击 Target 按钮，在Top视图中创建一架摄像机，如图6-2所示。

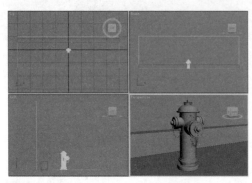
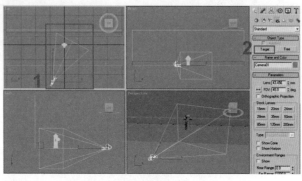

图6-1   图6-2

Step 3 调整摄像机位置。单击 ✛ 按钮，在视图中选择摄像机头，如图6-3所示。在视图下方设置（X：-250；Y：-875；Z：250）。接着选择摄像机目标点，在视图下方设置（X：0；Y：200；Z：450）。

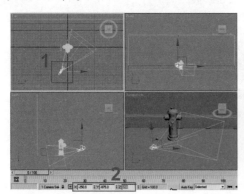
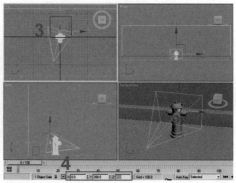

图6-3

Step 4 激活透视图，并在键盘上按下【C】键将视图转换为摄像机视图。在视图中选择摄像机，并单击按钮进入修改命令面板。在"Parameters"卷展栏中设置"Lens"数值为35，"FOV"数值将发生相应的变化。这样就确定了摄像机视图的观察角度，如图6-4所示。

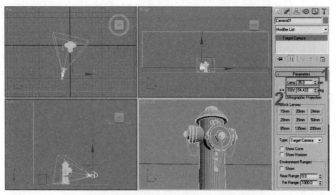

图6-4

Step 5 在摄像机视图左上角单击鼠标右键，在弹出的关联菜单中选择"Show Safe Frame"选项使安全框显示。单击 按钮，在弹出的渲染设置面板上设置渲染图片的尺寸。将"Width"数值设置为391、"Height"数值设置为500，如图6-5所示。

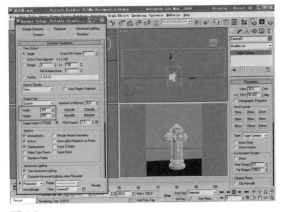

图6-5

Step 6 用鼠标右键单击视图下方的 按钮，在弹出的"Viewport Configuration"对话框中选择"1Light"选项，即默认光源为一盏。单击 按钮进行渲染，效果如图6-6所示。

图6-6

Step 7 确认当前渲染器为"VRay DEMO 1.50SP2"的前提下，开始设置渲染参数。在"Image sampler(Antialiasing)"对话框中设置抗锯齿类型为"Fixed"，选择"Mitchell-Nerravali"类型的过滤器。接着在"Fixed image sampler"卷展栏只能够将"Subdivs"设置为1；然后在"Color mapping"对话框中设置曝光方式为"Exponential"；在"DMC Sampler"对话框中将"Adaptive amount"设置为0.85，"Noise threshold"设置为0.01，如图6-7所示。

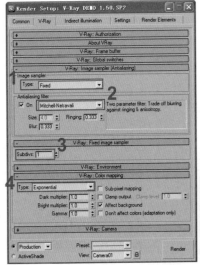

图6-7

Step 8 展开"Indirect illumination"对话框,按图6-8所示设置首次反弹和二次反弹的强度和渲染引擎,接着在"Irradiance map"对话框中选择当前设置为"Low"选项。

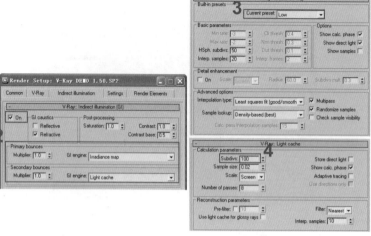

图6-8

Step 9 在"材质编辑器"中激活一个空白材质球,单击 Standard 按钮,在弹出的"Material/Map Browser"对话框中选择"VRayMtl"选项并单击 OK 按钮,使材质类型转换。单击"Diffuse"后的 按钮,在弹出的"Color Selector"对话框中选择颜色(Hue:0;Sat:0;Value:100)作为材质固有色,如图6-9所示。

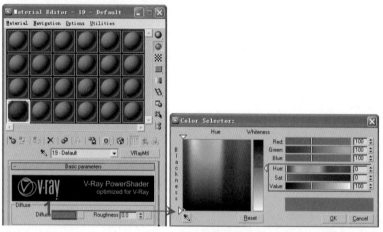

图6-9

Step 10 在视图中选择所有的物体,单击工具栏上的 按钮,将此材质指定给选择物体。单击 按钮进行渲染,效果如图6-10所示。

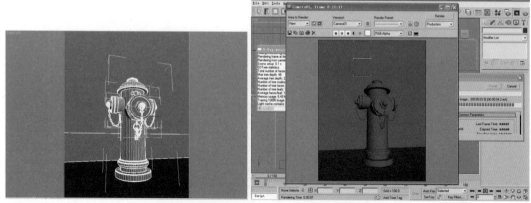

图6-10

Step 11　切换渲染窗口。此时使用的渲染窗口为max默认渲染窗口，展开"V-Ray:Frame buffer"卷展栏，勾选"Enable built-in Frame Buffer"选项，渲染窗口将换为VRay内置渲染窗口，如图6-11所示。

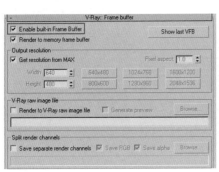

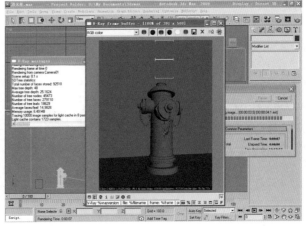

图6-11

Step 12　此时场景中未设置任何光源，场景应该为黑色。但是渲染仍有光线是因为使用了系统默认的一盏光源。展开"V-Ray:Global switches"卷展栏，去掉"Default lights"选项的勾选，如图6-12所示。再次单击 按钮渲染，可见场景漆黑，这里没使用系统默认光源。

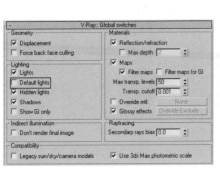

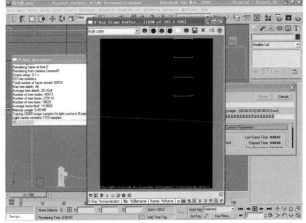

图6-12

6.2　创建场景光源

创建户外场景的光源，并使场景中的对象都产生阴影。户外场景光线比较充分，偏暖的阳光作为场景的主导光源，画面对比强烈。

Step 1　设置场景环境色。在渲染设置面板上展开"Environment"卷展栏，在"GI Environment (skylight) override"选项组中勾选"On"选项弹出环境光，如图6-13所示。

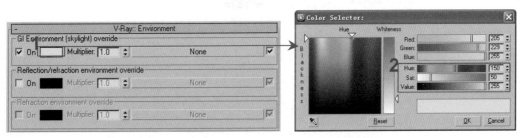

图6-13

1 Chapter (p1~4)

2 Chapter (p5~16)

3 Chapter (p17~36)

4 Chapter (p37~58)

5 Chapter (p59~84)

6 Chapter (p85~106)

7 Chapter (p107~134)

8 Chapter (p135~164)

3ds max 2009 CG

Step 2 单击 按钮进行渲染，环境颜色略偏蓝，场景整体偏暗，如图6-14所示。

Step 3 在"GI Environment (skylight) override"选项组中将"Multiplier"数值设置为2.5。单击 按钮进行渲染，场景的环境光亮度增强，如图6-15所示。

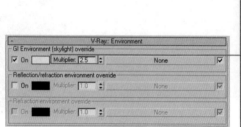

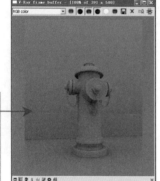

图6-14   图6-15

Step 4 为环境添加VRayHDRI贴图。单击"GI Environment（skylight）override"选项组中的 None 按钮，在弹出的"Material/Map Browser"对话框中选择"VRayHDRI"贴图并单击 OK 按钮，如图6-16所示。

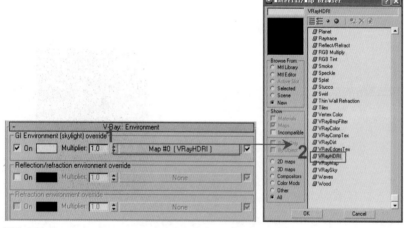

图6-16

Step 5 将"Reflection/refraction environment override"选项组中的"VRayHDRI"拖动到材质编辑器的空白材质球上，在弹出的"Instance"对话框中选中"Instance"选项，如图6-17所示，单击 OK 按钮，将复制贴图。

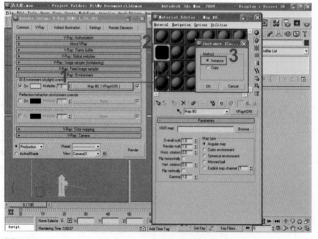

图6-17

Step 6 在"VRayHDRI"贴图中单击 Browse 按钮，在弹出的"Choose HDR image"对话框中选择"hdr-01.hdr"文件，单击 打开(O) 按钮完成贴图的指定。在"Parameters"卷展栏中将"Overall mult"数值设置为4，"VRayHDRI"贴图的强度增强，如图6-18所示。

Step 7 单击 按钮进行渲染，指定的"VRayHDRI"贴图影响环境。指定贴图为灰色调图片，因此，环境颜色不再偏蓝，如图6-19所示。

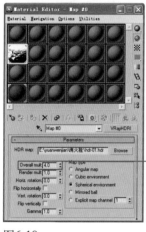

图6-18   图6-19

Step 8 在"Parameters"卷展栏中勾选"Filp vertically"选项，贴图将水平镜像，将"Horiz rotation"数值设置为50，这样，"VRayHDRI"贴图将水平旋转。效果如图6-20所示。

Step 9 单击 按钮进行渲染，渲染图片的光线略有变化，如图6-21所示。

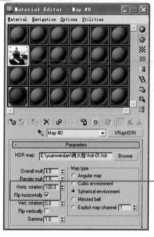

图6-20   图6-21

Step 10 创建场景光源。单击灯光创建命令面板上的 Target Spot 按钮，在Top视图中拖动创建一盏目标聚光灯作为场景主光源，如图6-22所示。

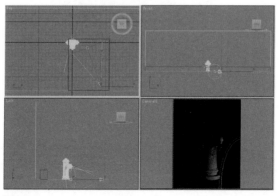

图6-22

Step 11 调整目标聚光灯的位置。单击工具栏上的 ✛ 按钮，在视图中选择目标聚光灯发射点。在视图下方设置（X：1500；Y：-2500；Z：2000）。接着选择摄像机目标点，在视图下方设置（X：-100；Y：250；Z：0），如图6-23所示。

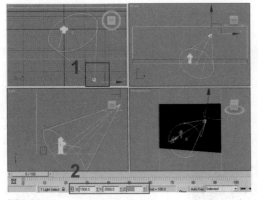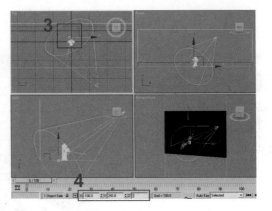

图6-23

Step 12 执行菜单栏中的"Views"→"Viewport Configuration"命令，在弹出的"Viewport Configuration"对话框中单击 Lighting And Shadows 选项卡，选择"Good(SM2.0 Option)"选项。这样，场景中创建的光源能进行即时显示，如图6-24所示。

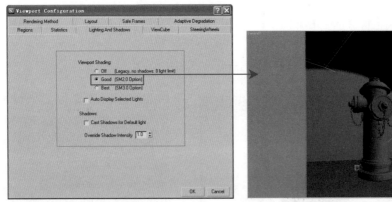

图6-24

Step 13 单击 ◎ 按钮进行渲染，目标聚光灯开始产生光线，但是聚光区域边缘较生硬，如图6-25所示。

图6-25

Step 14 调整目标聚光灯的照射范围。在视图中选择目标聚光灯，单击 ✎ 按钮进入修改命令面板。在"Spolight Parameters"卷展栏中设置"Hotspot/Beam"数值为40、"Fall off/Field"数值为100。再次渲染，聚光区域边缘生硬的界限消失，如图6-26所示。

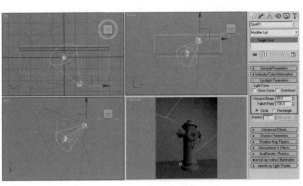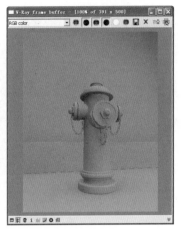

图6-26

Step 15 使场景产生阴影。在"General Parameters"卷展栏中勾选"Shadows"选项组中的"On"选项，在"Shadows"选项组的下拉菜单中选择阴影类型为"VRayShadow"。单击 按钮进行渲染，消火栓开始产生阴影，如图6-27所示。

图6-27

Step 16 调整光源强度。在"Intensity/Color/Attenuation"卷展栏中将"Multiplier"数值设置为2.5。渲染可见场景总体光线增强，如图6-28所示。

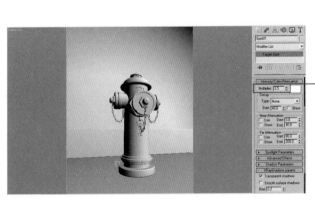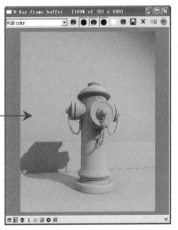

图6-28

Step 17 调整聚光的颜色。为了使场景光源偏暖，单击"Intensity/Color/Attenuation"卷展栏中"Multiplier"后的____按钮，在弹出的颜色选择器中选择黄色（Hue：25；Sat：200；Value：255）作为光源颜色，如图6-29所示。

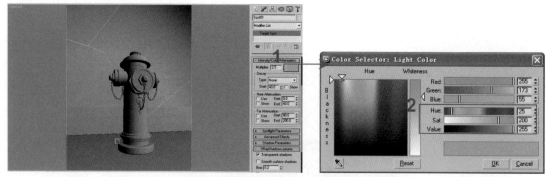

图6-29

Step 18 单击 按钮进行渲染，场景的颜色倾向得到改变，如图6-30所示。

图6-30

6.3 创建具有锈迹的消火栓材质

3ds max 2009 CG

消火栓材质本身为红色，但是经过长期的日晒雨淋，表面上的红色油漆脱落，局部出现铁锈痕迹。这里使用"Blend"材质来制作消火栓材质。

Step 1 在"材质编辑器"中激活一个空白材质球，如图6-31所示，单击 Standard 按钮，在弹出的"Material/Map Browser"对话框中选择"Blend"选项，并单击 OK 按钮。在弹出的"Replace Material"对话框中选择"Discard old material"选项替换原来的材质，单击 OK 按钮完成材质类型的转换。

提　示　　　　"Blend"混合材质可以在曲面的单个面上将两种材质进行混合。混合具有可设置动画的"Mix Amount（混合量）"参数，该参数可以用来绘制材质变形功能曲线，以控制随时混合两个材质的方式。

Step 2 "Blend"材质的设置面板如图6-32所示，为材质命名为"生锈消火栓"。它是复合材质，拥有两个子材质和一张遮罩贴图。

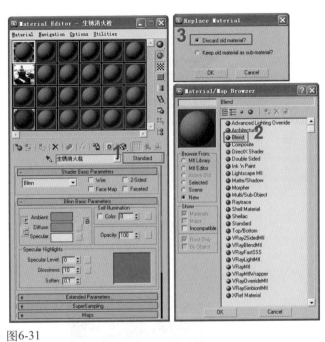

图6-31

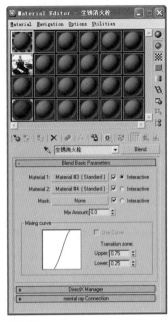

图6-32

Step 3 在"Blend"材质的设置面板上单击 Material #3 [Standard] 按钮进入第一个子材质（Material1）的设置面板，为子材质命名为"红色油漆"。单击 Standard 按钮，在弹出的"Material/Map Browser"对话框中选择"VRayMtl"选项并单击 OK 按钮，使材质类型转换。单击"Diffuse"后的 按钮，在弹出的"Color Selector"对话框中选择颜色（Hue：255；Sat：215；Value：115）作为材质固有色；单击"Reflect"后的 按钮，在弹出的"Color Selector：reflection"对话框中选择颜色（Hue：0；Sat：0；Value：40）作为控制材质反射颜色，如图6-33所示。在"Basic parameters"卷展栏中单击L按钮激活"Hilight glossiness"参数，并设置它的数值为0.6，将"Refl.glossiness"数值设置为0.65。

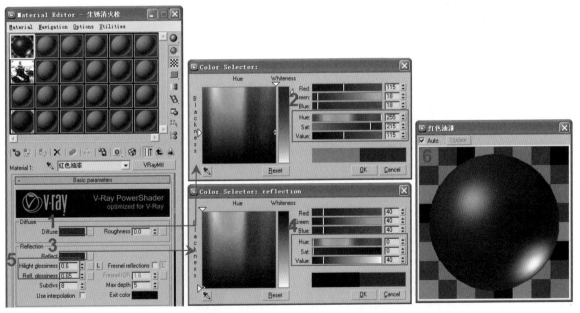

图6-33

Step 4 在视图中选择消火栓物体，单击工具栏上的 按钮，将此材质指定给选择物体。单击 按钮进行渲染，场景中的物体偏小。为了更清楚地观察材质，运用 按钮调整Perspective视图，再次渲染，能更清楚地观察消火栓物体。此时材质呈红色，表面光滑且有反射，如图6-34所示。

图6-34

Step 5 展开"Maps"卷展栏，单击"Bump"后的 None 按钮，在弹出的
"Material/Map Browser"对话框中选择"Bitmap"贴图并单击 OK 按钮；在接着弹出
的"Select Bitmap Image File"对话框中选择"油漆-Bump.jpg"文件；将"Bump"通道前方
的数值设置为15。此时的材质球表面出现凹凸感，如图6-35所示。

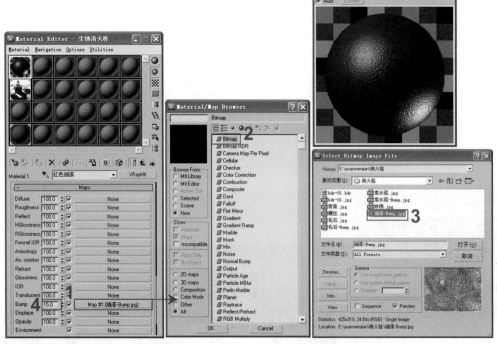

图6-35

Step 6 单击 按钮进行渲染，场景中的消火栓物体表面略有起伏，如图6-36所示。

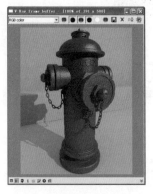

图6-36

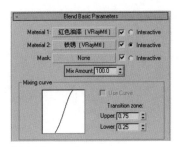

Step 7 在"材质编辑器"中单击 按钮回到"Blend"材质的顶层。将"Mix Amount"数值设置为100,此时的"Blend"材质设置面板如图6-37所示。在"Blend"材质的设置面板上单击 Material #4 (Standard) 按钮进入第二个子材质(Material2)的设置面板。

图6-37

提 示 "Blend"材质设置面板上的"Mix Amount"数值决定材质球的显示情况。当"Mix Amount"数值为0时,材质球显示第一个子材质;当"Mix Amount"数值为100时,材质球显示第二个子材质。

Step 8 为子材质命名为"铁锈",将材质类型转换为"VRayMtl"类型。单击"Diffuse"后的 按钮,在弹出的"Material/Map Browser"对话框中选择"Bitmap"选项并单击 OK 按钮;接着在弹出的"Select Bitmap Image File"对话框中选择"铁锈.jpg"文件。单击"Reflect"后的 按钮,在弹出的"Color Selector:reflection"对话框中选择颜色(Hue:0;Sat:0;Value:20)作为控制材质反射颜色。如图6-38所示,子材质表面为黑色铁锈。

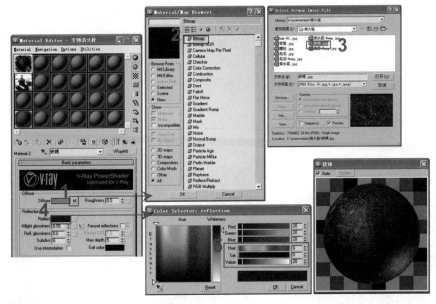

图6-38

Step 9 此时,场景中的消火栓模型表面布满了锈迹,单击 按钮,渲染出来的消火栓物体表面布满了陈旧的锈迹,如图6-39所示。

图6-39

Step 10 在"材质编辑器"中单击 ⬆ 按钮回到"Blend"材质的顶层。此时的"Blend"材质设置面板如图6-40所示。

Step 11 单击"Mask"后的 None 按钮，在弹出的"Material/Map Browser"对话框中选择"Bitmap"选项并单击 OK 按钮；接着在弹出的"Select Bitmap Image File"对话框中选择"螺丝.jpg"文件，此时的材质球局部出现锈迹，如图6-41所示。

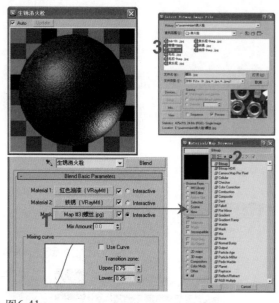

图6-40　　　　　　　　　　　　　　　　　　图6-41

Step 12 此时场景中的消火栓模型如图6-42所示。遮罩贴图中的白色将显示第二个子材质，黑色将显示第一个子材质。

Step 13 渲染出来的消火栓物体出现锈迹，如图6-43所示。

图6-42　　　　　　　　　　　　　　　　　　图6-43

Step 14 在"材质编辑器"中单击 ⬆ 按钮回到"Blend"材质的顶层。当指定了遮罩贴图后，"Mix Amount"参数失效为未激活状态。此时的"Blend"材质设置面板如图6-44所示。

Step 15 在"Blend"材质的设置面板上单击 铁锈 [VRayMtl] 按钮进入第二个子材质（Material2）的设置面板。展开"Maps"卷展栏，拖动"Diffuse"通道后的文件到"Bump"通道中，在弹出的"Instance"对话框中选中"Instance"选项，单击 OK 按钮将贴图复制。同样，铁锈子材质表面出现凹凸效果，如图6-45所示。

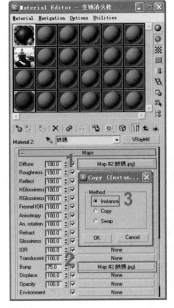
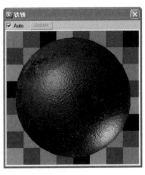

图6-44　　　　　　　　　　　　图6-45

16 单击 ⚙ 按钮进行渲染，场景中的消火栓物体更加逼真，如图6-46所示。

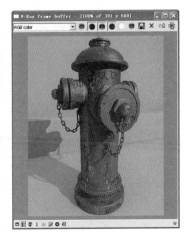

图6-46

17 "Transition zone"选项组的数值用于调整"上限"和"下限"的级别。如果这两个值相同，那么两个材质会在一个确定的边上接合。较大的范围能产生从一个子材质到另一个子材质更为平缓的混合。这里将"Lower"数值增加为0.35，材质的过渡更加明显，如图6-47所示。

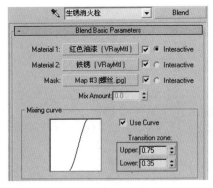

图6-47

Step 18　单击💿按钮进行渲染，场景中消火栓的红色油漆和铁锈过渡更加明显，如图6-48所示。

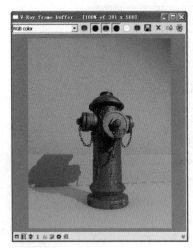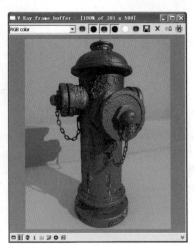

图6-48

Step 19　打开"Environment"卷展栏，将"GI Environment（skylight）override"选项组后的"VRayHDRI"贴图拖动到"Reflect/refraction environment override"选项组后的 None 按钮上进行复制，在弹出的"Instance"对话框中选择"Instance"复制方式，如图6-49所示。

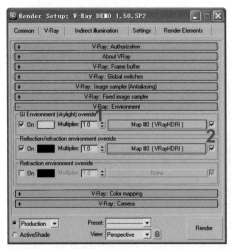

图6-49

Step 20　单击💿按钮进行渲染，场景中生锈的消火栓材质反射环境贴图，如图6-50所示。

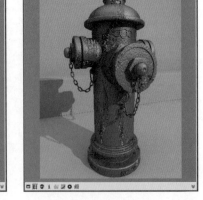

图6-50

6.4 运用材质模拟户外环境

3ds max 2009 CG

本节创建场景中的其他材质。运用"毛石花台"材质来模拟消火栓后的台阶；运用"水泥路面"材质模拟凹凸不平的路面；运用"背景"材质模拟户外的环境。

Step 1 在"材质编辑器"中激活一个空白材质球，为材质命名为"毛石花台"，将材质类型转换为"VRayMtl"类型。单击"Diffuse"后的 按钮，在弹出的"Material/Map Browser"对话框中选择"Bitmap"选项并单击 OK 按钮；接着在弹出的"Select Bitmap Image File"对话框中选择"毛石.jpg"文件。双击"材质编辑器"中的"毛石花台"材质示例球进行放大显示，如图6-51所示。

图6-51

Step 2 在视图中选择花台物体，将"材质编辑器"中激活的"毛石花台"材质指定给选择物体。为指南针外壳物体添加"UVW mapping"修改器，在卷展栏中选择"Box"选项，设置"Length"数值为305、"Width"数值为1000、"Height"数值为400，如图6-52所示。

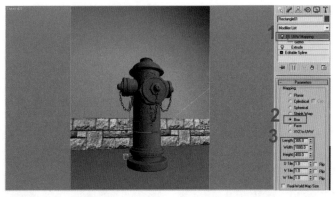

图6-52

Step 3 单击 按钮进行渲染，场景中指定了材质的花台如图6-53所示。为了更清楚地观察花台物体，可以将场景中的消火栓物体隐藏。

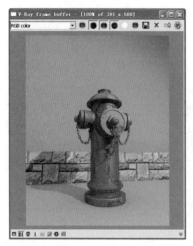

图6-53

Step 4 展开"Maps"卷展栏，拖动"Diffuse"通道后的文件到"Bump"通道中，在弹出的"Instance"对话框中选中"Instance"选项，单击 OK 按钮将贴图复制；接着将"Bump"通道前方的数值设置为150。"毛石花台"材质具有凹凸纹理，如图6-54所示。

图6-54

Step 5 单击 按钮进行渲染，花台上毛石与毛石接缝处具有凹陷的效果，如图6-55所示。

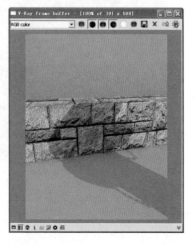

图6-55

Step 6 在"材质编辑器"中激活一个空白材质球,为材质命名为"水泥路面",将材质类型转换为"VRayMtl"类型。单击"Diffuse"后的▉按钮,在弹出的"Material/Map Browser"对话框中选择"Bitmap"选项并单击 OK 按钮;接着在弹出的"Select Bitmap Image File"对话框中选择"素水泥.jpg"文件。双击"材质编辑器"中的"毛石花台"材质示例球进行放大显示,材质表面光滑,具有弱反射,如图6-56所示。

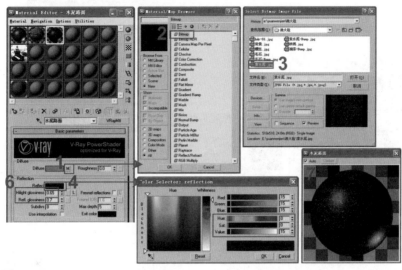

图6-56

Step 7 在视图中选择地板物体,将"材质编辑器"中激活的"水泥路面"材质指定给选择物体。为指南针外壳物体添加"UVW mapping"修改器,在卷展栏中选择"Box"选项,设置"Length"和"Width"数值为600、"Height"数值为1。渲染效果如图6-57所示。

图6-57

Step 8 单击▣按钮进行渲染,地板具有深色纹理,如图6-58所示。

图6-58

Step 9 展开"Maps"卷展栏,单击"Bump"后的 None 按钮,在弹出的 "Material/Map Browser"对话框中选择"Bitmap"贴图并单击 OK 按钮;接着在弹出 的"Select Bitmap Image File"对话框中选择"素水泥-Bump.jpg"文件。此时的材质球表面 出现凹凸感,如图6-59所示。

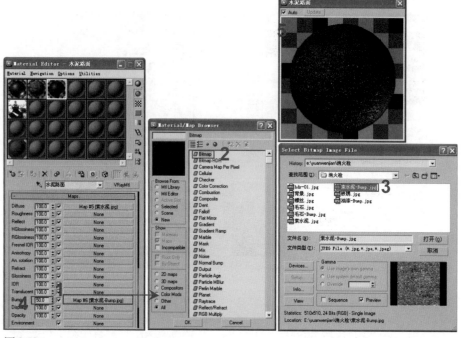

图6-59

Step 10 单击 按钮进行渲染,地板根据"Bump"通道中添加的贴图纹理具有凹凸起伏感,如图 6-60所示。

图6-60

Step 11 在"材质编辑器"中激活一个空白材质球,为材质命名为"背景",如图6-61所示,将材质 类型转换为"VRayLightMtl"类型。单击"Params"卷展栏中的 None 按钮,在弹出的"Material/Map Browser"对话框中选择"Bitmap"贴图并单击 OK 按 钮;接着在弹出的"Select Bitmap Image File"对话框中选择"背景.jpg"文件。

图6-61

Step 12 在视图中选择背景物体，将"材质编辑器"中激活的"背景"材质指定给选择物体。为指南针外壳物体添加"UVW mapping"修改器，在卷展栏中选择"Box"选项，设置"Length"数值为1，将"Width"数值设置为5000、"Height"数值为3000。渲染效果如图6-62所示，背景偏暗，与场景不协调。

图6-62

Step 13 在"Params"卷展栏中增加材质的亮度为2.5，材质明显变亮，如图6-63所示。

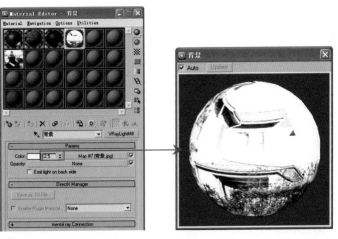

图6-63

Step 14 单击 👁 按钮再次进行渲染，背景亮度得到增加，如图6-64所示。

图6-64

6.5 本章小结

当运用材质来模拟场景中的远景物体时，需要注意两个问题：一是贴图的选择，贴图的透视角度需要和当前摄像机角度一致；贴图能够和当前场景的环境氛围融合，不显得突兀。二是远景物体贴图坐标的调整。

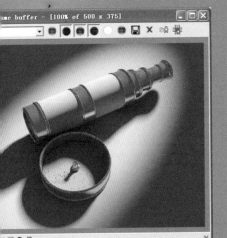

第7章 金属和木纹质感的体现——指南针

质感的表现一直是CG创作中的难点。本章运用指南针实例
来讲述望远镜金属、望远镜木手柄、羊皮地图等物体质
感的体现。整个画面偏暖色，洋溢着怀旧的氛围。本章的学习
重点是如何通过材质和纹理贴图来表现金属、木纹、羊皮地图
的质感。

7.1 渲染前准备工作

在进行渲染前，首先要确定场景的观察角度，这个角度力求最具表现力且能清楚地观察场景。

Step 1 启动3ds max 2009，打开"指南针.max"文件，场景如图7-1所示，未创建摄像机、光源、材质。

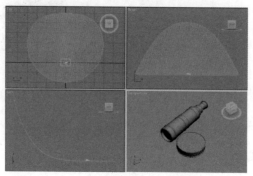

图7-1

Step 2 执行菜单栏中的"Customize"→"Units Setup"命令，在弹出的"Units Setup"对话框中单击 System Unit Setup 按钮，在弹出的对话框中可见场景系统单位的设置，如图7-2所示。

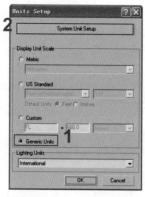

图7-2

Step 3 单击摄像机创建命令面板上的 Target 按钮，在Top视图中创建一架目标摄像机，如图7-3所示。

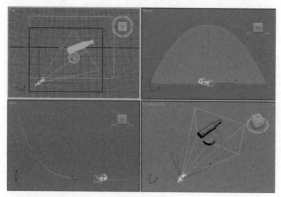

图7-3

Step 4 调整摄像机的位置。单击工具栏上的 ✛ 按钮，在视图中选择摄像机头。在视图下方设置（X：0；Y：-390；Z：415）；接着选择摄像机目标点，在视图下方设置（X：35；Y：-175；Z：155），如图7-4所示。

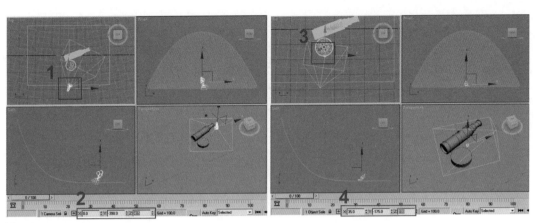

图7-4

7
Chapter

1
Chapter
(p1~4)

2
Chapter
(p5~16)

3
Chapter
(p17~36)

4
Chapter
(p37~58)

5
Chapter
(p59~84)

6
Chapter
(p85~106)

7
Chapter
(p107~134)

8
Chapter
(p135~164)

Step 5 当调整了摄像机的位置后，激活Perspective视图，并在键盘上按下【C】键，将视图转换为摄像机视图。选择摄像机头，并单击 按钮进入修改命令面板，在"Parameters"卷展栏中将"Lens"数值设置为42，"FOV"数值将发生相应的变化。此时摄像机视图的观察范围得到确定，如图7-5所示。

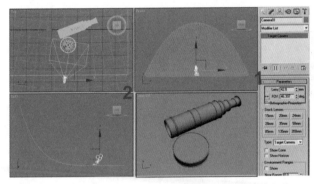

图7-5

Step 6 单击工具栏上的 按钮弹出渲染设置面板，在"Common Parameters"卷展栏中设置渲染图片的尺寸。将"Width"数值设置为500，将"Height"数值设置为375，如图7-6所示。

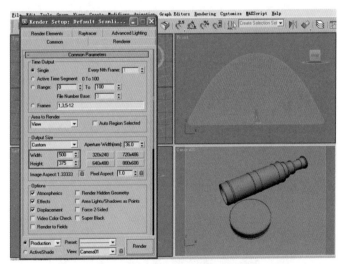

图7-6

Step 7 为了更清楚地观察视图中物体的结构，将视图转换为三视图。每个视图中物体的显示方法不同，分别为"Wireframe"线框显示、"Edged Faces"边面显示、"Smooth+Highlight"实体显示。在创建指南针物体时，内部的指针、刻度等都是逐一建立的，但是因为模型中的指南针盖不透明，所以挡住了内部结构，如图7-7所示。

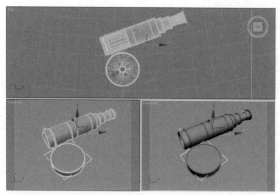

图7-7

Step 8 单击工具栏上的 按钮弹出"材质编辑器",激活一个空白材质球,为材质命名为"玻璃"。在"Blinn Basic Parameters"卷展栏的"Self-illumination"选项组中将"Opacity"数值设置为20,材质呈透明状态。在视图中选择指南针盖对象,并在"材质编辑器"中激活"玻璃"材质,单击"材质编辑器"中的 按钮,将激活材质指定给选择对象。这样,指南针的内部结构得到体现,如图7-8所示。

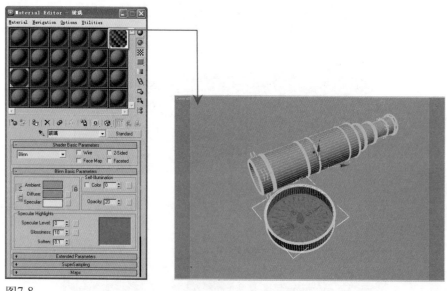

图7-8

Step 9 用鼠标右键单击视图下方的 按钮,在弹出的"Viewport Configuration"对话框中将系统默认光源设置为"1Light"。单击 按钮进行渲染,场景中只有一盏默认光源,如图7-9所示。

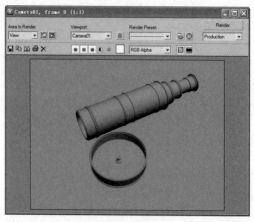

图7-9

7.2 设置渲染参数和创建素模材质

3ds max 2009 CG

确保当前渲染器为"VRay DEMO 1.50SP2"渲染器，然后设置场景的渲染参数。为场景中的物体指定素模材质，并进行渲染测试。

Step 1 在确保当前渲染器为"VRay DEMO 1.50SP2"渲染器的前提下，设置基本渲染参数。在"Image sampler(Antialiasing)"对话框中设置抗锯齿类型为"Fixed"，选择"Mitchell-Nerravali"类型的过滤器；接着在"Fixed image sampler"卷展栏只能够将"Subdivs"设置为1；然后在"Color mapping"对话框中设置曝光方式为"Exponential"；在"DMC Sampler"对话框中将"Adaptive amount"设置为0.85、"Noise threshold"设置为0.01，如图7-10所示。

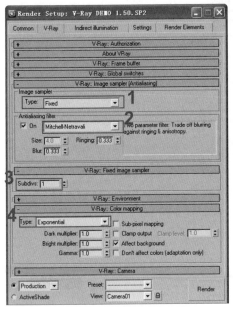
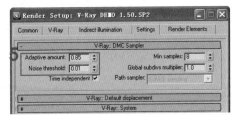

图7-10

Step 2 展开"Indirect illumination"对话框，按图7-11所示设置首次反弹和二次反弹的强度和渲染引擎，接着在"Irradiance map"对话框中选择当前设置为"Low"选项。

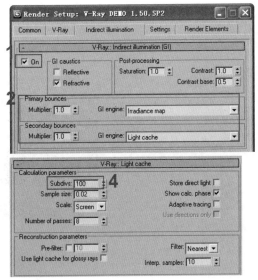
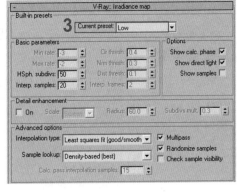

图7-11

Step 3 在"材质编辑器"中激活一个空白材质球，单击 Standard 按钮，在弹出的"Material/Map Browser"对话框中选择"VRayMtl"选项并单击 OK 按钮，使材质类型转换。单击"Diffuse"后的 按钮，在弹出的"Color Selector"对话框中选择颜色（Hue：0；Sat：0；Value：200）作为材质固有色。在视图中选择指南针盖之外的所有物体，单击工具栏上的 按钮，将此材质指定给选择物体，如图7-12所示。

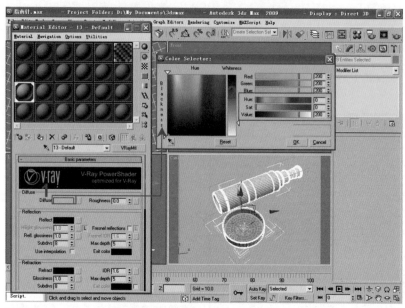

图7-12

Step 4 场景中的"玻璃"材质只具有透明度，其他玻璃的属性不明显，这里需要对此材质进行更深入的编辑。在"材质编辑器"中激活"玻璃"材质，将它转换为"VRayMtl"材质。单击"Reflect"后的 按钮，在弹出的"Material/Map Browser"对话框中选择"Fall off"贴图，并设置此贴图的参数。单击"Reflection"选项组中"Reflect"后的 按钮，在弹出的"Color Selector"对话框中选择颜色（Hue：0；Sat：0；Value：255）作为控制折射的颜色，如图7-13所示。

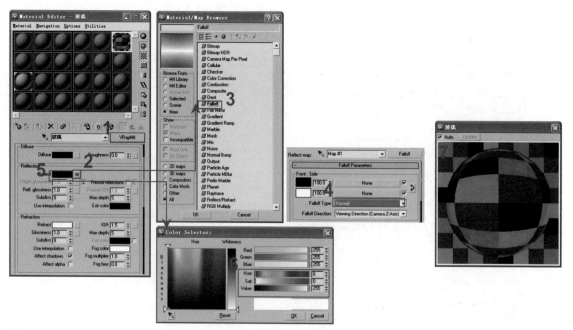

图7-13

第7章 金属和木纹质感的体现——指南针

7
Chapter

1
Chapter
（p1～4）

2
Chapter
（p5～16）

3
Chapter
（p17～36）

4
Chapter
（p37～58）

5
Chapter
（p59～84）

6
Chapter
（p85～106）

7
Chapter
（p107～134）

8
Chapter
（p135～164）

Step 5 放大视图，可见场景中的指南针盖透明度增强。单击 👁 按钮进行渲染，效果如图7-14所示。

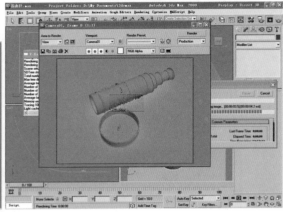

图7-14

Step 6 此时使用的渲染窗口为max默认渲染窗口，展开"V-Ray:Frame buffer"卷展栏，勾选"Enable built-in Frame Buffer"选项，再次单击 👁 按钮进行渲染，可见渲染窗口换为VRay内置渲染窗口，如图7-15所示。

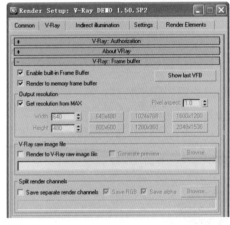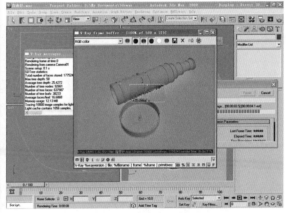

图7-15

Step 7 此时场景中未设置任何光源，但是渲染仍有光线，是因为使用了系统默认的一盏光源。展开"V-Ray:Global switches"卷展栏，去掉"Default lights"选项的勾选，将不使用系统默认光源。再次单击 👁 按钮渲染，可见场景漆黑，如图7-16所示。

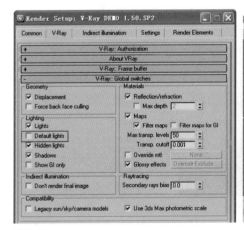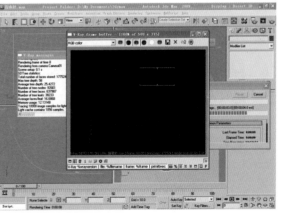

图7-16

7.3 创建并调试场景主光源

3ds max 2009 CG

在场景中创建并调试光源。场景中的主光源是运用目标平行光模拟的，光源照射范围的控制对整幅作品的影响非常大，需要注意。

Step 1 设置场景背景色。执行菜单栏中的"Rendering"→"Environment"命令，在弹出的"Environment and Effects"对话框中单击"Background"选项组下"Color"后的▢▢▢▢按钮，在弹出的"Color Selector"对话框中选择（Hue：0；Sat：0；Value：255）作为环境颜色，如图7-17所示。

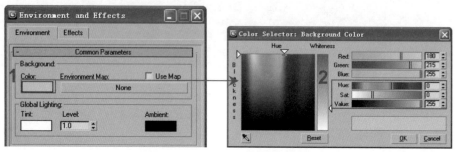

图7-17

Step 2 单击 ▦ 按钮进行渲染，环境光源呈蓝色。为了清楚地观察场景背景，激活任意视图并按下键盘上的【P】键将视图转换为Perspective视图。运用 ◎ 和 ✋ 按钮调整Perspective视图显示场景背景。单击 ▦ 按钮，可见场景背景颜色为蓝色，它影响了整个场景颜色，如图7-18所示。

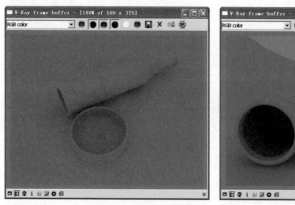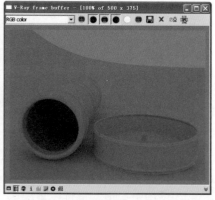

图7-18

Step 3 背景颜色偏浅，还需要进行调整。在"Environment and Effects"对话框中单击"Background"选项组下"Color"后的▢▢▢▢按钮，在弹出的"Color Selector"对话框中选择（Hue：150；Sat：115；Value：115）作为背景颜色，如图7-19所示。

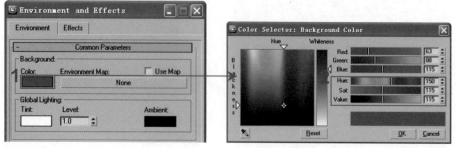

图7-19

Step 4 单击 ▦ 按钮进行渲染，背景颜色得到改变。切换到放大调整过的Perspective视图，单击 ▦ 按钮，可见场景背景颜色为深蓝色，如图7-20所示。

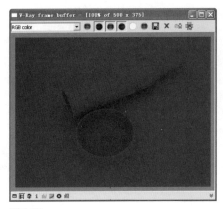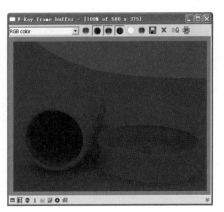

图7-20

Step 5 创建场景主光源。单击光源创建命令面板上的 Target Direct 按钮，在Top视图中拖动创建一盏目标平行光源，如图7-21所示。

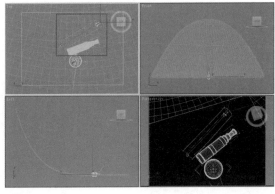

图7-21

Step 6 调整目标平行光源位置。单击工具栏上的 ✛ 按钮，在视图中选择目标平行光源的发射点。在视图下方Z轴后的输入框中将数值设置为1050；接着选择目标平行光源的目标点，在视图下方Z轴后的输入框中将数值设置为0，如图7-22所示。

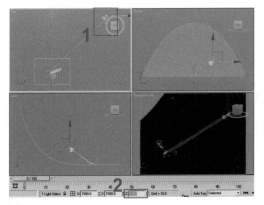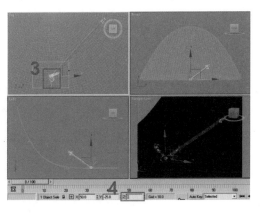

图7-22

Step 7 在视图中选择目标平行光，并单击 按钮进入修改命令面板。在"Intensity/Color/Attenuation"卷展栏中将"Multiplier"数值设置为1。单击 按钮进行渲染，效果如图7-23所示，光源照射范围过小。

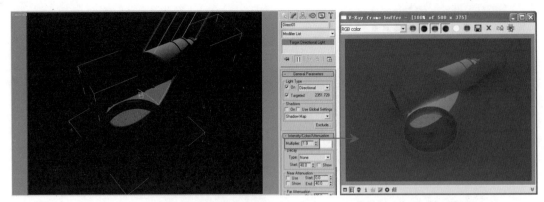

图7-23

 为了更直观地观察光源效果，可以使光源进行实时显示。
提　示

Step 8 调整光源的照射范围。展开"Directional Parameters"卷展栏，将"Hotspot/Beam"数值设置为80、"Fall off/Field"为180。单击 按钮进行渲染，光源照射范围增加，聚光区的边沿也变得柔和，如图7-24所示。

图7-24

Step 9 使场景具有阴影。在目标平行光的修改命令面板上展开"General Parameters"卷展栏，勾选"Shadows"选项组的"On"选项，在下拉菜单中选择"VRayShadows"类型阴影，如图7-25所示。

图7-25

Step 10 单击 按钮渲染，场景中的物体开始产生阴影。切换到放大调整过的Perspective视图渲染，可以清楚地观察到场景中的阴影呈黑色，阴影边缘生硬，有锯齿，如图7-26所示。

 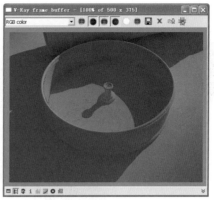

图7-26

Step 11 展开"VRayShadows params"卷展栏，并勾选"Area shadow"选项，设置"U size"、"V size"、"W size"数值都为10。单击 按钮渲染，阴影边缘略为柔和，锯齿消失，如图7-27所示。

  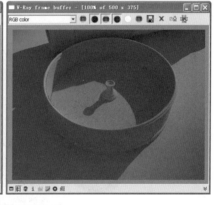

图7-27

Step 12 在"VRayShadows params"卷展栏中将"U size"、"V size"、"W size"数值都设置为150。单击 按钮渲染，阴影更柔和，更接近现实中的阴影，如图7-28所示。

图7-28

Step 13 调整目标平行光光源强度。此时场景中的主光源强度不足，回到修改命令面板的"Intensity/Color/Attenuation"卷展栏中，将"Multiplier"数值设置为7.5。单击 按钮渲染，光源强度明显增强，如图7-29所示。

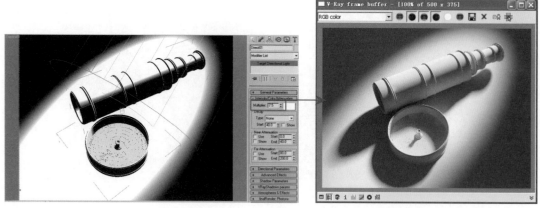

图7-29

 调整光源颜色。在"Intensity/Color/Attenuation"卷展栏中单击"Multiplier"后的按钮，在弹出的"Color Selector"对话框中选择黄色。渲染得到场景中的主光源呈黄色，如图7-30所示。

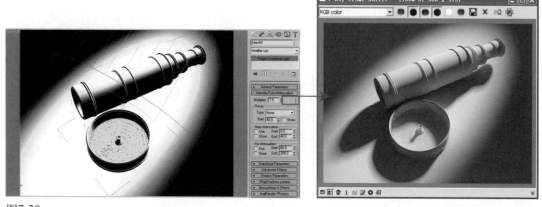

图7-30

调整阴影品质。展开"VRayShadows params"卷展栏，系统默认的"Subdivs"数值为8。单击 按钮渲染，阴影品质不高，有细小颗粒，如图7-31所示。

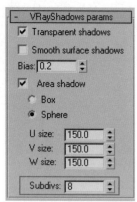

图7-31

展开"VRayShadows params"卷展栏，将"Subdivs"数值设置为20，如图7-32所示。渲染后的阴影品质提高，细小颗粒消失，但是渲染耗费时间增加。

图7-32

7.4 创建并调试场景材质

创建场景中的"黄铜"材质、"旧木纹漆"材质、"黄色瓷漆"材质、"字体"材质、"羊皮地图"材质、"白色反光板"材质。

7.4.1 黄铜材质的模拟

Step 1 单击工具栏上的 按钮弹出"材质编辑器",激活一个空白材质球,为材质命名为"黄铜"。单击 Standard 按钮,在弹出的"Material/Map Browser"对话框中选择"VRayMtl"选项,并单击 OK 按钮转换材质类型。单击"Diffuse"后的 按钮,在弹出的"Material/Map Browser"对话框中选择"Bitmap"选项,并单击 OK 按钮;接着在弹出的"Select Bitmap Image File"对话框中选择"黄铜.jpg"文件,双击"材质编辑器"中的"黄铜"材质示例球进行放大显示,材质具黄色纹理,无反射、折射,表面光滑,如图7-33所示。

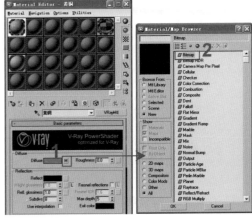  

图7-33

Step 2 在视图中选择望远镜边框,在"材质编辑器"中激活"黄铜"材质,并单击 按钮将材质指定给选择物体。选择望远镜边框物体,为它添加"UVW mapping"修改器,在卷展栏中选择"Cylindrical"选项,勾选"Cap"选项,设置"Length"和"Width"数值为100、"Height"数值为75,如图7-34所示。

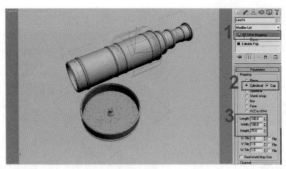

图7-34

Step 3 在视图中选择指南针外壳，将"材质编辑器"中激活的"黄铜"材质指定给选择物体。为指南针外壳物体添加"UVW mapping"修改器，在卷展栏中选择"Cylindrical"选项，勾选"Cap"选项，设置"Length"、"Width"、"Height"数值都为75，如图7-35所示。

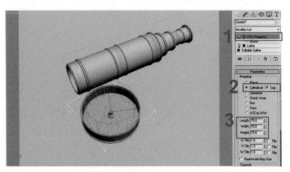

图7-35

Step 4 在视图中选择指南针中心轴，把激活的"黄铜"材质指定给选择物体。为指南针中心轴物体添加"UVW mapping"修改器，在卷展栏中选择"Cylindrical"选项，勾选"Cap"选项，设置"Length"、"Width"、"Height"数值都为25，如图7-36所示。

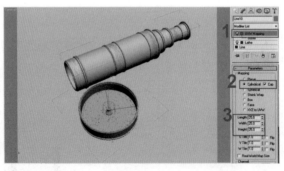

图7-36

Step 5 单击 ⚙ 按钮渲染，指定了"黄铜"材质的物体如图7-37所示，无金属质感。

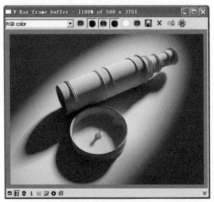

图7-37

使"黄铜"材质具有反射属性。在"材质编辑器"中激活"黄铜"材质，单击"Reflect"后的 ■■■ 按钮，在弹出的"Color Selector"对话框中选择灰白色（Hue：0；Sat：0；Value：200）作为控制材质反射的颜色。在"Basic parameters"卷展栏中单击L按钮激活"Hilight glossiness"参数，并设置它的数值为0.85，将"Refl.glossiness"数值设置为0.8，如图7-38所示。

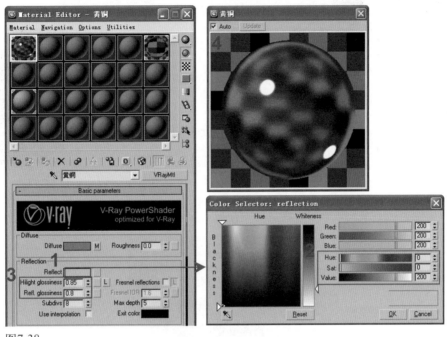

图7-38

单击 ◎ 按钮渲染，指定了"黄铜"材质的物体如图7-39所示，具有反射和反射模糊效果，材质具有金属质感。

图7-39

展开"Maps"卷展栏，单击Bump后的 None 按钮，在弹出的"Material/Map Browser"对话框中选择"Bitmap"贴图，并单击 OK 按钮；接着在弹出的"Select Bitmap Image File"对话框中选择"黄铜-Bump.jpg"文件。此时的材质球表面出现强烈凹凸感，如图7-40所示。

7
Chapter

1
Chapter
（p1~4）

2
Chapter
（p5~16）

3
Chapter
（p17~36）

4
Chapter
（p37~58）

5
Chapter
（p59~84）

6
Chapter
（p85~106）

7
Chapter
（p107~134）

8
Chapter
（p135~164）

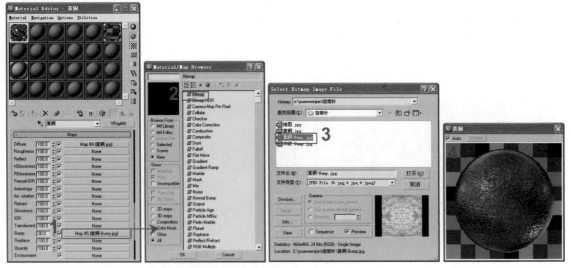

图7-40

Step 9 单击 ![按钮] 按钮渲染，指定了"黄铜"材质的物体如图7-41所示，材质表面因为具有强烈的凹凸，导致出现小颗粒。

图7-41

Step 10 降低材质表面的凹凸效果。在"Maps"卷展栏中将Bump通道前方的数值由30降低为5，这样，凹凸效果将得到缓解。再次渲染，材质表面的颗粒消失，如图7-42所示。

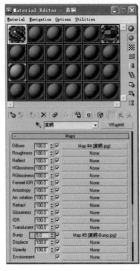

图7-42

7
Chapter

1
Chapter
（p1～4）

2
Chapter
（p5～16）

3
Chapter
（p17～36）

4
Chapter
（p37～58）

5
Chapter
（p59～84）

6
Chapter
（p85～106）

7
Chapter
（p107～134）

8
Chapter
（p135～164）

Step 11 为反射和折射添加VRayHDRI贴图。在渲染设置面板上展开"V-Ray：Environment"卷展栏，在"Reflection/refraction environment override"选项组中单击 None 按钮，在弹出的"Material/Map Browser"对话框中选择"Bitmap"贴图并单击 OK 按钮。如图7-43所示。

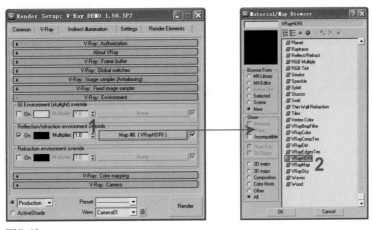

图7-43

Step 12 将"Reflection/refraction environment override"选项组中的"VRayHDRI"拖动到材质编辑器的空白材质球上，在弹出的"Instance"对话框中选中"Instance"选项，单击 OK 按钮，将贴图复制，如图7-44所示。

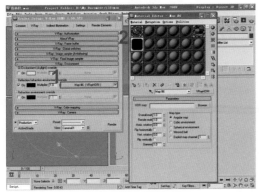 

图7-44

Step 13 在"VRayHDRI"贴图中单击 Browse 按钮，在弹出的"Choose HDR image"对话框中选择"hdr-01.hdr"文件，单击 打开(O) 按钮完成贴图的指定。单击 按钮渲染，黄铜材质将反射环境贴图，如图7-45所示。

图7-45

Step 14 在"材质编辑器"中将"Parameters"卷展栏的"Overall mult"数值设置为2.5，"VRayHDRI"贴图的强度增强。渲染图片中黄铜材质反射的环境贴图，其亮度增加，如图7-46所示。

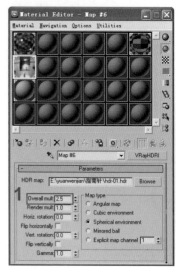  

图7-46

Step 15 将"Parameters"卷展栏的"Horiz rotation"数值设置为50，"VRayHDRI"贴图的角度将改变。渲染图片中黄铜材质反射的贴图也有所变化，如图7-47所示。

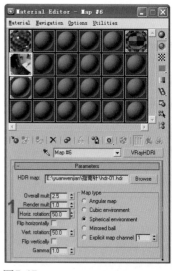  

图7-47

7.4.2 旧木纹漆材质的模拟

Step 1 在"材质编辑器"中激活一个空白材质球，为材质命名为"旧木纹漆"，将材质类型转换为"VRayMtl"类型，如图7-48所示。单击"Diffuse"后的 按钮，在弹出的"Color Selector"对话框中选择灰白色（Hue：14；Sat：102；Value：30）作为材质固有色。单击"Reflect"后的 按钮，在弹出的"Material/Map Browser"对话框中选择"Fall off"选项并单击 OK 按钮，接着设置"Fall off"贴图的参数。设置完成的"旧木纹漆"材质呈黑色，具有反射效果。在"Basic parameters"卷展栏中单击 L 按钮激活"Hilight glossiness"参数，设置它的数值为0.65，将"Refl.glossiness"数值设置为0.8。

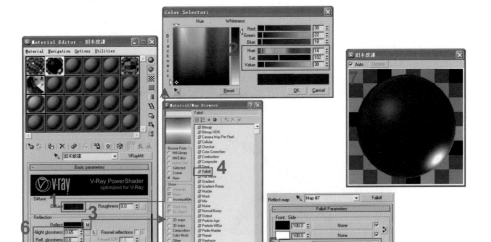

图7-48

Step 2 在视图中选择望远镜筒身，在"材质编辑器"中激活"旧木纹漆"材质，单击  按钮将材质指定给选择物体。渲染图片可见筒身表面光滑，无起伏感，如图7-49所示。

图7-49

Step 3 激活"旧木纹漆"材质并展开"Maps"卷展栏，单击"Bump"后的 None 按钮，在弹出的"Material/Map Browser"对话框中选择"Bitmap"贴图并单击 OK 按钮。接着在弹出的"Select Bitmap Image File"对话框中选择"木纹-Bump.jpg"文件。将"Bump"通道前方的数值设置为25。此时的材质球表面出现条纹凹凸，如图7-50所示。

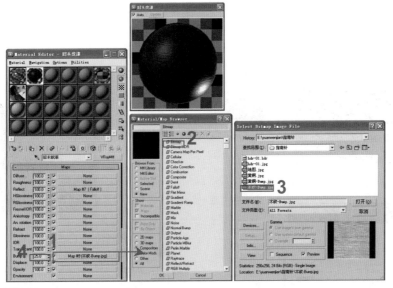

图7-50

Step 4
因为在"Bump"通道中指定了贴图，因此，需要指定贴图坐标。选择望远镜边框物体，为它添加"UVW mapping"修改器，在卷展栏中选择"Box"选项，设置"Length"和"Height"数值为100、"Width"数值为200，如图7-51所示。

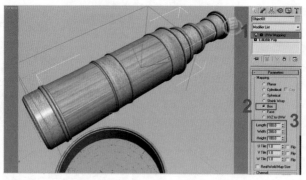

图7-51

Step 5
渲染图片，可见筒身表面出现竖直的凹凸条纹，如图7-52所示。

图7-52

7.4.3 黄色瓷漆材质的模拟

Step 1
在"材质编辑器"中激活一个空白材质球，为材质命名为"黄色瓷漆"，将材质类型转换为"VRayMtl"类型，如图7-53所示。单击"Diffuse"后的▅▅▅按钮，在弹出的"Color Selector"对话框中选择灰白色（Hue：25；Sat：85；Value：240）作为材质固有色。单击"Reflect"后的▅按钮，在弹出的"Material/Map Browser"对话框中选择"Fall off"选项并单击▅▅OK▅▅按钮，接着设置"Fall off"贴图的参数。设置完成的材质呈黄色，具有反射效果。在"Basic parameters"卷展栏中单击L按钮激活"Hilight glossiness"参数，设置它的数值为0.75，将"Refl.glossiness"数值设置为0.85。

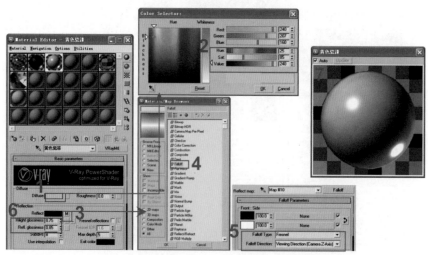

图7-53

在视图中选择指南针底盘物体，在"材质编辑器"中激活"黄色瓷漆"材质，单击![按钮]按钮将材质指定给选择物体。单击![按钮]按钮渲染，效果如图7-54所示。

图7-54

7.4.4 字体材质的模拟

在"材质编辑器"中激活一个空白材质球，为材质命名为"黑色字"，将材质类型转换为"VRayMtl"类型，如图7-55所示。单击"Diffuse"后的![按钮]按钮，在弹出的"Color Selector"对话框中选择灰白色（Hue：0；Sat：0；Value：15）作为材质固有色。单击"Reflect"后的![按钮]按钮，在弹出的"Color Selector：reflection"对话框中选择灰白色（Hue：0；Sat：0；Value：30）作为控制反射的颜色。

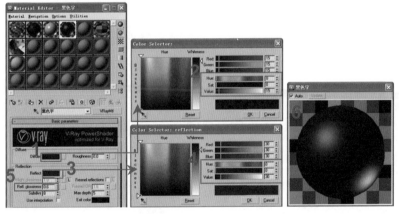

图7-55

在视图中选择指南针刻度和文字物体，在"材质编辑器"中激活"黑色字"材质，单击![按钮]按钮将材质指定给选择物体。渲染效果如图7-56所示。

图7-56

Step 3 在"材质编辑器"中激活一个空白材质球，为材质命名为"红色字"，将材质类型转换为"VRayMtl"类型，如图7-57所示。单击"Diffuse"后的▇▇▇按钮，在弹出的"Color Selector"对话框中选择红色（Hue：255；Sat：255；Value：125）作为材质固有色。单击"Reflect"后的▇▇▇按钮，在弹出的"Color Selector：reflection"对话框中选择灰白色（Hue：0；Sat：0；Value：30）作为控制反射的颜色。在"Basic parameters"卷展栏中将"Refl.glossiness"数值设置为0.6。

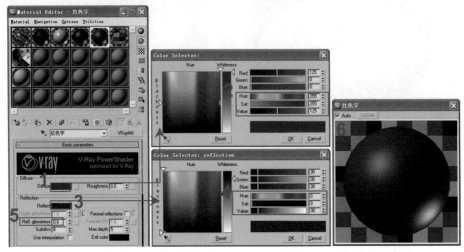

图7-57

Step 4 在视图中选择指南针中表示方向的文字物体，在"材质编辑器"中激活"红色字"材质，单击▇按钮将材质指定给选择物体。渲染效果如图7-58所示。

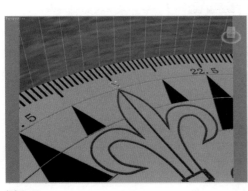

图7-58

7.4.5 羊皮地图材质的模拟

Step 1 在"材质编辑器"中激活一个空白材质球，为材质命名为"羊皮地图"，将材质类型转换为"VRayMtl"类型，如图7-59所示。单击"Diffuse"后的▇按钮，在弹出的"Material/Map Browser"对话框中选择"Bitmap"选项并单击 OK 按钮；接着在弹出的"Select Bitmap Image File"对话框中选择"地图.jpg"文件。双击"材质编辑器"中"黄铜"材质示例球进行放大显示，材质具有纹理，无反射和折射，表面光滑。在"Basic parameters"卷展栏中将"Refl.glossiness"数值设置为0.6。

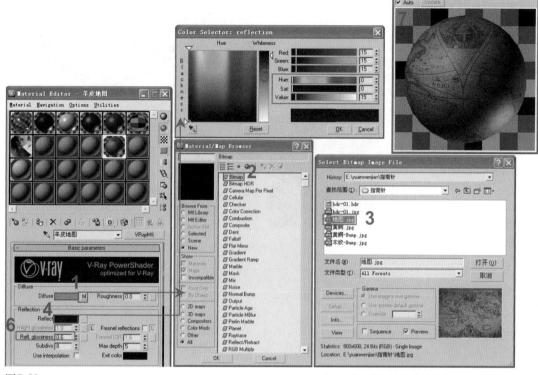

图7-59

Step 2 在视图中选择地图物体，将"材质编辑器"中激活的"羊皮地图"材质指定给选择物体。为指南针外壳物体添加"UVW mapping"修改器，在卷展栏中选择"Box"选项，设置"Length"数值为700、"Width"数值为1000、"Height"数值为1。渲染效果如图7-60所示。

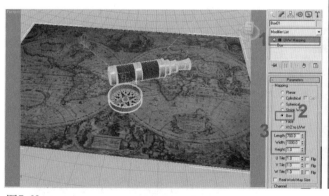

图7-60

Step 3 展开"Maps"卷展栏，拖动"Diffuse"通道后的文件到"Bump"通道中，在弹出的"Instance"对话框中选中"Instance"选项，单击 OK 按钮将贴图复制。再次渲染场景，地图表面略有起伏，如图7-61所示。

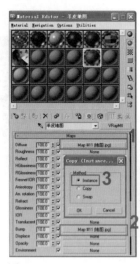

图7-61

7.4.6 白色反光板材质的模拟

Step 1 在"材质编辑器"中激活一个空白材质球，为材质命名为"白色反光板"，将材质类型转换为"VRayMtl"类型，如图7-62所示。单击"Diffuse"后的▊▊▊按钮，在弹出的"Color Selector"对话框中选择红色（Hue：255；Sat：255；Value：200）作为材质固有色。

图7-62

Step 2 在视图中选择反光板物体，在"材质编辑器"中激活"白色反光板"材质，单击 🔗 按钮将材质指定给选择物体。再次进行渲染，效果如图7-63所示。

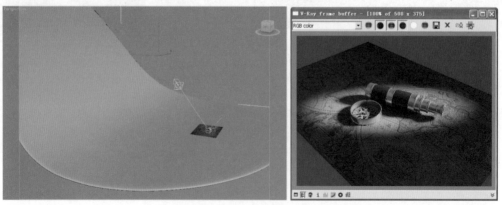

图7-63

7.5 创建并调试场景辅助光源

3ds max 2009 CG

在场景中创建并调试辅助光源，使渲染图片四角的光线具有强弱对比。

Step 1 单击光源创建命令面板上的 VRayLight 按钮，在Left视图中创建一盏VRayLight光源。光源方向不对，需要调整。在视图中选择光源并单击 按钮，在弹出的"Mirror"对话框沿X轴镜像，如图7-64所示。

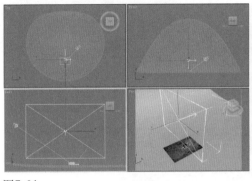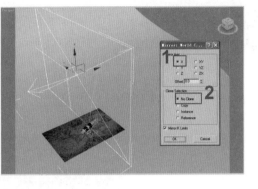

图7-64

Step 2 选择VRayLight光源，在视图下方的Z轴输入框中设置数值为400，光源沿Z轴移动；单击工具栏上的 按钮，在Perspective视图中将光源沿Y轴旋转-20°，如图7-65所示。

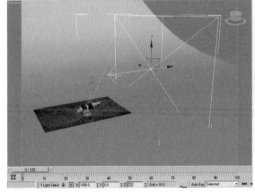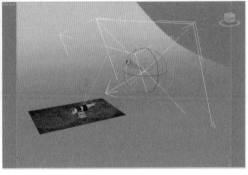

图7-65

Step 3 调整辅助光源颜色。在"Parameters"卷展栏中将"Multiplier"数值设置为1.5；单击"Color"后的 按钮，在弹出的"Color Selector：color"对话框中选择红色（Hue：25；Sat：30；Value：255）作为光源颜色，如图7-66所示。

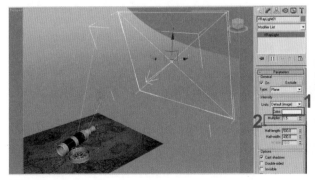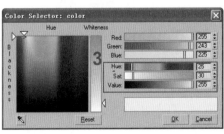

图7-66

Step 4 单击 按钮渲染，场景中出现面状发光物，那是VRayLight光源。选择视图中的VRayLight光源，单击 按钮进入修改命令面板，在"Parameters"卷展栏中勾选"Invisible"选项，再次渲染，VRayLight光源不再显示，如图7-67所示。

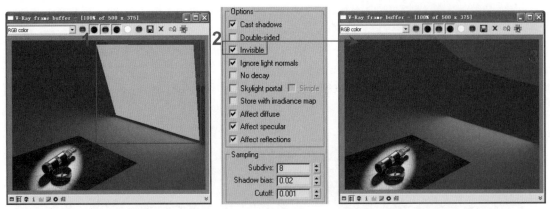

图7-67

Step 5 将视图切换到摄像机视图，单击 ![button] 按钮进行渲染。场景右下角的黑暗部分得到缓解，如图7-68所示。

图7-68

Step 6 单击光源创建命令面板上的 VRayLight 按钮，在视图中创建一盏VRayLight光源。单击工具栏上的 ![button] 按钮，在Perspective视图中将光源沿Y轴旋转20°，如图7-69所示。

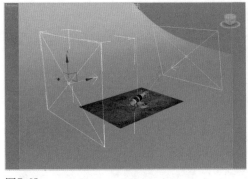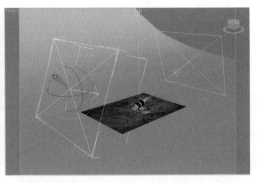

图7-69

Step 7 在"Parameters"卷展栏中将"Multiplier"数值设置为2；单击"Color"后的 ▭ 按钮，在弹出的"Color Selector：color"对话框中选择红色（Hue：25；Sat：30；Value：255）作为光源颜色；勾选"Invisible"选项使VRayLight光源不显示，如图7-70所示。

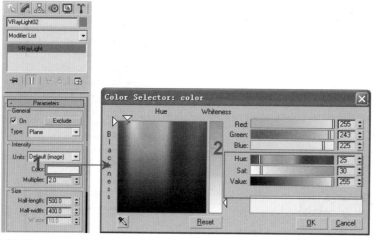

图7-70

Step 8 将视图切换到摄像机视图，单击 按钮进行渲染。场景左上角的光线得到增强，如图7-71所示。

图7-71

Step 9 单击光源创建命令面板上的 VRayLight 按钮，在视图中创建一盏VRayLight光源。单击工具栏上的 按钮，在Perspective视图中将光源沿X轴旋转20°，如图7-72所示。

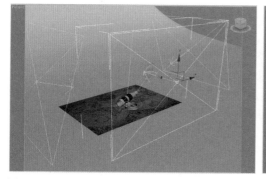 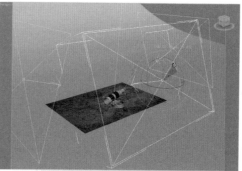

图7-72

Step 10 在"Parameters"卷展栏中将"Multiplier"数值设置为1；单击"Color"后的 按钮，在弹出的"Color Selector：color"对话框中选择红色（Hue：25；Sat：30；Value：255）作为光源颜色；勾选"Invisible"选项使VRayLight光源不显示，如图7-73所示。

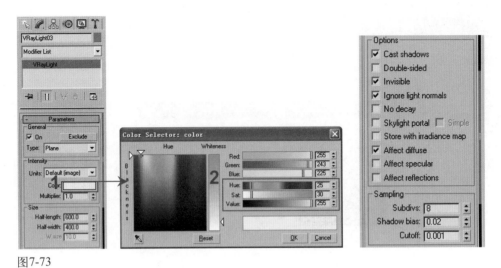

图7-73

Step 11 单击 👁 按钮进行渲染。场景光线再次得到增强，画面光线有强有弱，如图7-74所示。

图7-74

7.6 本章小结

3ds max 2009 CG

　　不同物体给人的感觉不同，表现手法也各不相同。不同的物质，其表面的自然特质称天然质感，如空气、水、岩石、竹木等；而经过人工处理的表现感觉则称人工质感，如砖、陶瓷、玻璃、布匹、塑胶等。不同的质感给人以软硬、虚实、滑涩、韧脆、透明与浑浊等多种感觉。中国画以笔墨技巧如人物画的十八描法、山水画的各种皴法为表现物象质感的非常有效的手段。油画则因其画种的不同，表现质感的方法也不同，以或薄或厚的笔触，画刀刮磨等具体技巧表现光影、色泽、肌理、质地等质感因素，追求逼真的效果。而雕塑则重视材料的自然特性如硬度、色泽、构造，并通过凿、刻、塑、磨等手段处理加工，从而在纯粹材料的自然质感的美感和人工质感的审美美感之间建立一个媒介。

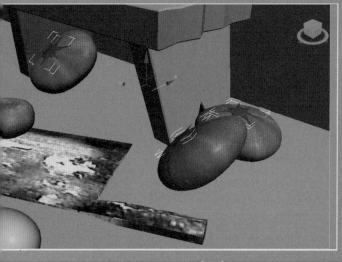

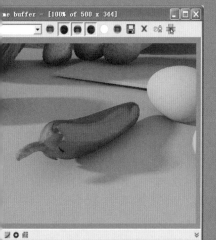
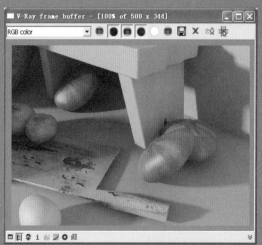

第8章 果实与泥土地面质感的体现——静物

素描训练的第一步往往是从静物写生入手，通过这一训练，可以对周围现实中一切形体的多样性有所了解。本章运用一组瓜果静物实例来体现物体材质的多样性（番茄表面光滑，高光较强；南瓜表面具有凹凸起伏感，但是仍具有高光，且比番茄高光弱；泥土地面粗糙且起伏强烈，无高光，反射极弱）。本章的学习重点是多种蔬菜瓜果与泥土地面材质的制作；突出讲解了蔬菜瓜果与泥土地面质感的体现。

8.1 创建摄像机和设置渲染参数

创建摄像机，确定观察角度，并设置场景的基本渲染参数。

Step 1 启动3ds max 2009，执行菜单栏中的File（文件）→Open（打开）命令。在弹出的"Open file"对话框中选择"指南针.max"文件，并单击 打开(O) 按钮。场景如图8-1所示，未创建摄像机、光源、材质。

Step 2 创建摄像机。单击摄像机创建命令面板上的 Target 按钮，在Top视图中创建一架目标摄像机，如图8-2所示。

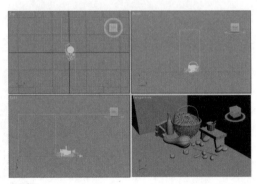

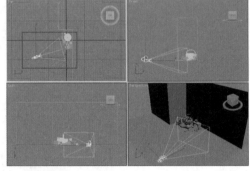

图8-1

图8-2

Step 3 调整摄像机的位置。单击工具栏上的 ✛ 按钮，在视图中选择摄像机头，在视图下方设置（X：-510；Y：-785；Z：285）；接着选择摄像机目标点，在视图下方设置（X：-65；Y：-206；Z：135），如图8-3所示。

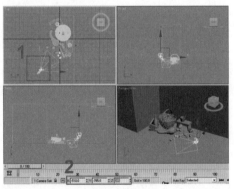

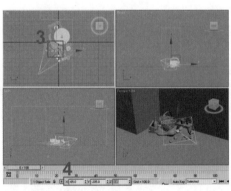

图8-3

Step 4 确定摄像机视图的观察范围和观察角度。激活Perspective视图，并在键盘上按下【C】键，将视图转换为摄像机视图。选择摄像机头，并单击 ✎ 按钮进入修改命令面板，在"Parameters"卷展栏中将"Lens"数值设置为35，"FOV"数值将发生相应的变化。此时摄像机视图的观察范围得到确定，如图8-4所示。

图8-4

Step 5 单击 🖫 按钮弹出渲染设置面板，在"Common Parameters"卷展栏中设置渲染图片的尺寸。将"Width"数值设置为500，将"Height"数值设置为344，如图8-5所示。

图8-5

Step 6 用鼠标右键单击视图下方的 🖫 按钮，弹出"Viewport Configuration"对话框，选择"1 Light"选项，使场景中默认的光源为一盏。进行渲染，场景效果如图8-6所示。

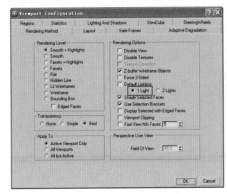

图8-6

Step 7 在确保当前渲染器为"VRay DEMO 1.50SP2"渲染器的前提下，设置基本渲染参数。在"Image sampler(Antialiasing)"对话框中设置抗锯齿类型为"Fixed"，选择"Mitchell-Nerravali"类型的过滤器；接着在"Fixed image sampler"卷展栏中只能够将"Subdivs"设置为1；然后在"Color mapping"对话框中设置曝光方式为"Exponential"；在"DMC Sampler"对话框中将"Adaptive amount"设置为0.85、"Noise threshold"设置为0.01，如图8-7所示。

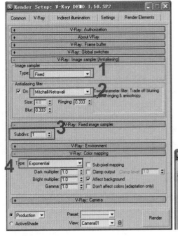

图8-7

Step 8 展开"Indirect illumination"对话框，按图8-8所示设置首次反弹和二次反弹的强度和渲染引擎，接着在"Irradiance map"对话框中选择当前设置为"Low"选项。

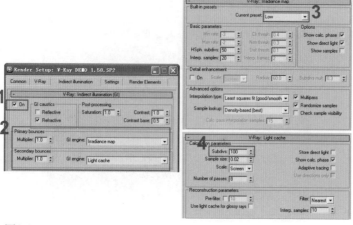

图8-8

Step 9 在"材质编辑器"中激活一个空白材质球，单击 Standard 按钮，在弹出的"Material/Map Browser"对话框中选择"VRayMtl"选项，如图8-9所示，单击 OK 按钮，使材质类型转换。单击"Diffuse"后的 按钮，在弹出的"Color Selector"对话框中选择（Hue：0；Sat：0；Value：250）作为材质固有色。

图8-9

Step 10 在视图中选择场景中的所有物体，单击工具栏上的 按钮，将此材质指定给选择物体。单击工具栏上的 按钮进行渲染，如图8-10所示。

图8-10

Step 11 此时场景中未设置任何光源，但是渲染仍有光线，是因为使用了系统默认的一盏光源。展开"V-Ray:Global switches"卷展栏，去掉"Default lights"选项的勾选，将不使用系统默认光源。再次单击 ⊙ 按钮渲染，可见场景漆黑，如图8-11所示。

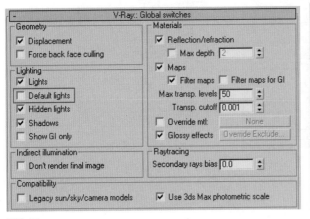

图8-11

8.2 创建环境光源

展开"Environment"卷展栏，创建场景的环境光源。

Step 1 设置场景环境色。单击工具栏上的 ⊙ 按钮弹出渲染设置面板。展开"Environment"卷展栏，勾选"On"选项，单击"GI Environment (skylight) Override"选项组中的 ▢ 按钮，在弹出的"Color Selector"对话框中选择（Hue：0；Sat：0；Value：255）作为环境颜色，如图8-12所示。

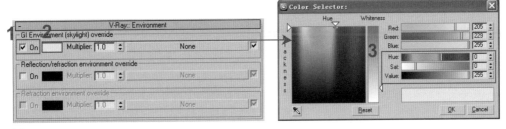

图8-12

Step 2 添加了环境颜色后，单击 ⊙ 按钮渲染，效果如图8-13所示，场景整体颜色偏蓝。

图8-13

Step 3 设置环境贴图。单击"GI Environment (skylight) override"选项组中的 [　　None　　] 按钮，在弹出的"Material/Map Browser"对话框中选择"VRayHDRI"贴图，并单击 [　OK　] 按钮，如图8-14所示。

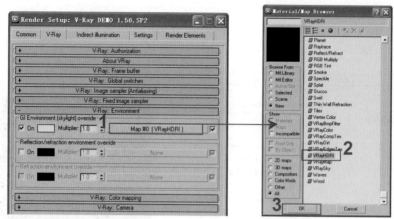

图8-14

Step 4 勾选"Reflection/refraction environment override"选项组中的"On"选项；将"GI Environment（skylight）override"选项组中添加的"VRayHDRI"贴图拖动到"Reflection/refraction environment override"选项组的 None 按钮处松开，在弹出的"Instance"对话框中选中"Instance"选项，单击 OK 按钮，将贴图复制，如图8-15所示。

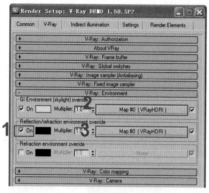

图8-15

Step 5 将"Reflection/refraction environment override"选项组中的"VRayHDRI"拖动到"材质编辑器"的空白材质球上，在弹出的"Instance"对话框中选中"Instance"选项，单击 OK 按钮，将贴图复制，如图8-16所示。

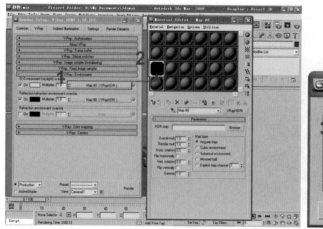
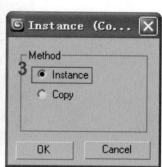

图8-16

Step 6 在"VRayHDRI"贴图中单击 Browse 按钮，在弹出的"Choose HDR image"对话框中选择"hdr-01.hdr"文件，单击 打开(O) 按钮完成贴图的指定。在"Parameters"卷展栏中将"Overall mult"数值设置为4，"VRayHDRI"贴图的强度增强，如图8-17所示。

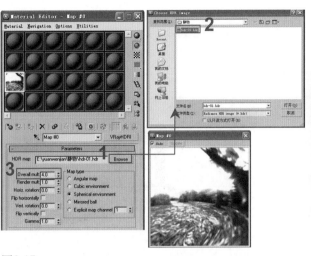

图8-17

8.3 创建场景主光源和辅助光源

运用目标聚光灯在场景中创建光源作为主导光源；接着运用VRayLight光源作为辅助光源；分别调整主光源和辅助光源的颜色。

Step 1 创建场景主光源。单击光源创建命令面板上的 **Target Spot** 按钮，在Top视图中拖动创建一盏目标聚光灯，如图8-18所示。

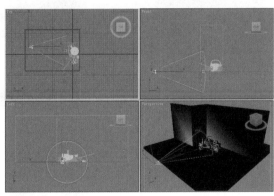

图8-18

Step 2 调整目标聚光灯的位置。单击工具栏上的 ✛ 按钮，在视图中选择目标聚光灯的发射点，在视图下方设置（X：-3500；Y：-2000；Z：1500）；接着选择目标聚光灯的目标点，在视图下方设置（X：0；Y：0；Z：0），如图8-19所示。

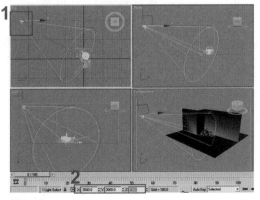
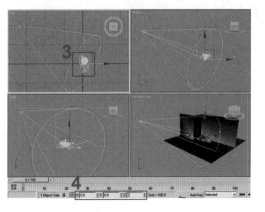

图8-19

Step 3 执行菜单栏中的Views（视图）→Viewport Configuration（视图控制）命令，在弹出的 "Viewport Configuration" 对话框中单击 Lighting And Shadows 选项卡，选择 "Good(SM2.0 Option)" 选项。场景中的光源将进行即时显示，如图8-20所示。

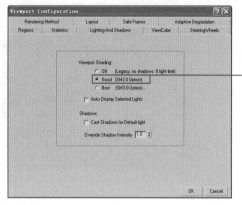
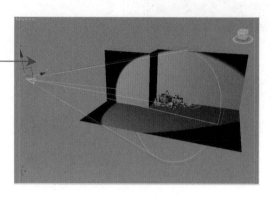

图8-20

Step 4 调整目标聚光灯的照射范围。展开 "Directional Parameters" 卷展栏，将 "Hotspot/Beam" 数值设置为25、"Fall off/Field" 设置为50。单击 按钮渲染，光源照射范围增加，聚光区的边缘也变得柔和，如图8-21所示。

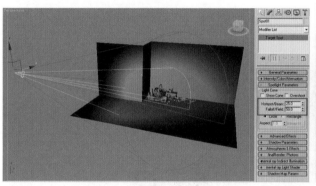
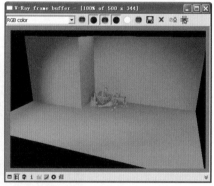

图8-21

Step 5 将场景切换到摄像机视图，单击 按钮渲染，渲染效果如图8-22所示，场景中的物体未生成阴影。

图8-22

Step 6 使场景中的物体生成阴影。选择目标聚光灯，并单击 按钮进入修改命令面板。展开 "General Parameters" 卷展栏，勾选 "Shadows" 选项组的 "On" 选项，在下拉菜单中选择 "VRayShadow" 类型阴影，如图8-23所示。再次进行渲染，可见场景中的物体都生成了阴影。

图8-23

Step 7 场景光线不足，场景偏暗，需要增强主光源的强度。在"General Parameters"卷展栏中将数值设置为2.5。再次渲染，场景光线充足，画面亮度得到明显提高，如图8-24所示。

图8-24

Step 8 调整主光源颜色。在"Intensity/Color/Attenuation"卷展栏中单击"Multiplier"后的 ☐ 按钮，在弹出的"Color Selector：Light Color"对话框中选择黄色（Hue：20；Sat：150；Value：255）作为目标聚光灯的颜色，如图8-25所示。

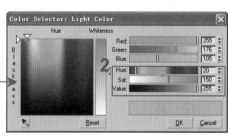

图8-25

Step 9 再次进行渲染，场景整体光线呈黄色，如图8-26所示。

图8-26

Step 10 创建辅助光源。单击光源创建命令面板上的 VRayLight 按钮，在Front视图中创建一盏VRayLight光源。当新创建的VRayLight光源处于选择状态时，在视图下方Z轴后的输入框中将数值设置为500，如图8-27所示。

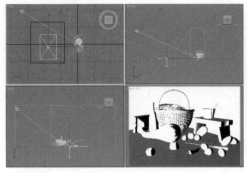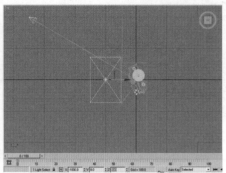

图8-27

Step 11 单击工具栏上的 ↻ 按钮，在Front视图中将VRayLight光源沿Z轴旋转65°。接着单击 ✎ 按钮进入修改命令面板调整光源参数，如图8-28所示。

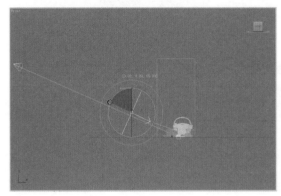

图8-28

Step 12 将VRayLight光源设置为蓝色是为了使场景光线具有冷色和暖色对比。再次进行渲染，场景光线再次增强，画面具有颜色对比效果，如图8-29所示。

图8-29

8.4 创建静物材质

3ds max 2009 CG

创建场景中各个静物的材质："土豆"、"南瓜"、"辣椒"、"鸡蛋"、"生锈菜刀"、"番茄"、"青石"、"酒瓶"、"破旧木纹"、"竹篮"、"泥土地面"等材质。

8.4.1 土豆材质的创建

Step 1 单击工具栏上的 ❖❖ 按钮弹出"材质编辑器",激活一个空白材质球,为材质命名为"土豆",将材质类型转换为"VRayMtl"类型,如图8-30所示。单击"Diffuse"后的 ■ 按钮,在弹出的"Material/Map Browser"对话框中选择"Bitmap"选项,并单击 OK 按钮;接着在弹出的"Select Bitmap Image File"对话框中选择"土豆.jpg"文件。单击"Reflect"后的 ■■■ 按钮,在弹出的"Color Selector: reflection"对话框中选择灰白色(Hue:0;Sat:0;Value:10)作为控制材质反射的颜色,将"Refl.glossiness"数值设置为0.6。双击"材质编辑器"中的材质示例球进行放大显示,材质具有黄色纹理,有较弱的反射,无折射。

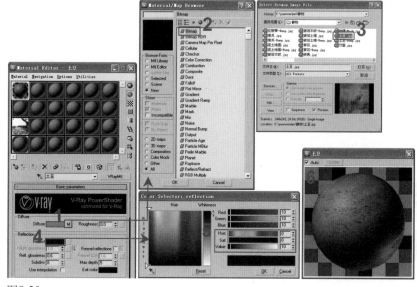

图8-30

Step 2 在视图中选择所有的土豆物体,在"材质编辑器"中激活"土豆"材质,并单击 ❖ 按钮将材质指定给选择物体,如图8-31所示。

Step 3 因为土豆的形状、大小各不相同,因此,需要分别为它们指定"UVW mapping"修改器指定贴图坐标,贴图坐标的尺寸也各不相同。选择第①个土豆添加"UVW mapping"修改器,在卷展栏中选择"Spherical"选项,设置"Length"、"Width"、"Height"数值都为55,如图8-32所示。选择第②个土豆添加"UVW mapping"修改器,在卷展栏中选择"Spherical"选项,设置"Length"、"Width"、"Height"数值都为60。选择第③个土豆添加"UVW mapping"修改器,选择"Spherical"选项,设置"Length"、"Width"、"Height"数值都为46。选择第④个土豆添加"UVW mapping"修改器,选择"Spherical"选项,设置"Length"、"Width"、"Height"数值都为58。选择第⑤个土豆添加"UVW mapping"修改器,在卷展栏中选择"Spherical"选项,设置"Length"、"Width"、"Height"数值都为50。

图8-31

图8-32

Step 4 当设置完成土豆物体的贴图坐标后，单击 ⬬ 按钮进行渲染，效果如图8-33所示。除了模型故意制作的凹陷效果，"土豆"材质表面较光滑。

图8-33

Step 5 展开"Maps"卷展栏，单击"Displace"后的 None 按钮，在弹出的"Material/Map Browser"对话框中选择"Bitmap"贴图，并单击 OK 按钮；在弹出的"Select Bitmap Image File"对话框中选择"土豆-Bump.jpg"文件；将"Displace"通道前方的数值设置为15，此时的材质表面出现置换效果，如图8-34所示。

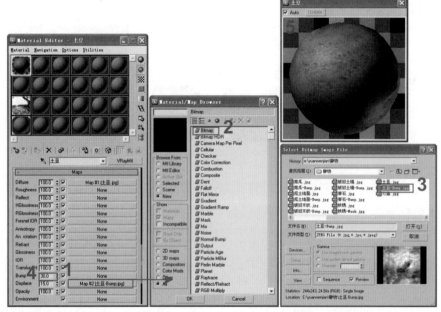

图8-34

Step 6 单击 ⬬ 按钮进行渲染，效果如图8-35所示。土豆模型表面根据贴图纹理出现置换起伏。

图8-35

Step 7 展开"Maps"卷展栏，拖动"Displace"通道后的文件到"Bump"通道中；在弹出的"Instance"对话框中选中"Instance"选项，单击 OK 按钮将贴图复制；将"Bump"通道前方的数值设置为65，如图8-36所示。

图8-36

Step 8 再次渲染场景，"土豆"材质表面又出现凹凸效果，如图8-37所示。

图8-37

8.4.2 南瓜材质的创建

Step 1 激活一个空白材质球，为材质命名为"南瓜"，将材质类型转换为"VRayMtl"类型，如图8-38所示。单击"Diffuse"后的 按钮，在弹出的"Material/Map Browser"对话框中选择"Bitmap"选项，并单击 OK 按钮；接着在弹出的"Select Bitmap Image File"对话框中选择"南瓜.jpg"文件。单击"Reflect"后的 按钮，在弹出的"Color Selector：reflection"对话框中选择灰白色（Hue：0；Sat：0；Value：15）作为控制材质反射的颜色。在"Basic parameters"卷展栏中单击L按钮激活"Hilight glossiness"参数，并设置它的数值为0.6，将"Refl.glossiness"数值设置为0.45。放大显示"南瓜"材质，它具有纹理，有较弱的反射，无折射，材质表面光滑。

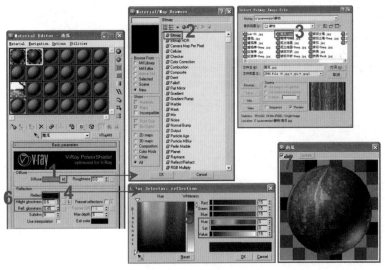

图8-38

Step 2 在视图中选择南瓜物体，在"材质编辑器"中激活"南瓜"材质，并单击 按钮将材质指定给选择物体。选择南瓜物体，为它添加"UVW mapping"修改器，在卷展栏中选择"Cylindrical"选项，设置"Length"和"Width"数值为700、"Height"数值为900，如图8-39所示。

图8-39

Step 3 单击 按钮进行渲染，效果如图8-40所示。"南瓜"材质表面光滑，有一定反射。

图8-40

Step 4 展开"Maps"卷展栏，单击"Bump"后的 None 按钮，在弹出的"Material/Map Browser"对话框中选择"Bitmap"贴图，并单击 OK 按钮，在弹出的"Select Bitmap Image File"对话框中选择"南瓜-Bump.jpg"文件；将"Bump"通道前方的数值设置为50，此时的材质表面出现凹凸效果，如图8-41所示。

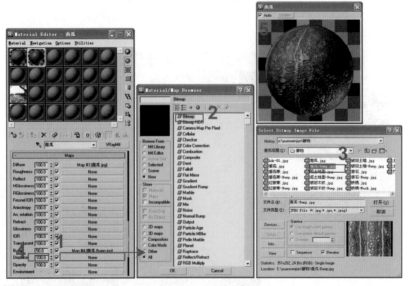

图8-41

Step 5 再次进行渲染，效果如图8-42所示。"南瓜"材质根据贴图纹理出现凹凸效果。

8
Chapter

1
Chapter
(p1~4)

2
Chapter
(p5~16)

3
Chapter
(p17~36)

4
Chapter
(p37~58)

5
Chapter
(p59~84)

6
Chapter
(p85~106)

7
Chapter
(p107~134)

8
Chapter
(p135~164)

图8-42

8.4.3 红椒和红椒蒂材质的创建

Step 1 在"材质编辑器"中激活一个空白材质球，为材质命名为"红椒"，将材质类型转换为"VRayMtl"类型，如图8-43所示。单击"Diffuse"后的██████按钮，在弹出的"Color Selector"对话框中选择红色（Hue：255；Sat：230；Value：150）作为材质固有色。单击"Reflect"后的██████按钮，在弹出的"Color Selector：reflection"对话框中选择灰色（Hue：0；Sat：0；Value：55）作为控制反射的颜色。在"Basic parameters"卷展栏中单击██按钮激活"Hilight glossiness"参数，并设置它的数值为0.75，将"Refl.glossiness"数值设置为0.85。

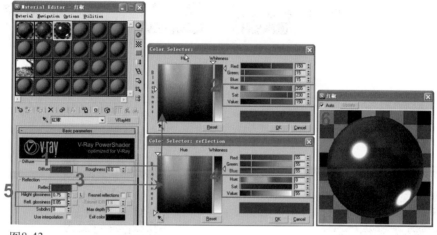

图8-43

Step 2 在视图中选择辣椒椒身，在"材质编辑器"中激活"红椒"材质，并单击██按钮将材质指定给选择物体。单击██按钮进行渲染，效果如图8-44所示。

图8-44

Step 3 激活一个空白材质球，为材质命名为"红椒蒂"，将材质类型转换为"VRayMtl"类型。单击"Diffuse"后的██按钮，在弹出的"Material/Map Browser"对话框中选择"Bitmap"贴图，并指定"红椒蒂.jpg"文件。单击"Reflect"后的██████按钮，在弹出的"Color

Selector：reflection"对话框中选择灰白色（Hue：0；Sat：0；Value：20）作为控制材质反
射的颜色。在"Basic parameters"卷展栏中将"Refl.glossiness"数值设置为0.4。放大显示
"红椒蒂"材质，效果如图8-45所示。

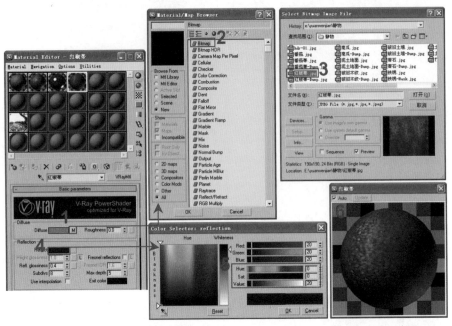

图8-45

Step 4 展开"Maps"卷展栏，单击"Bump"后的 None 按钮，选择
"Bitmap"贴图，并指定"红椒蒂-Bump.jpg"文件；将"Bump"通道前方的数值设置为
50，此时的材质表面出现凹凸效果，如图8-46所示。

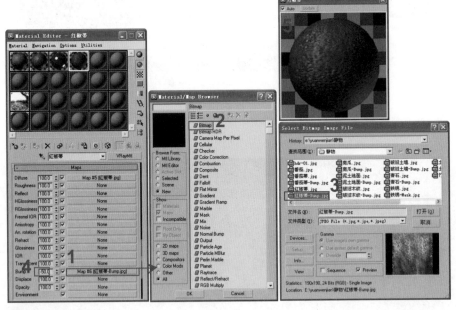

图8-46

Step 5 在视图中选择红椒蒂物体，在"材质编辑器"中激活"红椒蒂"材质，并单击 🔧 按钮将材
质指定给选择物体。为它添加"UVW mapping"修改器，在卷展栏中选择"Cylindrical"选
项，设置"Length"、"Width"、"Height"数值都为25，如图8-47所示。

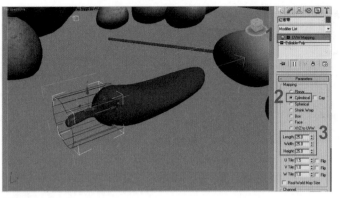

图8-47

Step 6 单击 按钮进行渲染，辣椒把具有的纹理和凹凸效果如图8-48所示。

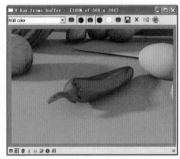

图8-48

8.4.4 鸡蛋材质的创建

Step 1 激活一个空白材质球，为材质命名为"鸡蛋-1"，将材质类型转换为"VRayMtl"类型。单击"Diffuse"后的 按钮，在弹出的"Color Selector"对话框中选择灰白色（Hue：0；Sat：0；Value：20）作为鸡蛋材质固有色。单击"Reflect"后的 按钮，在弹出的"Color Selector：reflection"对话框中选择灰白色（Hue：0；Sat：0；Value：20）作为控制材质反射的颜色。在"Basic parameters"卷展栏中单击 L 按钮激活"Hilight glossiness"参数，并设置它的数值为0.55，将"Refl.glossiness"数值设置为0.45。放大显示"鸡蛋-1"材质，材质表面光滑，具有模糊反射，如图8-49所示。

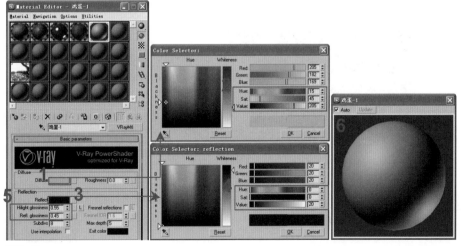

图8-49

Step 2 在视图中选择鸡蛋物体，在"材质编辑器"中激活"鸡蛋-1"材质，并单击 按钮将材质指定给选择物体。单击 按钮进行渲染，效果如图8-50所示。

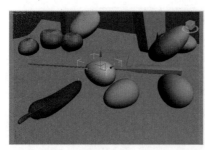

图8-50

Step 3 激活一个空白材质球,为材质命名为"鸡蛋-2",将材质类型转换为"VRayMtl"类型,如图8-51所示。鸡蛋颜色深浅不同,单击"Diffuse"后的▇▇▇▇▇按钮,在弹出的"Color Selector"对话框中选择灰白色(Hue:15;Sat:105;Value:165)作为鸡蛋材质固有色。单击"Reflect"后的▇▇▇▇▇按钮,在弹出的"Color Selector:reflection"对话框中选择灰白色(Hue:0;Sat:0;Value:30)作为控制材质反射的颜色。在"Basic parameters"卷展栏中单击 L 按钮激活"Hilight glossiness"参数,并设置它的数值为0.55,将"Refl.glossiness"数值设置为0.45;放大显示"鸡蛋-2"材质。

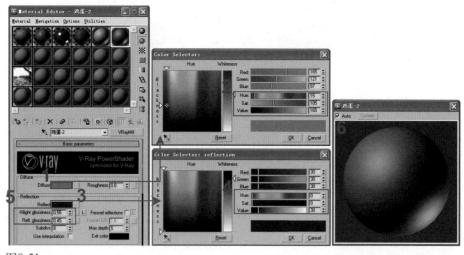

图8-51

Step 4 在视图中选择另一个鸡蛋物体,在"材质编辑器"中激活"鸡蛋-2"材质并单击 按钮,将材质指定给选择物体。单击 按钮进行渲染,效果如图8-52所示。

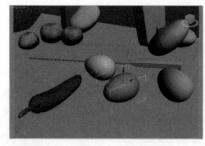

图8-52

Step 5 激活新的空白材质球,为材质命名为"鸡蛋-3",将材质类型转换为"VRayMtl"类型。单击"Diffuse"后的▇▇▇▇▇按钮,在弹出的"Color Selector"对话框中选择灰白色(Hue:15;Sat:85;Value:185)作为鸡蛋材质固有色。单击"Reflect"后的▇▇▇▇▇按钮,在弹出的"Color Selector:reflection"对话框中选择灰白色(Hue:0;Sat:0;Value:25)作为控制材质反射的颜色。在"Basic parameters"卷展栏中单击 L 按钮激活"Hilight glossiness"参数,并设置它的数值为0.55,将"Refl.glossiness"数值设置为0.45。放大显示"鸡蛋-3"材质,如图8-53所示。

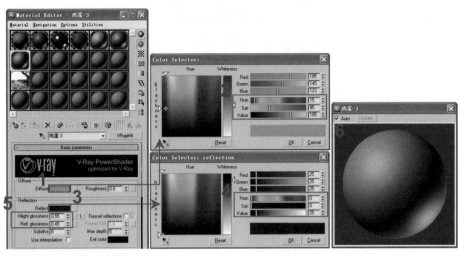

图8-53

Step 6 在视图中选择剩余的鸡蛋物体，在"材质编辑器"中激活"鸡蛋-3"材质并单击 按钮，将材质指定给选择物体。单击 按钮进行渲染，效果如图8-54所示。

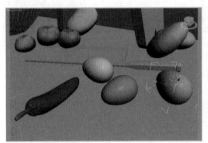

图8-54

8.4.5 生锈菜刀材质的创建

Step 1 在"材质编辑器"中激活一个空白材质球，为材质命名为"生锈菜刀"，如图8-55所示，单击 Standard 按钮，在弹出的"Material/Map Browser"对话框中选择"Blend"选项并单击 OK 按钮；在弹出的"Replace Material"对话框中选择"Discard old material"选项替换原来的材质，单击 OK 按钮完成材质类型的转换。在视图中选择菜刀物体，单击工具栏上的 按钮，将此材质指定给选择物体。

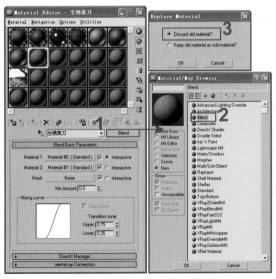
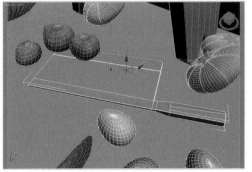

图8-55

Step 2 在"Blend"材质的设置面板上单击 Material #3 (Standard) 按钮进入第一个子材质（Material1）的设置面板，为子材质命名为"菜刀"，将材质类型转换为"VRayMtl"类型，如图8-56所示。单击"Diffuse"后的 按钮，在弹出的"Color Selector"对话框中选择（Hue：0；Sat：0；Value：165）作为材质固有色。单击"Reflect"后的 按钮，在弹出的"Color Selector：reflection"对话框中选择（Hue：0；Sat：0；Value：120）作为控制材质反射颜色。

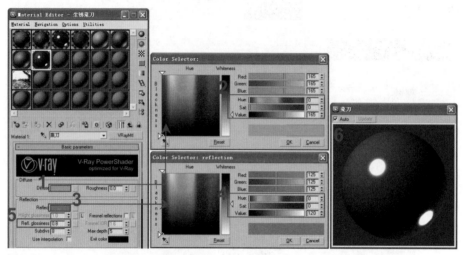

图8-56

Step 3 单击 按钮进行渲染，视图中的菜刀物体如图8-57所示。

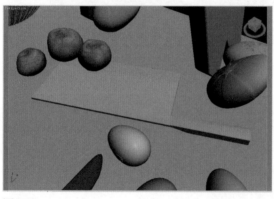

图8-57

Step 4 在"Blend"材质的设置面板中单击 Material #3 (Standard) 按钮进入第二个子材质（Material2）的设置面板，为子材质命名为"铁锈"，将材质类型转换为"VRayMtl"类型，如图8-58所示。单击"Diffuse"后的 按钮，选择"Bitmap"贴图并指定"铁锈.jpg"文件。在"Basic parameters"卷展栏中将"Refl.glossiness"数值设置为0.8。展开"Maps"卷展栏，将"Diffuse"通道后的贴图文件拖动到"Bump"通道中，在弹出的"Copy"对话框中选择"Instance"选项并单击 OK 按钮完成复制，将"Bump"通道前方的数值设置为50。

Step 5 单击材质编辑器上的 按钮回到此材质的顶层，此时的材质设置面板如图8-59所示，将"Mix Amount"数值设为100。

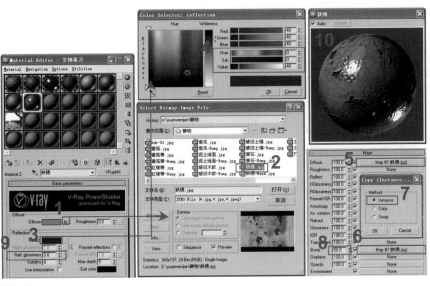

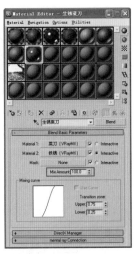

图8-58

图8-59

Step 6 为菜刀物体添加"UVW mapping"修改器，在卷展栏中选择"Box"选项，设置"Length"、"Width"、"Height"数值都为250，如图8-60所示。单击 按钮进行渲染，视图中的菜刀物体出现锈痕，反映第二个子材质的纹理。

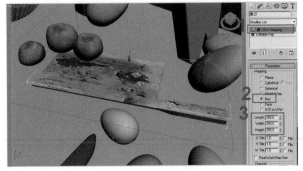

图8-60

Step 7 单击"Mask"后的 None 按钮，在弹出的"Material/Map Browser"对话框中选择"Bitmap"选项并单击 OK 按钮；接着在弹出的"Select Bitmap Image File"对话框中选择"铁锈-Mask.jpg"文件。此时的材质球根据遮罩贴图的灰度，局部出现锈迹，如图8-61所示。

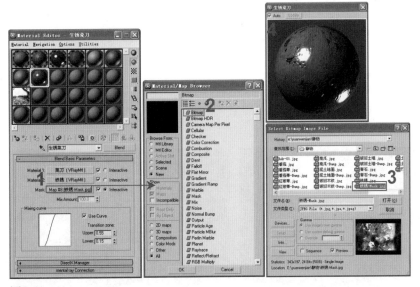

图8-61

Step 8 单击 按钮进行渲染，场景中的菜刀物体局部出现锈迹，如图8-62所示。

图8-62

8.4.6 番茄和番茄蒂材质的创建

Step 1 激活一个空白材质球，为材质命名为"番茄"，将材质类型转换为"VRayMtl"类型。单击"Diffuse"后的 按钮，选择"Bitmap"贴图并指定"番茄.jpg"文件。单击"Reflect"后的 按钮，在弹出的"Color Selector：reflection"对话框中选择灰白色（Hue：0；Sat：0；Value：40）作为控制材质反射的颜色。在"Basic parameters"卷展栏中单击 L 按钮激活"Hilight glossiness"参数，并设置它的数值为0.6，将"Refl.glossiness"数值设置为0.4。放大显示"番茄"材质，如图8-63所示。

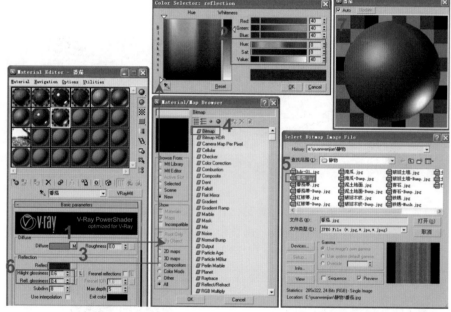

图8-63

Step 2 在视图中选择所有的番茄物体，在"材质编辑器"中激活"番茄"材质并单击 按钮，将材质指定给选择物体；需要分别指定"UVW mapping"修改器指定贴图坐标，贴图坐标的尺寸都相同；在卷展栏中选择"Spherical"选项，设置"Length"、"Width"、"Height"数值都为15，如图8-64所示。

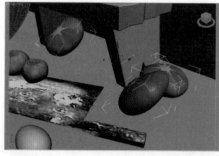

图8-64

Step 3 单击 按钮进行渲染，场景中的"番茄"材质表面光滑，有一定反射，如图8-65所示。

图8-65

Step 4 激活一个空白材质球，为材质命名为"番茄蒂"，将材质类型转换为"VRayMtl"类型。单击"Reflect"后的 按钮，在弹出的"Color Selector"对话框中选择灰白色（Hue：0；Sat：0；Value：40）作为控制材质反射的颜色。展开"Maps"卷展栏，单击"Diffuse"通道后的 None 按钮，选择"Bitmap"贴图并指定"番茄蒂.jpg"文件。接着单击"Bump"通道后的 None 按钮，选择"Bitmap"贴图并指定"番茄蒂-Bump.jpg"文件，将此通道前方的数值设置为-50。在"Basic parameters"卷展栏中将"Refl.glossiness"数值设置为0.4。放大显示"番茄蒂"材质，如图8-66所示。

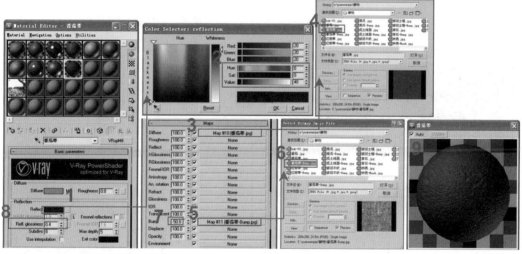

图8-66

Step 5 在视图中选择所有的番茄蒂物体，在"材质编辑器"中激活"番茄蒂"材质并单击 按钮，将材质指定给选择物体；需要分别指定"UVW mapping"修改器指定贴图坐标，贴图坐标的尺寸都相同；在卷展栏中选择"Box"选项，设置"Length"和"Width"数值为10、"Height"数值为5，如图8-67所示。

图8-67

Step 6 单击 按钮进行渲染，场景中的"番茄蒂"材质具有凹凸和纹理效果，如图8-68所示。

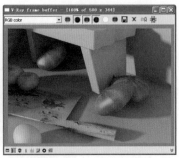

图8-68

8.4.7 青石材质的创建

Step 1 激活一个空白材质球，为材质命名为"青石"，将材质类型转换为"VRayMtl"类型。单击
"Reflect"后的 ▢ 按钮，在弹出的"Color Selector"对话框中选择灰白色（Hue：0；
Sat：0；Value：10）作为控制材质反射的颜色。展开"Maps"卷展栏，单击"Diffuse"通
道后的 ▢ None ▢ 按钮，选择"Bitmap"贴图并指定"青石.jpg"文件。
接着单击"Bump"通道后的 ▢ None ▢ 按钮，选择"Bitmap"贴图并指
定"青石-Bump.jpg"文件，将此通道前方的数值设置为-50。在"Basic parameters"卷展栏
中单击 L 按钮激活"Hilight glossiness"参数，设置它的数值为0.6，将"Refl.glossiness"数
值设置为0.4。放大显示"青石"材质，如图8-69所示。

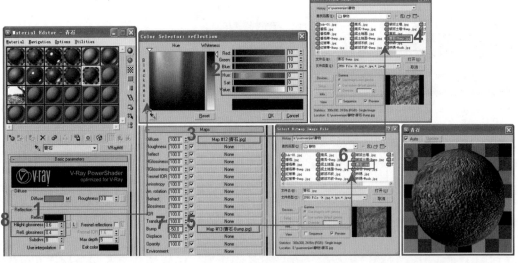

图8-69

Step 2 在视图中选择石器物体，在"材质编辑器"中激活"青石"材质并单击 ▣ 按钮，将材质
指定给选择物体；需要分别为石器的两部分物体指定"UVW mapping"修改器指定贴图坐
标，贴图坐标的尺寸都相同；在卷展栏中选择"Box"选项，设置"Length"、"Width"、
"Height"数值都为150，如图8-70所示。

图8-70

Step 3 单击 👁 按钮进行渲染，场景中的"青石"材质具有凹凸和纹理效果，如图8-71所示。

图8-71

8.4.8 酒瓶和酒盖材质的创建

Step 1 在"材质编辑器"中激活一个空白材质球，为材质命名为"酒瓶"，将材质类型转换为"VRayMtl"类型。按图8-72所示设置各项参数。

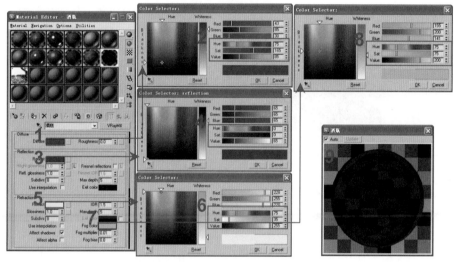

图8-72

Step 2 在视图中选择酒瓶物体，在"材质编辑器"中激活"酒瓶"材质并单击 按钮，将材质指定给选择物体。单击 👁 按钮进行渲染，效果如图8-73所示。

图8-73

Step 3 在"材质编辑器"中激活一个空白材质球，将材质类型转换为"VRayMtl"类型，为材质命名为"瓶盖"。单击"Diffuse"后的 按钮，在弹出的"Color Selector"对话框中选择灰白色（Hue：55；Sat：30；Value：60）作为材质固有色。单击"Reflect"后的 按钮，在弹出的"Color Selector：reflection"对话框中选择灰白色（Hue：0；Sat：0；Value：80）作为控制材质反射的颜色。在"Basic parameters"卷展栏中将"Refl.glossiness"数值设置为0.8。放大显示"瓶盖"材质，如图8-74所示。

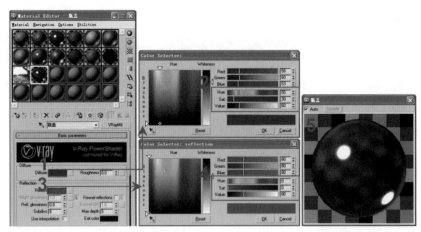

图8-74

Step 4 在视图中选择酒瓶物体，在"材质编辑器"中激活"酒盖"材质，单击 ⬛ 按钮将材质指定给选择物体。单击 ⬤ 按钮进行渲染，效果如图8-75所示。

图8-75

8.4.9 破旧木纹材质的创建

Step 1 激活一个空白材质球，为材质命名为"破旧木纹"，将材质类型转换为"VRayMtl"类型。单击"Reflect"后的 ▭ 按钮，在弹出的"Color Selector：reflection"对话框中选择灰白色（Hue：0；Sat：0；Value：15）作为控制材质反射的颜色。展开"Maps"卷展栏，单击"Diffuse"通道后的 ▭None▭ 按钮，选择"Bitmap"贴图并指定"破旧木纹.jpg"文件。接着单击"Bump"通道后的 ▭None▭ 按钮，选择"Bitmap"贴图并指定"破旧木纹-Bump.jpg"文件，将此通道前方的数值设置为75。在"Basic parameters"卷展栏中单击 L 按钮激活"Hilight glossiness"参数，设置它的数值为0.65，将"Refl.glossiness"数值设置为0.45。放大显示"破旧木纹"材质，如图8-76所示。

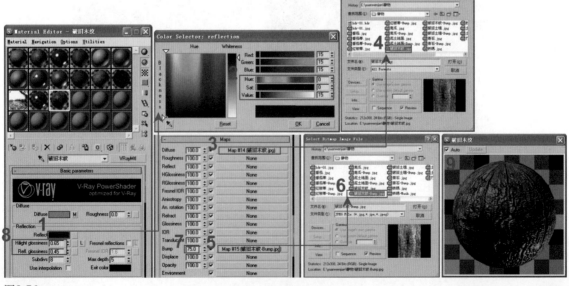

图8-76

Step 2 在视图中选择所有的板凳物体，在"材质编辑器"中激活"破旧木纹"材质，单击 按钮将材质指定给选择物体。选择板凳面添加"UVW mapping"修改器，在卷展栏中选择"Box"选项，设置"Length"、"Width"、"Height"数值都为300，如图8-77所示。选择板凳脚添加"UVW mapping"修改器，在卷展栏中选择"Box"选项，设置"Length"、"Width"、"Height"数值都为200。

图8-77

Step 3 单击 按钮进行渲染，指定了材质的板凳效果如图8-78所示。

图8-78

8.4.10 竹篮材质的创建

Step 1 激活一个空白材质球，为材质命名为"竹篮"，将材质类型转换为"VRayMtl"类型。单击"Reflect"后的 按钮，在弹出的"Color Selector"对话框中选择灰白色（Hue：0；Sat：0；Value：20）作为控制材质反射的颜色。单击"Diffuse"通道后的 按钮，选择"Bitmap"贴图并指定"竹篮.jpg"文件。在"Basic parameters"卷展栏中单击 L 按钮激活"Hilight glossiness"参数，并设置它的数值为0.6，将"Refl.glossiness"数值设置为0.4。放大显示"竹篮"材质，如图8-79所示。

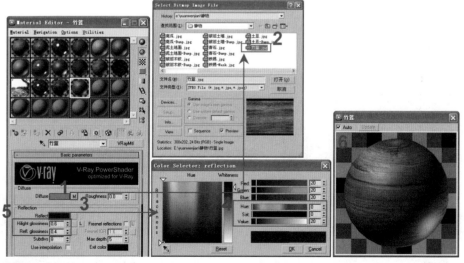

图8-79

Step 2 在视图中选择所有的竹篮物体，在"材质编辑器"中激活"破旧木纹"材质，单击 按钮将材质指定给选择物体。为竹篮各部分物体指定"UVW mapping"修改器指定贴图坐标，贴图坐标的尺寸也各不相同。选择竹篮主体，添加"UVW mapping"修改器，在卷展栏中选择"Box"选项，设置"Length"和"Width"数值都为200、"Height"数值为400，如图8-80所示。选择竹篮主体纵向竹条添加"UVW mapping"修改器，在卷展栏中选择"Box"选项，设置"Length"和"Height"数值都为200、"Width"数值为400；选择竹篮主体边沿添加"UVW mapping"修改器，选择"Box"选项，设置"Length"和"Height"数值都为8、"Width"数值为100；选择竹篮盖添加"UVW mapping"修改器，选择"Box"选项，设置"Length"和"Height"数值都为8、"Width"数值为100；选择竹盖纵向竹条添加"UVW mapping"修改器，在卷展栏中选择"Spherical"选项，设置"Length"、"Width"、"Height"数值都为200。选择竹盖边沿添加"UVW mapping"修改器，在卷展栏中选择"Spherical"选项，设置"Length"和"Height"数值都为20、"Width"数值为100。

图8-80

Step 3 单击 按钮进行渲染，指定了材质的竹篮如图8-81所示。

图8-81

8.4.11 泥土地面材质的创建

Step 1 激活一个空白材质球，为材质命名为"泥土地面"，将材质类型转换为"VRayMtl"类型。按图8-82所示设置此材质的各项参数。

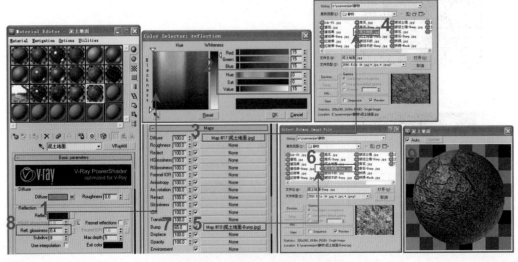

图8-82

Step 2 在视图中选择所有的地板物体，在"材质编辑器"中激活"泥土地面"材质，单击 按钮将材质指定给选择物体。选择地板物体并添加"UVW mapping"修改器，在卷展栏中选择"Box"选项，设置"Length"数值为240、"Width"数值为280、"Height"数值为1。单击 按钮进行渲染，指定了材质的地板如图8-83所示。

图8-83

Step 3 激活一个空白材质球，为材质命名为"破旧土墙"，将材质类型转换为"VRayMtl"类型。按图8-84所示设置此材质的各项参数。

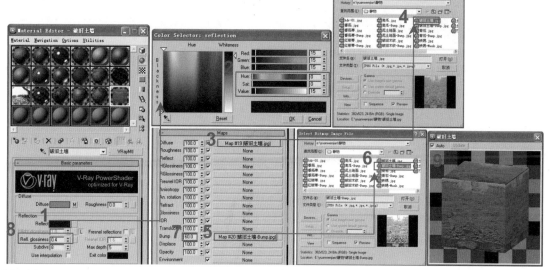

图8-84

Step 4 在视图中选择所有的墙面物体，在"材质编辑器"中激活"泥土地面"材质，单击 按钮将材质指定给选择物体。选择地板物体并添加"UVW mapping"修改器，在卷展栏中选择"Box"选项，设置"Length"和"Width"数值为1200、"Height"数值为1600。单击 按钮进行渲染，指定了材质的墙面如图8-85所示。

图8-85

8.5 设置景深特效

3ds max 2009 CG

当场景中的材质和光源都设置完成后，设置景深特效的各项参数。

Step 1 为了突出场景的重点，可以设置景深特效。在渲染设置面板上展开"Camera"卷展栏，勾选"Depth of field"选项组中的"On"选项弹出景深特效；将"Aperture"光圈数值设置为4，设置"Focal dist"焦距数值为1000，如图8-86所示。

Step 2 单击 按钮进行渲染，景深效果如图8-87所示。场景主体更加突出，局部模糊。

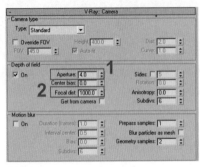

图8-86

图8-87

8.6 本章小结

3ds max 2009 CG

如果你想在三维世界中真实再现物体的质感，必须具备两大前提：一是熟练掌握三维软件中控制材质和贴图的各个参数，二是仔细观察现实世界中的各种不同材料的物体。

第9章 工业产品的展示——显卡

本章讲述了工业产品——显卡的制作，渲染画面力求干净、清爽。为了体现其产品所具有的独特个性，体现出产品的科技感、时尚感、年轻感，摄像机视图只能观察显卡的局部，有很强的视觉冲击力。工业产品的显卡模型在进行建模制作时需要特别仔细，最好能够根据真实物体来制作。本章的学习重点是摄像机的创建，以及金属和塑料材质的质感体现。

9.1 确定观察角度

3ds max 2009 CG

在场景中创建摄像机来确定显卡场景的观察场景，这个摄像机角度观察的范围比较小，不能从整体观察到显卡的所有部位，这是为了突出特写显卡的一部分。

Step 1 启动3ds max 2009，执行菜单栏中的File（文件）→Open（打开）命令。在弹出的"Open file"对话框中选择"显卡.max"文件并单击 打开(O) 按钮。打开的场景如图9-1所示，未创建摄像机、光源、材质。

Step 2 创建摄像机。单击摄像机创建命令面板上的 Target 按钮，在Top视图中创建一架目标摄像机，如图9-2所示。

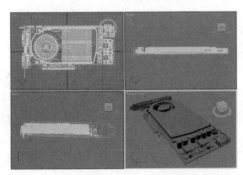

图9-1

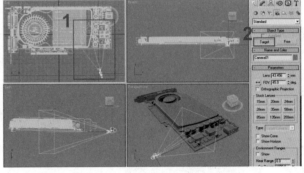

图9-2

Step 3 调整摄像机的位置。单击 ✛ 按钮，在视图中选择摄像机头，在视图下方设置（X：195；Y：-65；Z：65）；接着选择摄像机目标点，在视图下方设置（X：102；Y：10；Z：12），如图9-3所示。

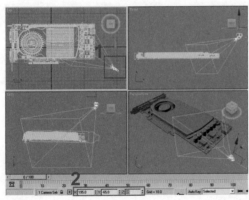

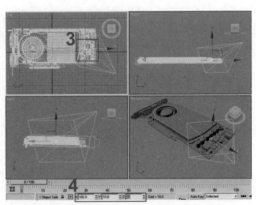

图9-3

Step 4 激活Perspective视图，并在键盘上按下【C】键，将视图转换为摄像机视图。选择摄像机头并单击 ✎ 按钮进入修改命令面板，在"Parameters"卷展栏中将"Lens"数值设置为42，"FOV"数值将发生相应的变化。此时摄像机视图的观察范围和观察角度得到确定，如图9-4所示。

Step 5 单击 ✑ 按钮弹出渲染设置面板，在"Common Parameters"卷展栏中设置渲染图片的尺寸。将"Width"数值设置为500，将"Height"数值设置为375，如图9-5所示。

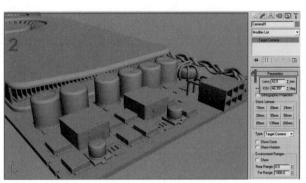

图9-4

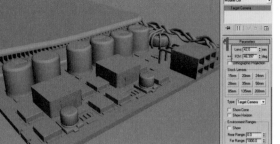

图9-5

用鼠标右键单击视图下方的 按钮，在弹出"Viewport Configuration"对话框中选择"1 Light"选项。进行渲染，场景将使用系统默认的一盏光源照明，如图9-6所示。

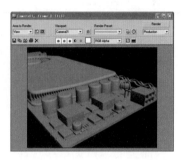

图9-6

9.2 设置基本渲染参数

3ds max 2009 CG

在"Assign Renderer"对话框中选择了当前渲染器，设置基本渲染参数。

在当前渲染器为"VRay DEMO 1.50SP2"渲染器的前提下，开始设置基本渲染参数。在"Image sampler(Antialiasing)"对话框中设置抗锯齿类型为"Fixed"，选择"Mitchell-Nerravali"类型的过滤器；接着在"Fixed image sampler"卷展栏只能够将"Subdivs"设置为1；然后在"Color mapping"对话框中设置曝光方式为"Exponential"；在"DMC Sampler"对话框中将"Adaptive amount"设置为0.85、"Noise threshold"设置为0.01，如图9-7所示。

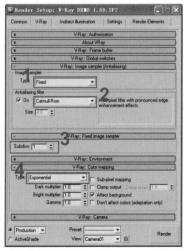

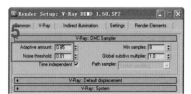

图9-7

Step 2　展开"Indirect illumination"对话框，按图9-8所示设置首次反弹和二次反弹的"Multiplier"数值都为1；设置首次反弹的渲染引擎为Irradiance map；设置二次反弹的渲染引擎为Brute force。在"V-Ray:Irradiance map"对话框中选择当前设置为"Low"选项；在"V-Ray:Brute force GI"对话框中选择当前设置为"Subdivs"数值为8，设置"Secondary bounces"数值为3。

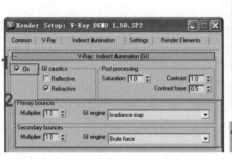
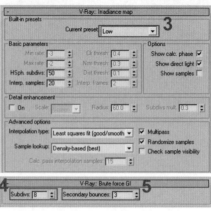

图9-8

9.3 创建地平面

3ds max 2009 CG

运用VRayPlane物体创建水平面，VRayPlane是VRay渲染器所特有的，它能创建无限大的平面。

Step 1　在物体创建命令面板的下拉菜单中选择"VRay"选项，单击 VRayPlane 按钮，在Top视图中拖动创建水平面，如图9-9所示。

Step 2　激活摄像机视图，在键盘上按下【F4】键，视图中的物体将进行边面显示。我们能够更清晰地观察物体结构，如图9-10所示。

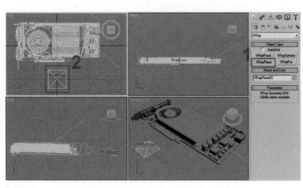
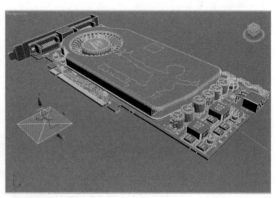

图9-9　　　　　　　　　　　　　　　　图9-10

Step 3　在"材质编辑器"中激活一个空白材质球，单击 Standard 按钮，在弹出的"Material/Map Browser"对话框中选择"VRayMtl"选项并单击 OK 按钮，使材质类型转换；单击"Diffuse"后的 按钮，在弹出的"Color Selector"对话框中选择（Hue：0；Sat：0；Value：250）的颜色作为材质固有色，如图9-11所示。

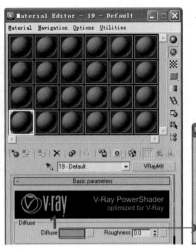
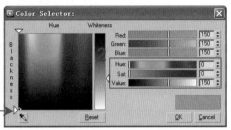

图9-11

9
Chapter
(p165~188)

10
Chapter
(p189~218)

11
Chapter
(p219~226)

12
Chapter
(p227~242)

13
Chapter
(p243~260)

14
Chapter
(p261~276)

15
Chapter
(p277~300)

16
Chapter
(p301~320)

Step 4 在视图中选择场景中的所有物体，单击工具栏上的 按钮，将此材质指定给选择物体。单击工具栏上的 按钮进行渲染，如图9-12所示。

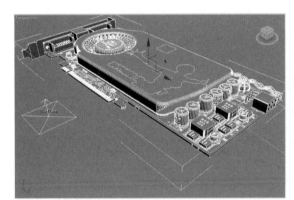
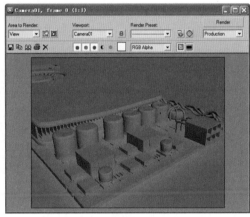

图9-12

Step 5 切换为VRay内置渲染窗口。展开"V-Ray:Frame buffer"卷展栏勾选"Enable built-in Frame Buffer"选项，再次单击 按钮，可见渲染窗口发生变换，如图9-13所示。

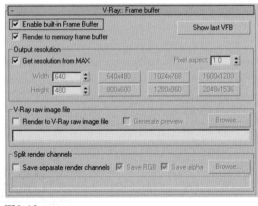

图9-13

Step 6 场景中未设置任何光源，但是渲染仍有光线，是因为使用了系统默认的一盏光源。展开"V-Ray:Global switches"卷展栏，去掉"Default lights"选项的勾选，将不使用系统默认光源。再次单击 按钮渲染，可见场景漆黑，如图9-14所示。

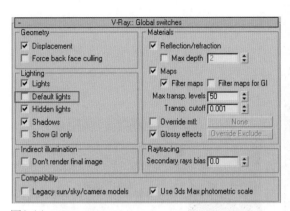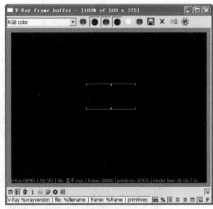

图9-14

9.4 设置场景光源

3ds max 2009 CG

在场景中创建环境光源和两盏VRayLight光源，共同照亮显卡物体。

Step 1 设置场景环境色。单击工具栏上的 ⬚ 按钮弹出渲染设置面板。展开"Environment"卷展栏，勾选"On"选项，单击"GI Environment (skylight) Override"选项组中的⬚按钮，在弹出的"Color Selector"对话框中选择（Hue：155；Sat：65；Value：255）作为环境颜色，如图9-15所示。

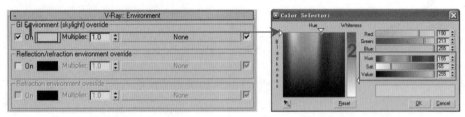

图9-15

Step 2 单击 ⬚ 按钮渲染，效果如图9-16所示，场景因为受到环境色影响，整体颜色偏蓝。

Step 3 创建场景光源。单击VRay光源创建命令面板上的 VRayLight 按钮，在Top视图中创建一盏VRayLight光源，如图9-17所示。

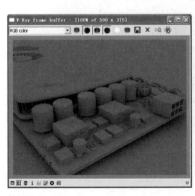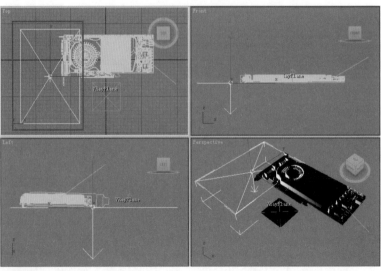

图9-16 图9-17

Step 4 为了便于观察添加的光源效果，可以使光源进行即时显示。执行菜单栏中的Views（视图）→Viewport Configuration（视图控制）命令，在弹出的"Viewport Configuration"对话框中单击 Lighting And Shadows 选项卡，选择"Good(SM2.0 Option)"选项。单击 ✛ 按钮，在视图中选择VRayLight光源，在视图下方的Z轴输入框中将数值设置为400。光源沿Z轴移动位置，如图9-18所示。

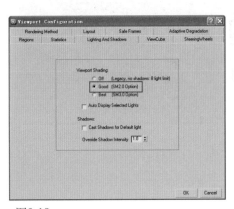
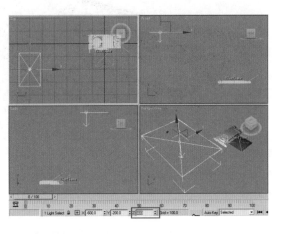

图9-18

Step 5 单击工具栏上的 ↻ 按钮，将VRayLight光源沿Z轴旋转30°；接着再将它沿Z轴旋转−40°，如图9-19所示。

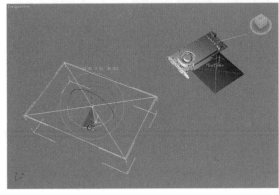
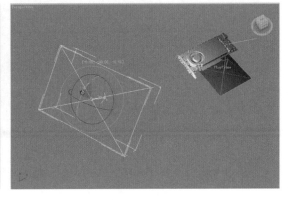

图9-19

Step 6 单击 ⟋ 按钮进入修改命令面板，在"Parameters"卷展栏中单击 按钮，在弹出的对话框中选择黄色作为光源颜色；将"Multiplier"数值设置为15；调整光源面积尺寸，将"Half-length"数值设置为200，将"Half-width"数值设置为250；将"Subdivs"数值设置为20；其余参数的设置参照图9-20。

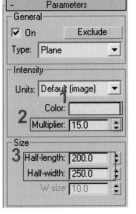

图9-20

Step 7 单击工具栏上的 按钮对摄像机视图进行渲染，场景效果如图9-21所示。

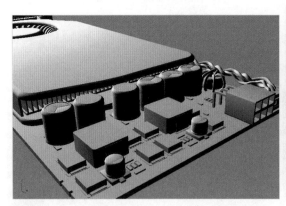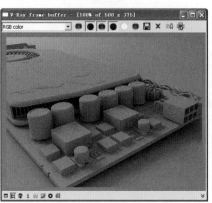

图9-21

Step 8 创建场景中的另一盏光源。单击 VRayLight 按钮，在Top视图中再创建一盏VRayLight光源。单击 按钮，在视图中选择新创建的光源，将视图下方设置为（X：600；Y：-200；Z：600），如图9-22所示。

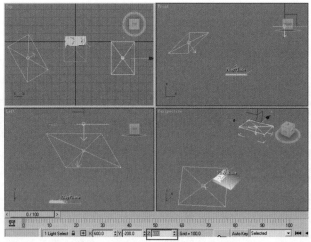

图9-22

Step 9 单击工具栏上的 按钮，将VRayLight光源沿Z轴旋转－30°；接着再将它沿Z轴旋转40°，使VRayLight光源指向场景中的显卡，如图9-23所示。

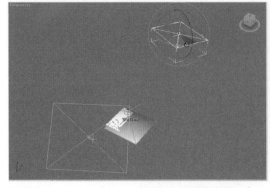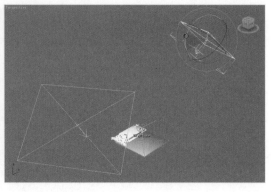

图9-23

Step 10 在"Parameters"卷展栏中单击 按钮，在弹出的对话框中同样选择黄色作为光源颜色；将"Multiplier"数值设置为5；调整光源面积尺寸，将"Half-length"数值设置为150，将"Half-width"数值设置为200；将"Subdivs"数值设置为20；其余参数的设置参照图9-24。

Step 11 单击工具栏上的 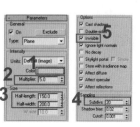 按钮对摄像机视图进行渲染，场景光线再次增强，如图9-25所示。

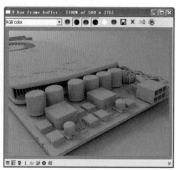

图9-24   图9-25

9.5 创建场景中的物体材质

3ds max 2009 CG

创建场景中显卡物体的各部分材质。这个显卡模型比较复杂，尤其需要注意哪些物体应该指定金属材质，哪些物体应该指定塑料材质。

Step 1 在"材质编辑器"中激活一个空白材质球，为材质命名为"蓝色PCB1"，将材质类型转换为"VRayMtl"类型，如图9-26所示。单击"Diffuse"的 按钮，在弹出的"Color Selector"对话框中选择灰白色（Hue：150；Sat：180；Value：75）作为材质固有色。单击"Reflect"后的 按钮，在弹出的"Color Selector：reflection"对话框中选择灰色（Hue：0；Sat：0；Value：15）作为控制材质反射的颜色。在"Basic parameters"卷展栏中单击 L 按钮激活"Hilight glossiness"参数，设置它的数值为0.65，将"Refl.glossiness"数值设置为0.75。放大显示"蓝色PCB1"材质，此材质呈深蓝色，表面光滑，有反射，无折射。

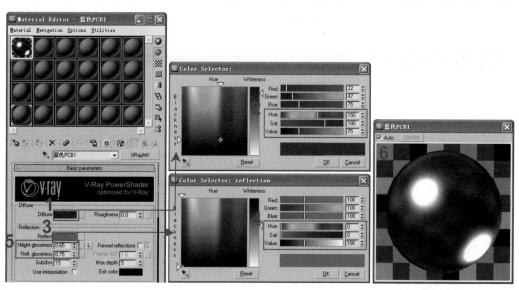

图9-26

Step 2 在视图中选择显卡的线路板物体，在"材质编辑器"中激活"蓝色PCB1"材质，单击 按钮将材质指定给选择物体。单击 按钮进行渲染，效果如图9-27所示。

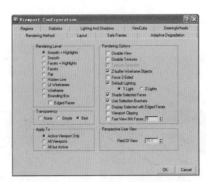

图9-27

Step 3 激活一个空白材质球，为材质命名为"蓝色PCB1"，将材质类型转换为"VRayMtl"类型，如图9-28所示。单击"Diffuse"的 ▭ 按钮，在弹出的"Color Selector"对话框中选择灰白色（Hue：150；Sat：180；Value：75）作为材质固有色。单击"Reflect"后的 ▭ 按钮，在弹出的"Color Selector：reflection"对话框中选择灰色（Hue：0；Sat：0；Value：15）作为控制材质反射的颜色。在"Basic parameters"卷展栏中单击 L 按钮激活"Hilight glossiness"参数，设置它的数值为0.65，将"Refl.glossiness"数值设置为0.75。放大显示"蓝色PCB1"材质，此材质呈蓝色，表面光滑，有反射，无折射。

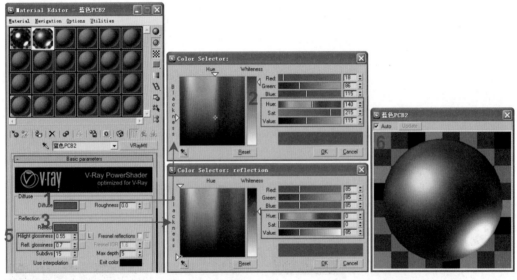

图9-28

Step 4 在视图中选择上面一层线路板，激活"蓝色PCB1"材质，单击 ▭ 按钮将材质指定给选择物体。单击 ▭ 按钮进行渲染，效果如图9-29所示。

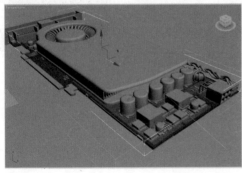
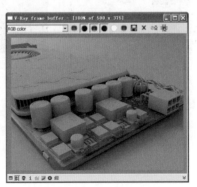

图9-29

Step 5 激活一个空白材质球，为材质命名为"金手指1"，将材质类型转换为"VRayMtl"类型，如图9-30所示。在卷展栏中选择明暗器的类型为"Ward"。单击"Diffuse"的 ▇▇▇▇ 按钮，在弹出的"Color Selector"对话框中选择灰白色（Hue：25；Sat：180；Value：240）作为材质固有色。单击"Reflect"后的 ▇▇▇▇ 按钮，在弹出的"Color Selector：reflection"对话框中选择灰色（Hue：0；Sat：0；Value：50）作为控制材质反射的颜色。单击"Refract"后的 ▇▇▇▇ 按钮，在弹出的"Color Selector"对话框中选择灰色（Hue：0；Sat：0；Value：100）作为控制材质折射的颜色。在"Basic parameters"卷展栏中将"Refl.glossiness"数值设置为0.75。放大显示此材质，此材质呈黄色，有反射和折射，材质具有模糊反射。

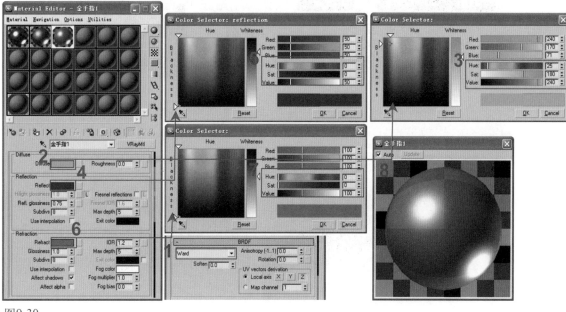

图9-30

Step 6 在视图中选择金手指，激活此材质并单击 ▇ 按钮，将材质指定给选择物体。单击 ▇ 按钮进行渲染，效果如图9-31所示。

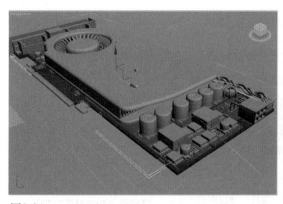

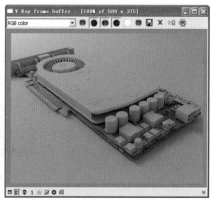

图9-31

Step 7 激活新的空白材质球，为材质命名为"金手指2"，将材质类型转换为"VRayMtl"类型，如图9-32所示。在卷展栏中选择明暗器的类型为"Ward"。单击"Diffuse"的 ▇▇▇▇ 按钮，在弹出的"Color Selector"对话框中选择灰白色（Hue：25；Sat：180；Value：240）作为材质固有色。单击"Reflect"后的 ▇▇▇▇ 按钮，在弹出的"Color Selector：reflection"对话框中选择灰色（Hue：0；Sat：0；Value：50）作为控制材质反射的颜色。在"Basic parameters"卷展栏中将"Refl.glossiness"数值设置为0.9。放大显示此材质，此材质呈黄色，有反射，无折射，具有轻微模糊反射。

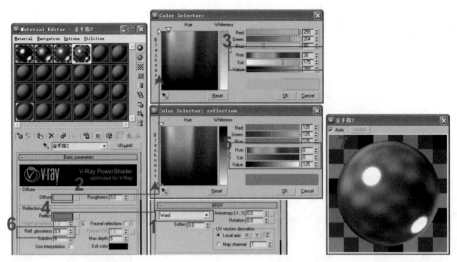

图9-32

Step 8　在视图中选择金手指的另一部分，激活此材质并单击 按钮，将材质指定给选择物体。单击 按钮进行渲染，效果如图9-33所示。

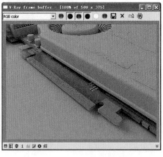

图9-33

Step 9　激活新的空白材质球，为材质命名为"白色塑料"，将材质类型转换为"VRayMtl"类型，如图9-34所示。在卷展栏中选择明暗器的类型为"Phong"。单击"Diffuse"的 按钮，在弹出的"Color Selector"对话框中选择灰白色（Hue：30；Sat：15；Value：245）作为材质固有色。单击"Reflect"后的 按钮，在弹出的"Color Selector：reflection"对话框中选择灰色（Hue：0；Sat：0；Value：50）作为控制材质反射的颜色。在"Basic parameters"卷展栏中将"Refl.glossiness"数值设置为0.6。放大显示此材质。

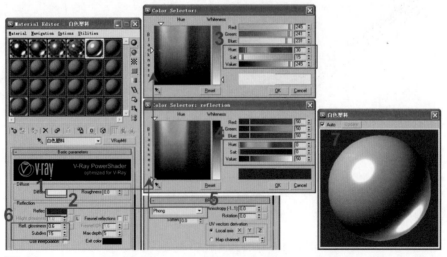

图9-34

Step 10　在视图中选择如图9-35所示的物体，激活此材质并单击 按钮，将材质指定给选择物体。单击 按钮进行渲染，选择物体被指定新的材质。

9
Chapter

9
Chapter
(p165~188)

10
Chapter
(p189~218)

11
Chapter
(p219~226)

12
Chapter
(p227~242)

13
Chapter
(p243~260)

14
Chapter
(p261~276)

15
Chapter
(p277~300)

16
Chapter
(p301~320)

 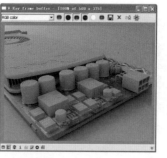

图9-35

Step 11 激活新的空白材质球，为材质命名为"黑色塑料"，将材质类型转换为"VRayMtl"类型，如图9-36所示。在卷展栏中选择明暗器的类型为"Phong"。单击"Diffuse"后的 ▇ 按钮，在弹出的"Color Selector"对话框中选择灰白色（Hue：0；Sat：0；Value：40）作为材质固有色。单击"Reflect"后的 ▇ 按钮，在弹出的"Color Selector：reflection"对话框中选择灰色（Hue：0；Sat：0；Value：60）作为控制材质反射的颜色。在"Basic parameters"卷展栏中将"Refl.glossiness"数值设置为0.65。放大显示此材质。

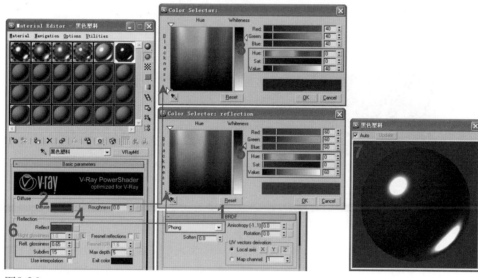

图9-36

Step 12 在视图中选择如图9-37所示的物体，激活此材质并单击 ▦ 按钮，将材质指定给选择物体。单击 ◉ 按钮进行渲染，选择物体被指定新的材质。

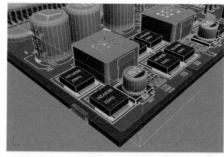

图9-37

Step 13 激活新的空白材质球，为材质命名为"红色塑料"，将材质类型转换为"VRayMtl"类型。在卷展栏中选择明暗器的类型为"Phong"。单击"Diffuse"后的 ▇ 按钮，在弹出的"Color Selector"对话框中选择灰白色（Hue：255；Sat：220；Value：125）作为材质固有色。单击"Reflect"后的 ▇ 按钮，在弹出的"Color Selector：reflection"对话框中选择灰色（Hue：0；Sat：0；Value：40）作为控制材质反射的颜色。在"Basic parameters"卷展栏中将"Refl.glossiness"数值设置为0.6。放大显示此材质，如图9-38所示。

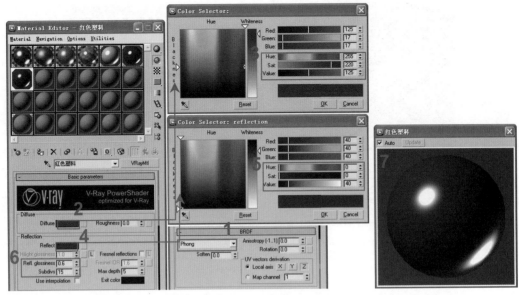

图9-38

在视图中选择电线物体，激活此材质并单击![button]按钮，将材质指定给选择物体。单击![button]按钮
进行渲染，效果如图9-39所示。

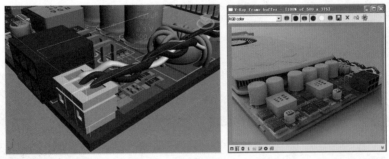

图9-39

激活新的空白材质球，为材质命名为"蓝色塑料"，将材质类型转换为"VRayMtl"类型。
在卷展栏中选择明暗器的类型为"Phong"。单击"Diffuse"的![button]按钮，在弹出的
"Color Selector"对话框中选择蓝色（Hue：150；Sat：130；Value：145）作为材质固有
色。单击"Reflect"后的![button]按钮，在弹出的"Color Selector：reflection"对话框中选
择灰色（Hue：0；Sat：0；Value：40）作为控制材质反射的颜色。在"Basic parameters"
卷展栏中将"Refl.glossiness"数值设置为0.6，将"Subdivs"数值设置为15。放大显示此材
质，如图9-40所示。

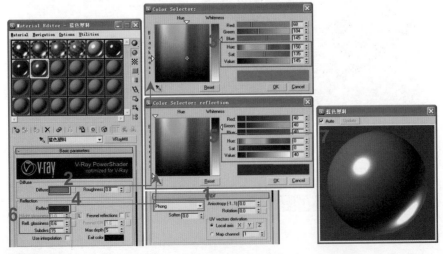

图9-40

9
Chapter

9
Chapter
(p165~188)

10
Chapter
(p189~218)

11
Chapter
(p219~226)

12
Chapter
(p227~242)

13
Chapter
(p243~260)

14
Chapter
(p261~276)

15
Chapter
(p277~300)

16
Chapter
(p301~320)

Step 16 在视图中选择电容物体，激活此材质并单击 按钮，将材质指定给选择物体。单击 按钮进行渲染，效果如图9-41所示。

图9-41

Step 17 激活新的空白材质球，为材质命名为"钛合金"，将材质类型转换为"VRayMtl"类型。在卷展栏中选择明暗器的类型为"Ward"。单击"Diffuse"后的 按钮，在弹出的"Color Selector"对话框中选择灰白色（Hue：0；Sat：0；Value：225）作为材质固有色。单击"Reflect"后的 按钮，在弹出的"Color Selector：reflection"对话框中选择灰色（Hue：0；Sat：0；Value：150）作为控制材质反射的颜色。在"Basic parameters"卷展栏中将"Refl.glossiness"数值设置为0.7，将"Subdivs"数值设置为15。放大显示此材质，如图9-42所示。

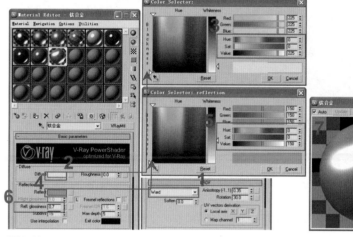

图9-42

Step 18 在视图中选择电容组，激活此材质并单击 按钮，将材质指定给选择物体。单击 按钮进行渲染，效果如图9-43所示。

图9-43

Step 19 激活新的空白材质球，为材质命名为"黑色电容"，将材质类型转换为"VRayMtl"类型。在卷展栏中选择明暗器的类型为"Ward"。单击"Diffuse"的 按钮，在弹出的"Color Selector"对话框中选择灰白色（Hue：0；Sat：0；Value：20）作为材质固有色。单击"Reflect"后的 按钮，在弹出的"Color Selector：reflection"对话框中选择灰色（Hue：0；Sat：0；Value：120）作为控制材质反射的颜色。在"Basic parameters"卷展栏中将"Refl.glossiness"数值设置为0.85，将"Subdivs"数值设置为15。放大显示此材质，如图9-44所示。

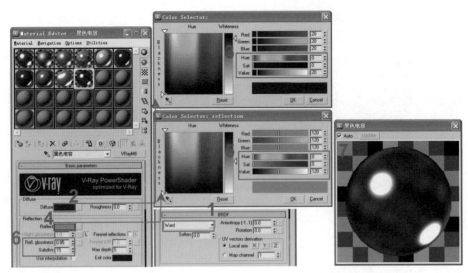

图9-44

Step 20 在视图中选择方形物体，激活此材质并单击 🔧 按钮，将材质指定给选择物体。单击 👁 按钮进行渲染，效果如图9-45所示。

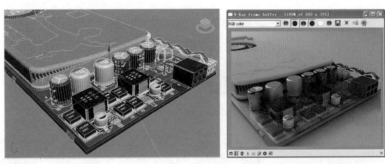

图9-45

Step 21 激活新的空白材质球，为材质命名为"黑色电容"，将材质类型转换为"VRayMtl"类型。在卷展栏中选择明暗器的类型为"Ward"。单击"Diffuse"后的 ▨ 按钮，在弹出的"Color Selector"对话框中选择绿色（Hue：65；Sat：100；Value：240）作为材质固有色。单击"Reflect"后的 ▨ 按钮，在弹出的"Color Selector：reflection"对话框中选择灰色（Hue：0；Sat：0；Value：115）作为控制材质反射的颜色。在"Basic parameters"卷展栏中将"Refl.glossiness"数值设置为0.85。放大显示此材质，如图9-46所示。

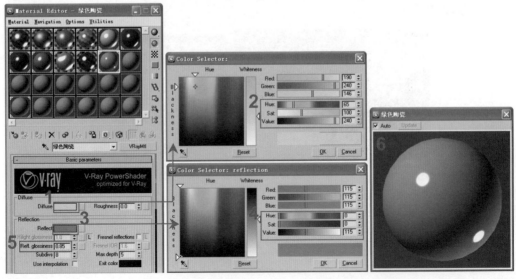

图9-46

Step 22 在视图中选择如图9-47所示的物体，激活此材质并单击 ![btn] 按钮，将材质指定给选择物体。单击 ![btn] 按钮进行渲染，选择物体被指定新材质。

图9-47

Step 23 激活新的空白材质球，为材质命名为"铝合金"，将材质类型转换为"VRayMtl"类型。单击"Diffuse"后的 ![btn] 按钮，在弹出的"Color Selector"对话框中选择绿色（Hue：0；Sat：0；Value：240）作为材质固有色。单击"Reflect"后的 ![btn] 按钮，在弹出的"Color Selector：reflection"对话框中选择灰色（Hue：0；Sat：0；Value：20）作为控制材质反射的颜色。在"Basic parameters"卷展栏中将"Refl.glossiness"数值设置为0.6，将"Subdivs"数值设置为15。放大显示此材质，如图9-48所示。

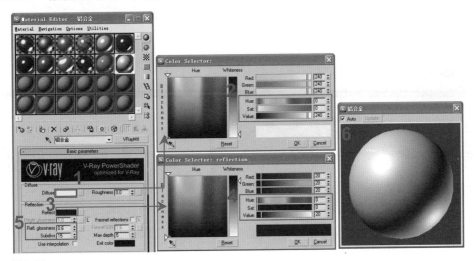

图9-48

Step 24 在视图中选择如图9-49所示的物体，激活此材质并单击 ![btn] 按钮，将材质指定给选择物体。单击 ![btn] 按钮进行渲染，选择物体被指定新的材质。

图9-49

激活新的空白材质球，为材质命名为"黄铜"，将材质类型转换为"VRayMtl"类型。在卷展栏中选择明暗器的类型为"Ward"。单击"Diffuse"的███████按钮，在弹出的"Color Selector"对话框中选择黄色（Hue：20；Sat：175；Value：175）作为材质固有色。单击"Reflect"后的███████按钮，在弹出的"Color Selector：reflection"对话框中选择（Hue：15；Sat：150；Value：175）作为控制材质反射的颜色。在"Basic parameters"卷展栏中将"Refl.glossiness"数值设置为0.8，将"Subdivs"数值设置为15。放大显示此材质，如图9-50所示。

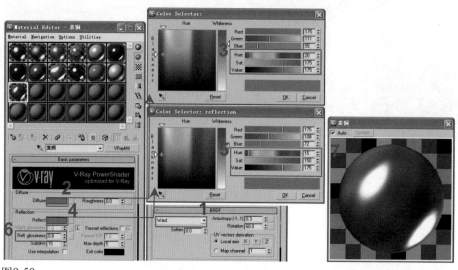

图9-50

在视图中选择如图9-51所示的物体，激活此材质并单击🎯按钮，将材质指定给选择物体。单击🎨按钮进行渲染，场景中的物体指定了"黄铜"材质。

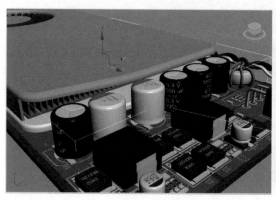

图9-51

激活一个空白材质球，为材质命名为"透明塑料"，将材质类型转换为"VRayMtl"类型，如图9-52所示。在卷展栏中选择明暗器的类型为"Blinn"。单击"Diffuse"的███████按钮，在弹出的"Color Selector"对话框中选择灰白色（Hue：165；Sat：205；Value：220）作为材质固有色。单击"Reflect"后的███████按钮，在弹出的"Color Selector：reflection"对话框中选择灰色（Hue：0；Sat：0；Value：125）作为控制材质反射的颜色。单击"Refract"后的███████按钮，在弹出的"Color Selector"对话框中选择灰色（Hue：0；Sat：0；Value：165）作为控制材质折射的颜色。单击"Fog color"后的███████按钮，在弹出的"Color Selector：refraction_fogcolor"对话框中选择灰色（Hue：165；Sat：200；Value：240）作为填充颜色。放大显示此材质，此材质呈蓝色，有反射和折射，为透明状态。

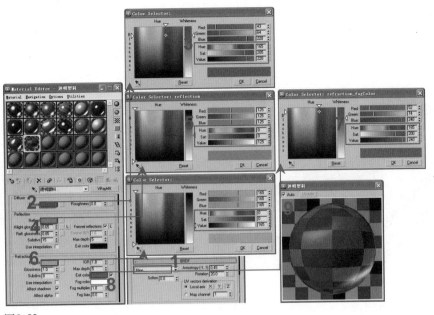

图9-52

Step 28 在视图中选择如图9-53所示的物体，激活此材质并单击 按钮，将材质指定给选择物体。单击 按钮进行渲染，场景中的物体指定了"黄铜"材质。

图9-53

Step 29 激活一个空白材质球，为材质命名为"标志1"，将材质类型转换为"VRayMtl"类型，如图9-54所示。单击"Diffuse"后的 按钮，在弹出的"Material/Map Browser"对话框中选择"Bitmap"选项并单击 OK 按钮；接着在弹出的"Select Bitmap Image File"对话框中选择"标志1.jpg"文件。

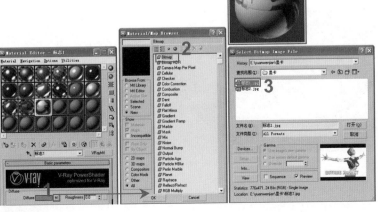

图9-54

Step 30 在视图中选择商标物体，在"材质编辑器"中激活"标志1"材质并单击 ![按钮] 按钮，将材质指定给选择物体。选择商标物体，为它添加"UVW mapping"修改器，在卷展栏中选择"Planar"选项，设置"Length"数值为78、"Width"数值为622。单击 ![按钮] 按钮进行渲染，效果如图9-55所示。

图9-55

Step 31 激活一个空白材质球，为材质命名为"标志2"，将材质类型转换为"VRayMtl"类型，如图9-56所示。单击"Diffuse"后的 ![按钮] 按钮，在弹出的"Material/Map Browser"对话框中选择"Bitmap"选项并单击 ![OK] 按钮；接着在弹出的"Select Bitmap Image File"对话框中选择"标志2.jpg"文件。

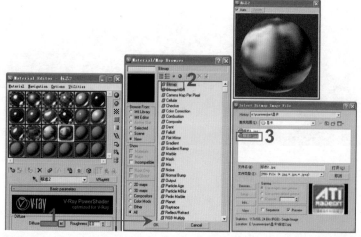

图9-56

Step 32 在视图中选择标志物体，激活此材质并单击 ![按钮] 按钮，将材质指定给选择物体。单击 ![按钮] 按钮进行渲染，效果如图9-57所示。

图9-57

Step 33 激活新的空白材质球，为材质命名为"标签纸1"，将材质类型转换为"VRayMtl"类型。在卷展栏中选择明暗器的类型为"Ward"。单击"Diffuse"后的 ![按钮] 按钮，在弹出的"Color Selector"对话框中选择黄色（Hue：0；Sat：0；Value：125）作为材质固有色。

单击"Reflect"后的 ▭ 按钮，在弹出的"Color Selector：reflection"对话框中选择（Hue：0；Sat：0；Value：25）作为控制材质反射的颜色。在"Basic parameters"卷展栏中将"Refl.glossiness"数值设置为0.75。放大显示此材质，如图9-58所示。

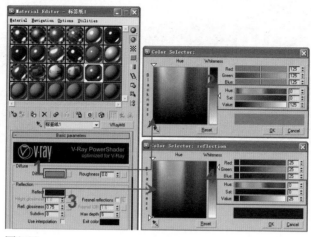

图9-58

Step 34 在视图中选择如图9-59所示的物体，激活此材质并单击 ▦ 按钮，将材质指定给选择物体。单击 ▦ 按钮进行渲染，场景中的物体指定了"标签纸1"材质。

图9-59

Step 35 激活新的空白材质球，为材质命名为"标签纸2"，将材质类型转换为"VRayMtl"类型。在卷展栏中选择明暗器的类型为"Ward"。单击"Diffuse"的 ▭ 按钮，在弹出的"Color Selector"对话框中选择黄色（Hue：0；Sat：0；Value：175）作为材质固有色。单击"Reflect"后的 ▭ 按钮，在弹出的"Color Selector：reflection"对话框中选择（Hue：0；Sat：0；Value：25）作为控制材质反射的颜色。在"Basic parameters"卷展栏中将"Refl.glossiness"数值设置为0.75。放大显示此材质，如图9-60所示。

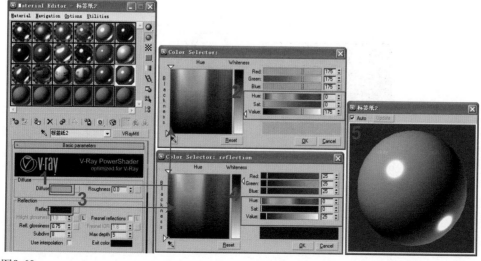

图9-60

Step 36 在视图中选择如图9-61所示的物体，激活此材质并单击 ⚅ 按钮，将材质指定给选择物体。单击 ⚉ 按钮进行渲染，场景中的物体指定了"标签纸2"材质。

图9-61

9.6 Multi/Sub-Object材质的使用

Multi/Sub-Object材质可以为一个物体的多个子对象级别分配不同的材质。本场景中的LOGO物体就是运用这种材质创建的。

Step 1 选择图9-62所示左图的多边形，在"Polygon Material Ids"卷展栏中设置"Select ID"数值为1，它的ID号被设置为1。选择图9-62所示右图的多边形，在"Polygon Material Ids"卷展栏中设置Select ID数值为2，它的ID号被设置为2。

图9-62

Step 2 选择新的空白材质球，设置材质名称为"玻化地砖"，单击材质名称后的 Standard 按钮，在弹出的"Material/Map Browser"对话框中选择"Multi/Sub-Object"材质。单击 Set Number 按钮，在弹出的"Set Number of Materials"对话框中设置"Number of Materials"数值为2，单击【OK】按钮。设置此材质子材质的个数为2，如图9-63所示。

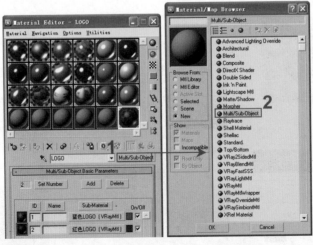

图9-63

单击"Multi/Sub-Object"材质设置面板上ID为1的长条形按钮进入子材质1，转换为VRayMtl
材质。分别单击"Diffuse"后的████按钮和"Reflect"后的████按钮，在弹出的颜
色选择器中选择此材质的固有色和控制反射的颜色，如图9-64所示。

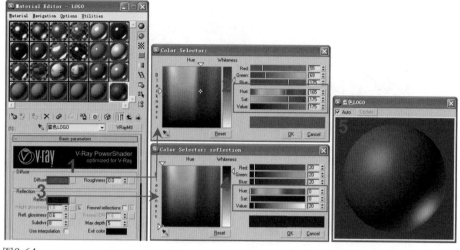

图9-64

单击材质编辑器上的█按钮回到多维子材质的顶层。单击"Multi/Sub-Object"材质设置面
板上ID为2的长条形按钮进入子材质2的材质，转换为VRayMtl材质。分别单击"Diffuse"后
的████按钮和"Reflect"后的████按钮，在弹出的颜色选择器中选择此材质的固有
色和控制反射的颜色，如图9-65所示。

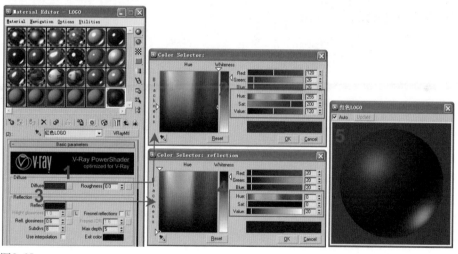

图9-65

单击材质编辑器上的█按钮回到多维子材质的顶层。分别选择视图中的图案，在材质编辑器
中激活此材质的前提下单击█按钮，将它指定给视图中选择的物体。子材质会自动寻找模型
上相应的ID号，如图9-66所示。

图9-66

Step 6 进入ID为2的材质，转换为VRayMtl材质。分别单击"Diffuse"后的 ████ 按钮和"Reflect"后的 ████ 按钮，在弹出的颜色选择器中选择此材质的固有色和控制反射的颜色，如图9-67所示。

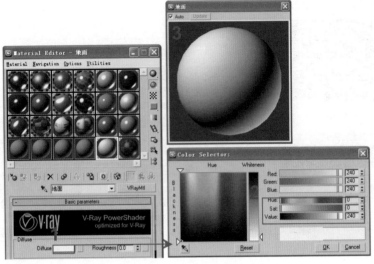

图9-67

Step 7 在视图中选择如图9-68所示的物体，激活此材质并单击 🔳 按钮，将材质指定给选择物体。单击 🔳 按钮进行渲染，场景中的水平面被指定新的材质。

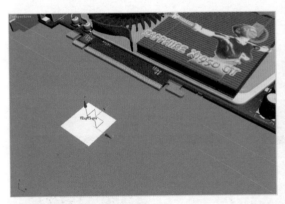

图9-68

9.7 本章小结

3ds max 2009 CG

　　虽然本章实例中的显卡是创建完整的，但是为了突出视觉效果，在建立的摄像机视图中，只能观察到显卡模型的局部。这样，画面的视觉冲击力足够强，能够给人留下深刻印象。

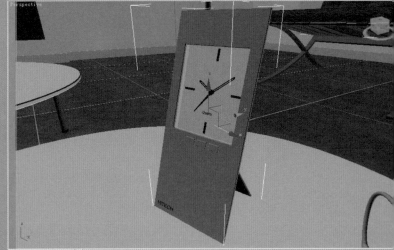
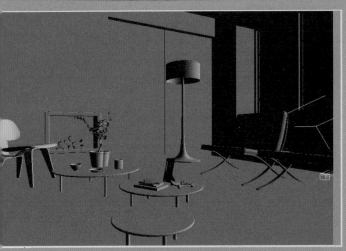

第10章 室内渲染——简约客厅

渲染器对于效果图的制作有着深远的影响。本章通过简约客厅实例讲述室内效果图的制作流程。在制作室内效果图时，场景中的物体较多，因此，材质也比较复杂，在制作时一定要分清条理，有耐心地进行。本章的学习重点是效果图制作流程、场景中自然光源和人工光源的模拟。

10.1 确定观察角度

3ds max 2009 CG

当拿到一个室内场景时，首先需要创建摄像机，确定观察室内场景的角度。

Step 1 在3ds max 2009中打开"简约客厅.max"文件，场景中还未设置摄像机、光源和材质，如图10-1所示。

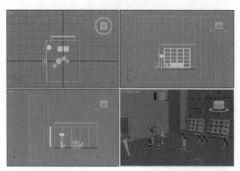

图10-1

Step 2 创建并调整摄像机的位置。单击摄像机创建命令面板上的 Target 按钮，在Top视图中拖动创建一架摄像机。单击 ✛ 按钮，在视图中选择摄像机头，在视图下方设置（X：-1000；Y：750；Z：600）。接着在视图中选择摄像机目标点，在视图下方设置为（X：1725；Y：-500；Z：600），如图10-2所示。

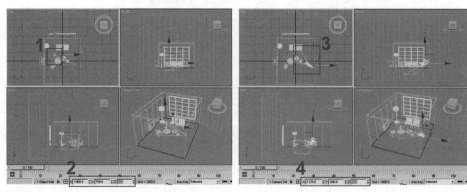

图10-2

Step 3 激活Perspective视图，并在键盘上按下【C】键，将视图转换为摄像机视图。选择摄像机并单击 按钮进入修改命令面板，在"Parameters"卷展栏中将"Lens"数值设置为24，"FOV"数值将发生相应的变化。此时，摄像机视图如图10-3所示。

图10-3

Step 4 用鼠标右键单击视图下方的 按钮，在弹出的"Viewport Configuration"对话框中选择"2Lights"选项，将默认光源设为2盏。这样场景光线更充足，可更清楚地观察场景，如图10-4所示。

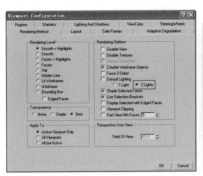

图10-4

单击工具栏上的 按钮弹出渲染设置面板，在"Common Parameters"卷展栏中设置渲染图片的尺寸。将"Width"数值设置为500，将"Height"数值设置为344，如图10-5所示。

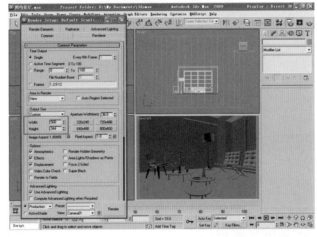

图10-5

10.2 设置渲染参数并指定素模材质

在制作室内效果图时，同样需要设置渲染参数，并为场景中所有的物体指定"素模"材质，然后进行渲染测试。

当确保当前渲染器为"VRay DEMO 1.50SP2"渲染器的前提下，设置基本渲染参数。在"Image sampler(Antialiasing)"对话框中设置抗锯齿类型为"Fixed"，选择"Mitchell-Netravali"类型的过滤器。接着在"Fixed image sampler"卷展栏只能够将"Subdivs"设置为1；然后在"Color mapping"对话框中设置曝光方式为"Exponential"；在"DMC Sampler"对话框中将"Adaptive amount"设置为0.85、"Noise threshold"设置为0.01，如图10-6所示。

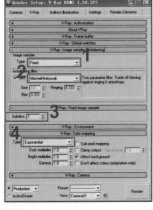

图10-6

Step 2 展开"Indirect illumination"对话框，按图10-7所示设置首次反弹和二次反弹的强度和渲染引擎，接着在"Irradiance map"对话框中选择当前设置为"Low"选项。

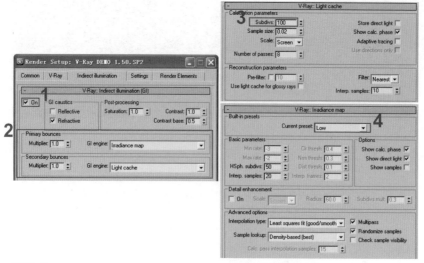

图10-7

Step 3 在"材质编辑器"中激活一个空白材质球，单击 Standard 按钮，在弹出的"Material/Map Browser"对话框中选择"VRayMtl"选项并单击 OK 按钮，使材质类型转换。单击"Diffuse"后的 按钮，在弹出的"Color Selector"对话框中选择（Hue：0；Sat：0；Value：180）的颜色作为材质固有色，如图10-8所示。

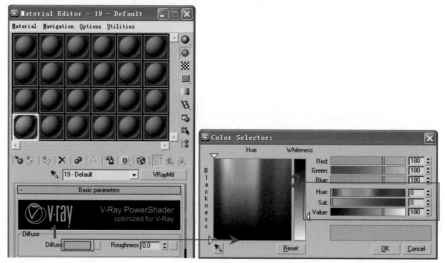

图10-8

Step 4 在视图中选择所有的物体，单击工具栏上的 按钮，将此材质指定给选择物体。单击 按钮进行渲染，此时场景如图10-9所示。

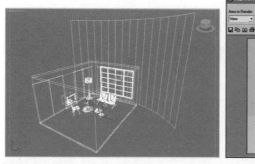

图10-9

10.3　创建室内场景的光源

室内场景的光源比较复杂，有来自户外的天空光源、太阳光源；还有室内的落地灯和壁炉光源。

Step 1　单击VRay光源创建命令面板上的 VRaySun 按钮，在Top视图中拖动创建一盏太阳光源，在弹出的对话框中单击 否(N) 按钮，在创建太阳光源的同时暂时不创建天空光贴图，如图10-10所示。

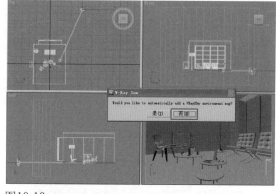

图10-10

Step 2　调整太阳光源的位置。单击 ✛ 按钮，在视图中选择摄像机头，在视图下方的Z轴输入框中将数值设置为7500；接着在视图中选择摄像机目标点，同样在视图下方的Z轴输入框中将数值设置为0，如图10-11所示。

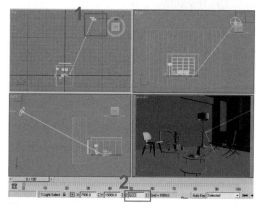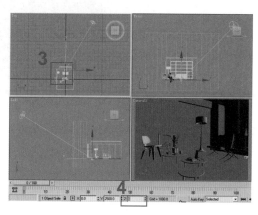

图10-11

Step 3　执行菜单栏中的"Views"→"Viewport Configuration"命令，在弹出的"Viewport Configuration"对话框中单击 Lighting And Shadows 选项卡，选择"Good(SM2.0 Option)"选项，使场景中创建的光源能进行即时显示。单击 ◔ 按钮进行渲染，此时场景在创建光源后仍然漆黑，如图10-12所示。

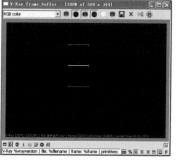

图10-12

Step 4 在创建太阳光源后，场景应该具有光源照明。此时漆黑是因为有物体阻挡光源。太阳光源从室外通过窗户进入室内，此时窗户玻璃的材质不透明，因而阻挡了光源。在视图中选择窗户玻璃物体，并单击鼠标右键，在弹出的关联菜单中选择"Hide Selection"选项。这样，窗户玻璃物体被隐藏，如图10-13所示。

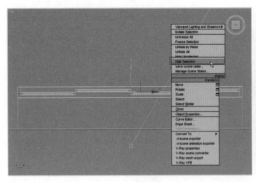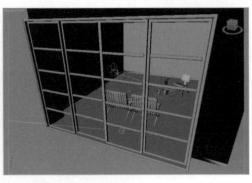

图10-13

Step 5 再次单击 按钮进行渲染，光源仍然未进入室内，如图10-14所示。

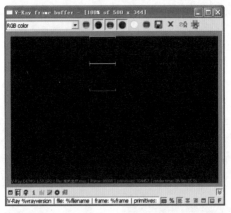

图10-14

Step 6 再次观察场景，可见光源被场景中的弯曲物体阻挡。选择此物体并单击鼠标右键，在弹出的关联菜单中选择"Hide Selection"选项隐藏它。再次进行渲染，场景效果如图10-15所示，场景光线较强，局部曝光。

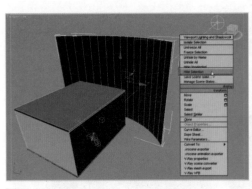

图10-15

Step 7 在视图中选择太阳光源，单击 按钮进入修改命令面板，在"VRaySun Parameters"卷展栏中将"intensity multiplier"数值降低为0.15。进行渲染，可见光源强度得到减弱，画面上无曝光现象，如图10-16所示。

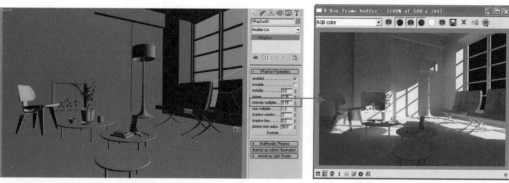

图10-16

Step 8 由于场景光线强度仍然偏高，需要再次在"VRaySun Parameters"卷展栏中将"intensity multiplier"数值降低为0.06。再次进行渲染，场景光线接着降低，如图10-17所示。

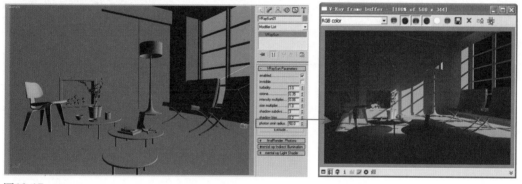

图10-17

Step 9 想调整太阳光源的颜色，可以在"VRaySun Parameters"卷展栏中将"turbidty"数值设置为5。单击 按钮进行渲染，光源颜色偏暖，如图10-18所示。

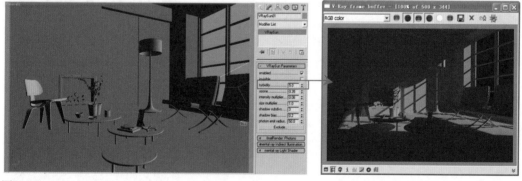

图10-18

Step 10 当浑浊度数值越高时，光源颜色越偏暖。在"VRaySun Parameters"卷展栏中将"turbidty"数值设置为10。渲染可见光源颜色更呈暖色，如图10-19所示。

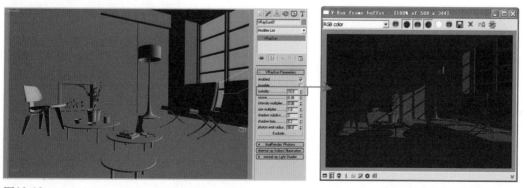

图10-19

11 调整光源的柔和度。在"VRaySun Parameters"卷展栏中将"turbidty"数值设置为3，太阳光源图标的尺寸变大。单击 按钮进行渲染，光斑边缘变得柔和，如图10-20所示。

图10-20

12 为了使光斑的边缘更柔和，可以将"turbidty"数值设置为15。再次进行渲染，效果如图10-21所示。

图10-21

13 创建天空光贴图。执行菜单栏中的Rendering（渲染）→Environment（环境）命令，弹出"Environment and Effects"对话框，如图10-22所示。单击 None 按钮，在弹出的"Material/Map Browser"对话框中选择"VRaySky"贴图。

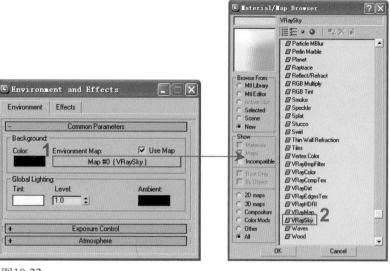

图10-22

Step 14 将 "Environment and Effects" 对话框中的 "VRaySky" 贴图拖动到材质编辑器中的空白材质球上放手。在弹出的 "Instance" 对话框中选中 "Instance" 选项进行复制，如图10-23所示。

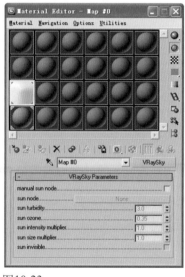

图10-23

Step 15 将太阳光源与天空光贴图关联。单击材质编辑器中 "VRaySky" 贴图设置面板上的 None 按钮，在视图中拾取太阳光源，进行关联操作。进行渲染，可见天空光贴图也开始产生光线，如图10-24所示。

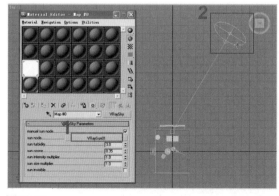

图10-24

Step 16 此时，天空光贴图产生的光源过强，需要降低它的强度。在"VRaySky Parameters"卷展栏中将"sun intensity multiplier"数值设置为0.05。进行渲染，天空光贴图产生的光线明显降低，如图10-25所示。

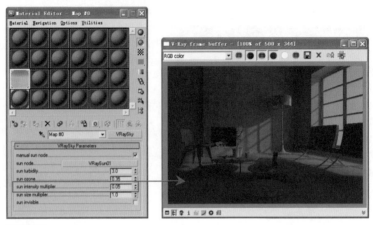

图10-25

Step 17 由于场景光线过暗，于是将"sun intensity multiplier"数值设置为0.1。此时场景整体光线强度合适，如图10-26所示。

图10-26

Step 18 调整天空光贴图颜色。在"VRaySky Parameters"卷展栏中将"sun turbidty"数值设置为10。此时场景中天空光的光线偏暖色，如图10-27所示。

图10-27

Step 19 此时场景整体偏暖，可以使暖色调略降。在"VRaySky Parameters"卷展栏中将"sun turbidty"数值设置为5。此时场景中天空光的光线暖色弱一些，如图10-28所示。

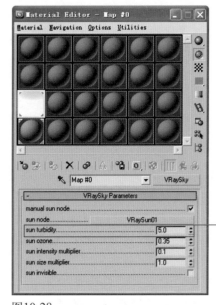

图10-28

Step 20 创建环境光源。单击 VRayLight 按钮，在Front视图中拖动创建一盏VRaylight光源。选择 VRaylight光源并切换到Left视图，在视图下方的Z轴输入框中将数值设置为1500，如图10-29 所示。

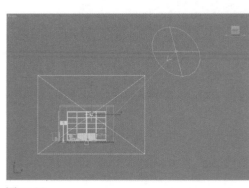
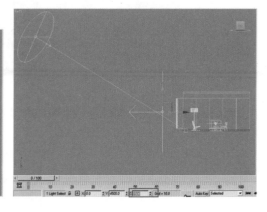

图10-29

Step 21 单击工具栏上的 按钮，在弹出的"Mirror"对话框的"Mirror Axis"选择组中选择X轴， 这样光源的方向将发生翻转。单击工具栏上的 按钮，将VRaylight光源沿Z轴旋转－10°， 如图10-30所示。

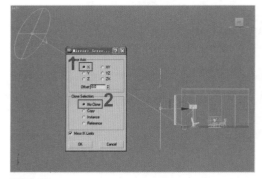
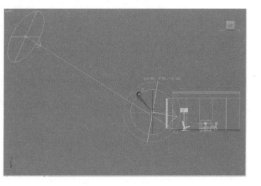

图10-30

Step 22 选择VRaylight光源，单击 ![] 按钮进入修改命令面板，在"Parameters"卷展栏中将"Half-length"和"Half-width"数值都设置为2500，"Multiplier"数值设置为30。单击 ![] 按钮进行渲染，场景光线极强，如图10-31所示。

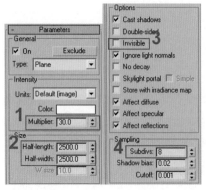

图10-31

Step 23 降低VRaylight光源的强度。在"Parameters"卷展栏中将"Multiplier"的数值降低为7.5。场景光线得到减弱，但是画面更有层次，如图10-32所示。

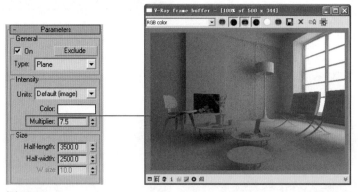

图10-32

Step 24 在"Parameters"卷展栏中勾选"Invisible"选项。VRaylight光源在场景中将不进行显示，如图10-33所示。

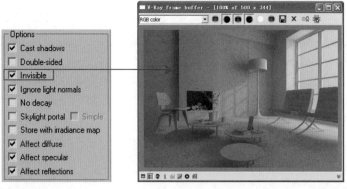

图10-33

Step 25 调整VRaylight光源的颜色。在"Parameters"卷展栏中单击 [   ] 按钮，在弹出的颜色选择器中设置光源的颜色为蓝色（Hue：155；Sat：50；Value：255）。这样场景中具有冷色光线，如图10-34所示。

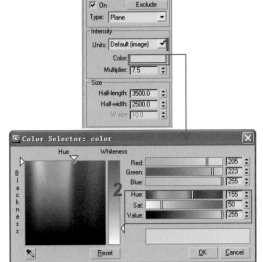

图10-34

Step 26 提高VRaylight光源的品质。将"Subdivs"数值设置为20,这样VRaylight光源光线品质提高,不会出现黑色颗粒,如图10-35所示。

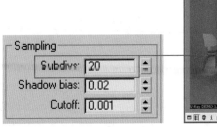

图10-35

Step 27 创建场景辅助光源。单击 VRayLight 按钮,在Front视图中拖动创建一盏VRaylight光源,如图10-36所示。

Step 28 切换到Left视图,选择VRaylight光源,在视图下方设置(X:0;Y:-2700;Z:1500);Z轴的输入框中将数值设置为1500,如图10-37所示。

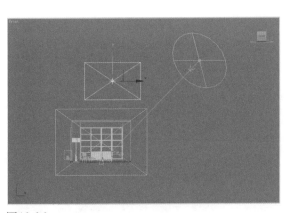

图10-36

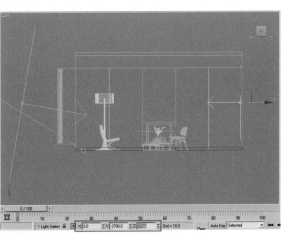

图10-37

Step 29 选择VRaylight光源，单击 ⚙ 按钮进入修改命令面板，在"Parameters"卷展栏中将"Half-length"设置为1800、"Half-width"数值设置为1200、"Multiplier"数值设置为1.5，接着勾选"Invisible"选项。渲染后可见场景左侧的光线得到增强，如图10-38所示。

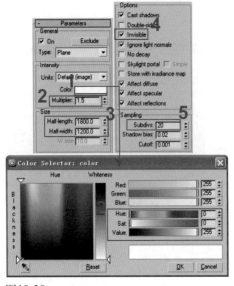

图10-38

Step 30 创建壁炉处光源。单击 VRayLight 按钮，在Top视图中创建一盏VRaylight光源。在视图下方将X轴数值设置为−2550、Y轴数值设置为0、Z轴数值设置为870，光源移动到壁炉处，如图10-39所示。

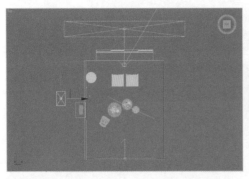
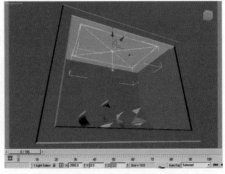

图10-39

Step 31 选择VRaylight光源并进入它的修改命令面板，在"Parameters"卷展栏中将"Half-length"设置为200、"Half-width"数值设置为300、"Multiplier"数值设置为15，接着勾选"Invisible"选项。单击□□□□□按钮，在弹出的颜色选择器中设置光源的颜色为黄色。渲染可见壁炉处产生光线，如图10-40所示。

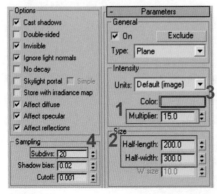

图10-40

创建落地灯光源。单击 VRayLight 按钮，在Top视图中创建一盏VRaylight光源。在视图下方将X轴数值设置为-1950、Y轴数值设置为1800、Z轴数值设置为1700，光源移动到落地灯上方，如图10-41所示。

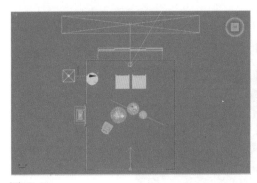
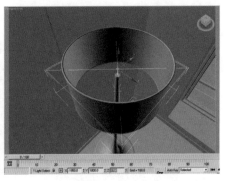

图10-41

在"Parameters"卷展栏的"Type"选项组中选择"Sphere"选项，将"Radius"设置为100，接着将"Multiplier"数值设置为25。单击　　　　　按钮，在弹出的颜色选择器中设置光源的颜色为黄色（Hue：25；Sat：75；Value：255），如图10-42所示。

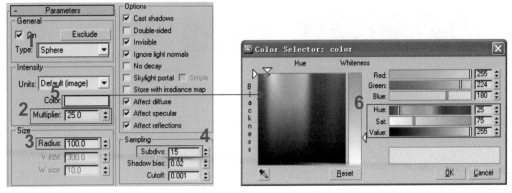

图10-42

VRaylight光源的形状将发生变化，变为球形。渲染可见落地灯开始产生光线，如图10-43所示。

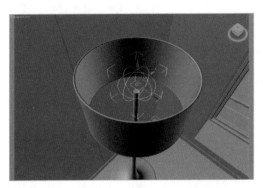

图10-43

10.4 设置室内物体材质

创建室内物体的材质时要注意：窗户"玻璃"材质、"皮革"材质、"塑料"材质等材质的创建方法。

Step 1 在"材质编辑器"中激活一个空白材质球，为材质命名为"白色乳胶漆"，将材质类型转换为"VRayMtl"类型。单击"Diffuse"后的 █████ 按钮，在弹出的"Color Selector"对话框中选择灰白色（Hue：0；Sat：0；Value：240）作为材质固有色。在视图中选择墙体物体，在"材质编辑器"中激活此材质，单击 █ 按钮将材质指定给选择物体，如图10-44所示。

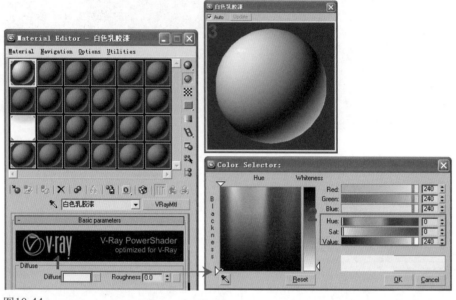

图10-44

Step 2 激活新的空白材质球，为材质命名为"地砖"，将材质类型转换为"VRayMtl"类型，如图10-45所示。单击"Diffuse"后的█按钮，选择"Bitmap"贴图并指定"地砖.jpg"文件。展开"Maps"卷展栏，将"Diffuse"通道后的贴图文件拖动到"Bump"通道中，在弹出的"Copy"对话框中选择"Instance"选项，单击 █OK█ 按钮完成复制。接着单击"Reflect"通道后的 █None█ 按钮，选择"Falloff"贴图。在"Basic parameters"卷展栏中单击 █L█ 按钮激活"Hilight glossiness"参数，设置它的数值为0.8，将"Refl.glossiness"数值设置为0.85。

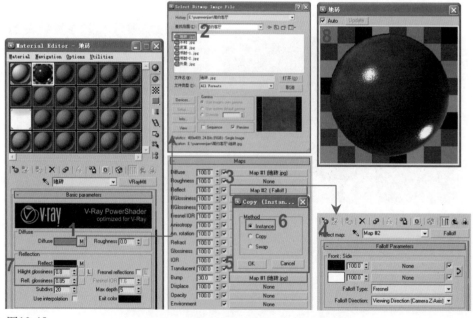

图10-45

Step 3 在视图中选择地板物体，在"材质编辑器"中激活"地砖"材质，单击 按钮将材质指定给选择物体。为地板物体指定"UVW mapping"修改器指定贴图坐标，在"Parameters"卷展栏中选择"Planar"选项，设置"Length"、"Width"数值都为500，如图10-46所示。

图10-46

Step 4 激活空白材质球，为材质命名为"木材"，将材质类型转换为"VRayMtl"类型，如图10-47所示。单击"Diffuse"后的 按钮，在弹出的"Material/Map Browser"对话框中选择"Bitmap"选项并单击 OK 按钮。接着在弹出的"Select Bitmap Image File"对话框中选择"木材.jpg"文件。单击"Reflect"后的 按钮，在弹出的"Color Selector：reflection"对话框中选择灰色（Hue：0；Sat：0；Value：25）作为控制材质反射的颜色。在"Basic parameters"卷展栏中单击 L 按钮激活"Hilight glossiness"参数，设置它的数值为0.75，将"Refl.glossiness"数值设置为0.85。放大显示此材质，它具有纹理，有较弱反射，无折射。

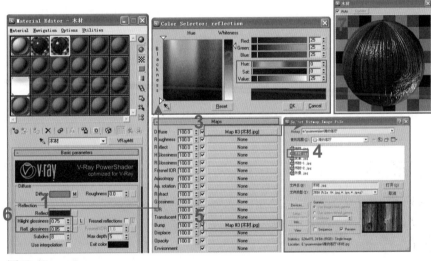

图10-47

Step 5 在视图中选择木材物体，在"材质编辑器"中激活"木材"材质，单击 按钮将材质指定给选择物体。为地板物体指定"UVW mapping"修改器指定贴图坐标，在"Parameters"卷展栏中选择"Box"选项，设置"Length"和"Height"数值为300、"Width"数值为600，如图10-48所示。

图10-48

9
Chapter
(p165～188)

10
Chapter
(p189～218)

11
Chapter
(p219～226)

12
Chapter
(p227～242)

13
Chapter
(p243～260)

14
Chapter
(p261～276)

15
Chapter
(p277～300)

16
Chapter
(p301～320)

Step 6 激活空白材质球，为材质命名为"不锈钢"，将材质类型转换为"VRayMtl"类型，如图10-49所示。单击"Diffuse"后的 █████ 按钮，在弹出的"Color Selector"对话框中选择灰色（Hue：0；Sat：0；Value：75）作为材质固有色。单击"Reflect"后的 █████ 按钮，在弹出的"Color Selector：reflection"对话框中选择灰色（Hue：0；Sat：0；Value：125）作为控制反射的颜色。在"Basic parameters"卷展栏中设置"Refl.glossiness"数值为0.8。在视图中选择椅子脚边，激活此材质，单击 █ 按钮将材质指定给选择物体。

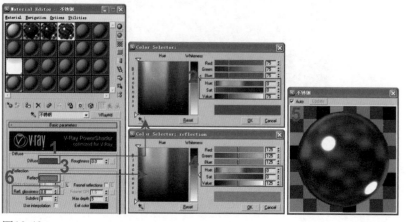

图10-49

Step 7 激活新的空白材质球，为材质命名为"皮革"，将材质类型转换为"VRayMtl"类型，如图10-50所示。单击"Diffuse"后的 █ 按钮，选择"Bitmap"贴图并指定"皮革.jpg"文件。展开"Maps"卷展栏，将"Diffuse"通道后的贴图文件拖动到"Bump"通道中，在弹出的"Copy"对话框中选择"Instance"选项并单击 OK 按钮完成复制。接着单击"Reflect"通道后的 None 按钮，选择"Falloff"贴图。在"Basic parameters"卷展栏中单击 L 按钮激活"Hilight glossiness"参数，设置它的数值为0.65，将"Refl.glossiness"数值设置为0.75。

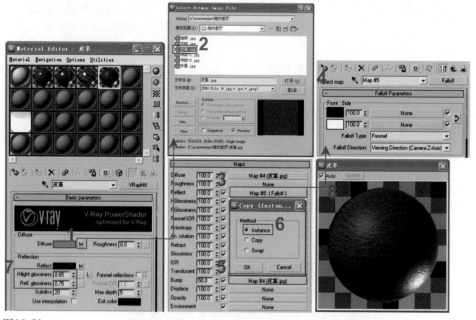

图10-50

Step 8 在视图中选择椅子物体，激活"皮革"材质，单击 █ 按钮将材质指定给选择物体。为椅子物体指定"UVW mapping"修改器指定贴图坐标，在"Parameters"卷展栏中选择"Box"选项，设置"Length"、"Height"、"Width"数值为400，如图10-51所示。

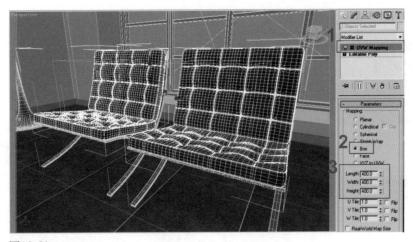

图10-51

Step 9 激活新的空白材质球，为材质命名为"玻璃"，将材质类型转换为"VRayMtl"类型，如图10-52所示。单击"Diffuse"后的　　　按钮，在弹出的"Color Selector"对话框中选择白色（Hue：0；Sat：0；Value：255）作为控制折射的颜色。单击"Reflect"后的　按钮，在弹出的"Material/Map Browser"对话框中选择"Fall off"贴图，接着设置此贴图的参数。在视图中选择窗户玻璃，激活此材质，单击　按钮将材质指定给选择物体。

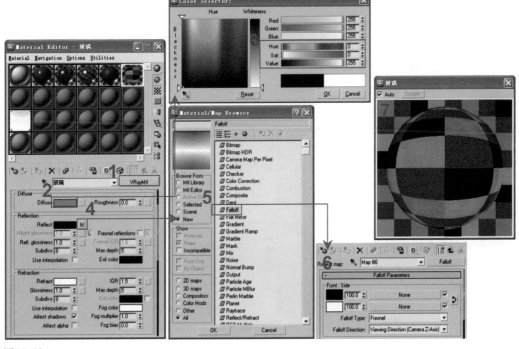

图10-52

Step 10 激活空白材质球，为材质命名为"白色瓷漆"，将材质类型转换为"VRayMtl"类型，如图10-53所示。单击"Diffuse"后的　　　　按钮，在弹出的"Color Selector"对话框中选择灰色（Hue：0；Sat：0；Value：200）作为材质固有色。单击"Reflect"后的　　　　　按钮，在弹出的"Color Selector：reflection"对话框中选择灰色（Hue：0；Sat：0；Value：30）作为控制反射的颜色。在"Basic parameters"卷展栏中设置"Refl.glossiness"数值为0.8。在视图中选择桌面、窗户框、踢脚线，激活此材质并单击　按钮，将材质指定给选择物体。

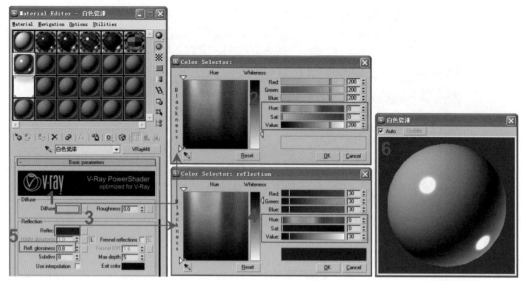

图10-53

Step 11 激活空白材质球，为材质命名为"黑色瓷漆"，转换材质类型为"VRayMtl"，如图10-54所示。单击"Diffuse"后的▇▇▇▇按钮，在弹出的"Color Selector"对话框中选择黑色（Hue：0；Sat：0；Value：20）作为材质固有色。单击"Reflect"后的▇▇▇▇按钮，在弹出的"Color Selector：reflection"对话框中选择灰色（Hue：0；Sat：0；Value：60）作为控制反射的颜色。在"Basic parameters"卷展栏中设置"Refl.glossiness"数值为0.8。在视图中选择花盆、壁炉外框，激活此材质并单击▇按钮，将材质指定给选择物体。

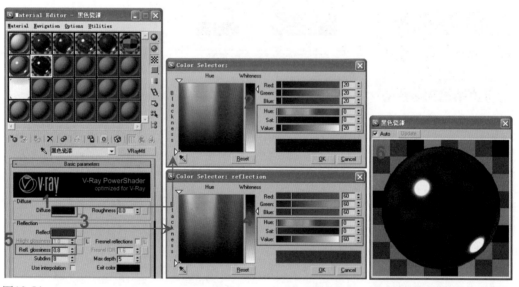

图10-54

Step 12 激活空白材质球，为材质命名为"红色塑料"，转换材质类型为"VRayMtl"，如图10-55所示。单击"Diffuse"后的▇▇▇▇按钮，在弹出的"Color Selector"对话框中选择红色（Hue：255；Sat：255；Value：100）作为材质固有色。单击"Reflect"后的▇▇▇▇按钮，在弹出的"Color Selector：reflection"对话框中选择灰色（Hue：0；Sat：0；Value：45）作为控制反射的颜色。单击"Refract"后的▇▇▇▇按钮，在弹出的"Color Selector"对话框中选择白色（Hue：0；Sat：0；Value：25）作为控制折射的颜色。在"Basic parameters"卷展栏中单击 **L** 按钮激活"Hilight glossiness"参数，设置它的数值为0.65，设置"Refl.glossiness"数值为0.75。在视图中选择板凳，激活此材质并单击▇按钮，将材质指定给选择物体。

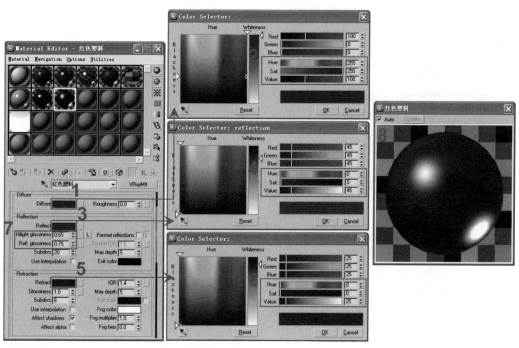

图10-55

Step 13 激活空白材质球，为材质命名为"绿色塑料"，转换材质类型为"VRayMtl"，如图10-56所示。单击"Diffuse"后的 按钮 按钮，在弹出的"Color Selector"对话框中选择绿色（Hue：125；Sat：175；Value：125）作为材质固有色。单击"Reflect"后的 按钮 按钮，在弹出的"Color Selector"对话框中选择灰色（Hue：0；Sat：0；Value：25）作为控制反射的颜色。单击"Refract"后的 按钮 按钮，在弹出的"Color Selector"对话框中选择白色（Hue：0；Sat：0；Value：50）作为控制折射的颜色。在"Basic parameters"卷展栏中单击 **L** 按钮，激活"Hilight glossiness"参数并设置它的数值为0.8，设置"Refl.glossiness"数值为0.9。在视图中选择装饰品，激活此材质并单击 按钮，将材质指定给选择物体。

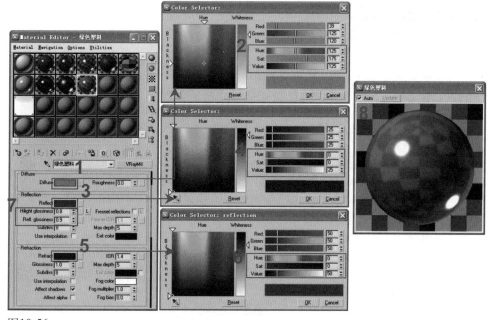

图10-56

Step 14 激活空白材质球，为材质命名为"黑色塑料"，转换材质类型为"VRayMtl"，如图10-57所示。单击"Diffuse"后的 按钮 按钮，在弹出的"Color Selector"对话框中选择绿色

（Hue：0；Sat：0；Value：25）作为材质固有色。单击"Reflect"后的 ▢ 按钮，在弹出的"Color Selector：reflection"对话框中选择灰色（Hue：0；Sat：0；Value：45）作为控制反射的颜色。在"Basic parameters"卷展栏中设置"Refl.glossiness"数值为0.6。在视图中选择桌子脚垫圈，激活此材质并单击 ▢ 按钮，将材质指定给选择物体。

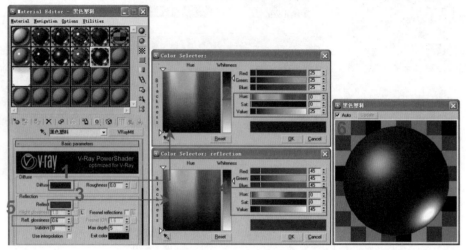

图10-57

Step 15 激活空白材质球，为材质命名为"白色灯片"，转换材质类型为"VRayMtl"，如图10-58所示。单击"Diffuse"后的 ▢ 按钮，在弹出的"Color Selector"对话框中选择绿色（Hue：0；Sat：0；Value：240）作为材质固有色。单击"Reflect"后的 ▢ 按钮，在弹出的"Color Selector"对话框中选择灰色（Hue：0；Sat：0；Value：50）作为控制反射的颜色。在视图中选择落地灯，激活此材质并单击 ▢ 按钮，将材质指定给选择物体。

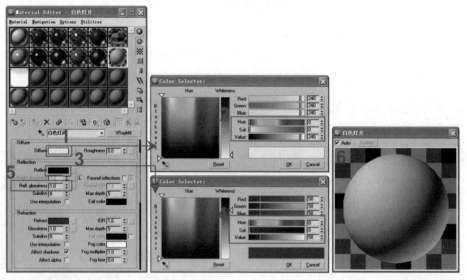

图10-58

Step 16 激活空白材质球，为材质命名为"绿色塑料"，转换材质类型为"VRayMtl"，如图10-59所示。单击"Diffuse"后的 ▢ 按钮，在弹出的"Color Selector"对话框中选择绿色（Hue：255；Sat：200；Value：125）作为材质固有色。单击"Refract"后的 ▢ 按钮，在弹出的"Color Selector"对话框中选择灰色（Hue：0；Sat：0；Value：225）作为控制折射的颜色。单击"Fog color"后的 ▢ 按钮，在弹出的"Color Selector"对话框中选择白色（Hue：255；Sat：10；Value：255）作为填充颜色。在视图中选择杯子，激活此材质并单击 ▢ 按钮，将材质指定给选择物体。

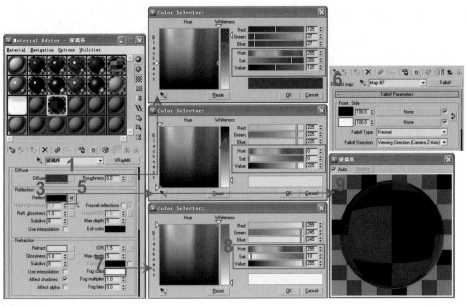

图10-59

Step 17　激活新的空白材质球，为材质命名为"书封-1"，将材质类型转换为"VRayMtl"类型，如图10-60所示。单击"Diffuse"后的　按钮，选择"Bitmap"贴图并指定"书封-1.jpg"文件。展开"Maps"卷展栏，将"Diffuse"通道后的贴图文件拖动到"Bump"通道中，在弹出的"Copy"对话框中选择"Instance"选项并单击　OK　按钮完成复制。单击"Reflect"后的　按钮，在弹出的"Color Selector"对话框中选择灰色（Hue：0；Sat：0；Value：15）作为控制反射的颜色。在"Basic parameters"卷展栏中将"Refl. glossiness"数值设置为0.65。

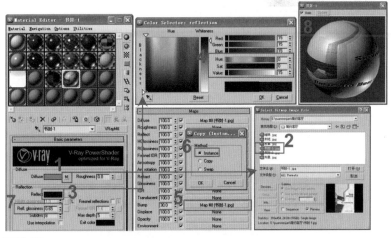

图10-60

Step 18　在视图中选择最上面的书本和第三本书，激活"书封-1"材质并单击　按钮，将材质指定给选择物体。为椅子物体指定"UVW mapping"修改器指定贴图坐标，在"Parameters"卷展栏中选择"Box"选项，设置"Length"数值为300，设置"Width"数值为210，设置"Height"数值为100，如图10-61所示。

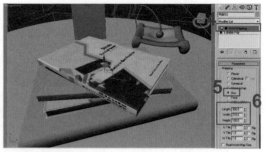

图10-61

Step 19 激活新的空白材质球，为材质命名为"书封-2"，将材质类型转换为"VRayMtl"类型，如图10-62所示。单击"Diffuse"后的▉按钮，选择"Bitmap"贴图并指定"书封-2.jpg"文件。展开"Maps"卷展栏，将"Diffuse"通道后的贴图文件拖动到"Bump"通道中，在弹出的"Copy"对话框中选择"Instance"选项并单击 OK 按钮完成复制。单击"Reflect"后的▉▉▉按钮，在弹出的"Color Selector"对话框中选择灰色（Hue：0；Sat：0；Value：15）作为控制反射的颜色。在"Basic parameters"卷展栏中将"Refl. glossiness"数值设置为0.65。

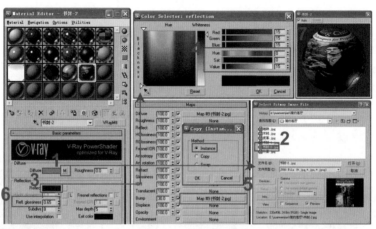

图10-62

Step 20 在视图中选择第二本书，激活"书封-2"材质并单击▉按钮，将材质指定给选择物体。为椅子物体指定"UVW mapping"修改器指定贴图坐标，在"Parameters"卷展栏中选择"Box"选项，设置"Length"数值为120，设置"Width"数值为210，设置"Height"数值为300，如图10-63所示。

图10-63

Step 21 在视图中选择最下端的书，激活"书封-2"材质并单击▉按钮，将材质指定给选择物体。为椅子物体指定"UVW mapping"修改器指定贴图坐标，在"Parameters"卷展栏中选择"Box"选项，设置"Length"数值为250，设置"Width"数值为208，设置"Height"数值为300，如图10-64所示。

图10-64

Step 22 激活空白材质球，为材质命名为"书纸"，转换材质类型为"VRayMtl"，如图10-65所示。单击"Diffuse"后的 █████ 按钮，在弹出的"Color Selector"对话框中选择白色（Hue：0；Sat：0；Value：225）作为材质固有色。

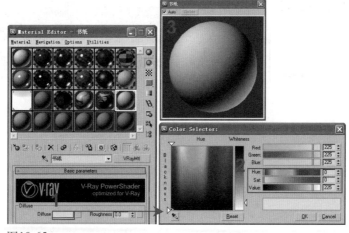

图10-65

Step 23 激活空白材质球，为材质命名为"泥土"，转换材质类型为"VRayMtl"，如图10-66所示。单击"Diffuse"后的 █████ 按钮，在弹出的"Color Selector"对话框中选择绿色（Hue：50；Sat：75；Value：75）作为材质固有色。单击"Reflect"后的 █████ 按钮，在弹出的"Color Selector"对话框中选择灰色（Hue：0；Sat：0；Value：15）作为控制反射的颜色。在"Basic parameters"卷展栏中将"Refl.glossiness"数值设置为0.55。

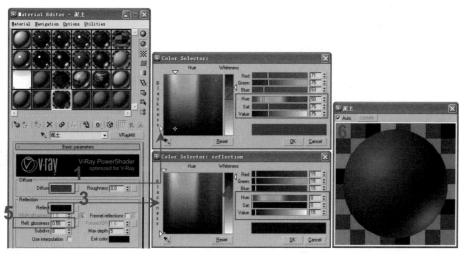

图10-66

Step 24 激活空白材质球，为材质命名为"叶片"，转换材质类型为"VRayMtl"，如图10-67所示。单击"Diffuse"后的 ▆▆▆▆ 按钮，在弹出的"Color Selector"对话框中选择绿色（Hue：65；Sat：150；Value：100）作为材质固有色。单击"Reflect"后的 ▆▆▆▆ 按钮，在弹出的"Color Selector"对话框中选择灰色（Hue：0；Sat：0；Value：20）作为控制反射的颜色。在"Basic parameters"卷展栏中将"Refl.glossiness"数值设置为0.6。

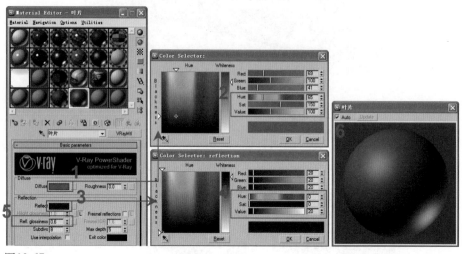

图10-67

Step 25 选择新的空白材质球，设置材质名称为"闹钟"，单击材质名称后的 Standard 按钮，在弹出的"Material/Map Browser"对话框中选择"Multi/Sub-Object"材质并单击 OK 按钮，在弹出的"Replace Material"对话框中选择"Discard old material"选项替换旧材质。接着在材质的设置面板上单击 Set Number 按钮，在弹出的"Set Number of Materials"对话框中设置"Number of Materials"数值为3，此材质子材质的个数为3，如图10-68所示。

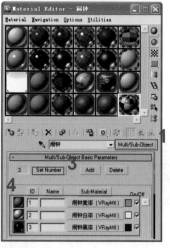

图10-68

Step 26 单击"Multi/Sub-Object"材质设置面板上ID为1的长条形按钮进入子材质1，转换为VRayMtl材质，如图10-69所示。分别单击"Diffuse"后的 ▆▆▆▆ 按钮和"Reflect"后的 ▆▆▆▆ 按钮，在弹出的颜色选择器中选择此材质的固有色和控制反射的颜色。

10
Chapter

9
Chapter
(p165~188)

10
Chapter
(p189~218)

11
Chapter
(p219~226)

12
Chapter
(p227~242)

13
Chapter
(p243~260)

14
Chapter
(p261~276)

15
Chapter
(p277~300)

16
Chapter
(p301~320)

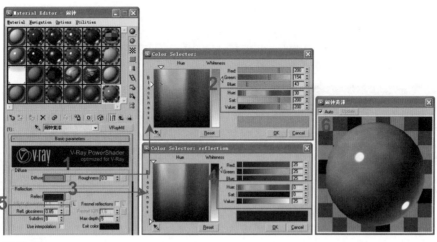

图10-69

Step 27 单击 ➡ 按钮进入子材质2，将此材质转换为VRayMtl材质，如图10-70所示。分别单击"Diffuse"后的 ⬜ 按钮和"Reflect"后的 ⬛ 按钮，在弹出的颜色选择器中选择此材质的固有色和控制反射的颜色。

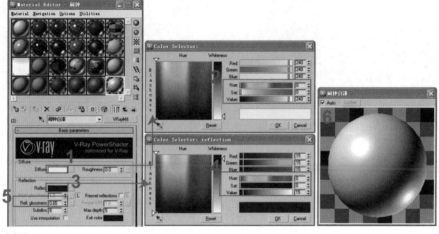

图10-70

Step 28 再次单击 ➡ 按钮进入子材质3，将此材质转换为VRayMtl材质，如图10-71所示。分别单击"Diffuse"后的 ⬜ 按钮和"Reflect"后的 ⬛ 按钮，在弹出的颜色选择器中选择此材质的固有色和控制反射的颜色。

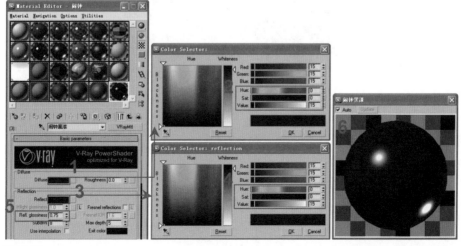

图10-71

Step 29 在视图中选择钟物体，单击 按钮进入修改命令面板。在修改器堆栈中进入"Editable Poly"的"Element"子层级。选择图10-72左图所示的元素，在"Polygon Material IDs"卷展栏中设置"Select ID"数值为1，它的ID号被设置为1。选择图10-72右图所示的元素，在"Polygon Material IDs"卷展栏中设置Select ID数值为2，它的ID号被设置为2。

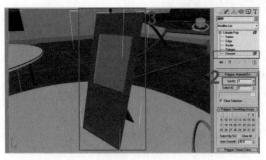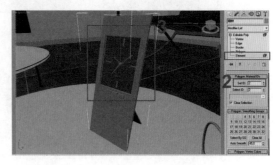

图10-72

Step 30 选择图10-73左图所示的元素，在"Polygon Material IDs"卷展栏中设置"Select ID"数值为3，它的ID号被设置为3。单击 按钮回到材质顶层，在视图中选择钟物体并单击 按钮，将材质指定给选择物体。子材质会根据指定的ID号自动附着在物体上，如图10-73所示。

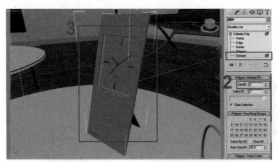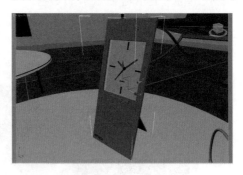

图10-73

Step 31 单击 按钮进行渲染，场景中的大部分物体已经指定了相应的材质，如图10-74所示。

图10-74

Step 32 在视图中单击鼠标右键，在弹出的关联菜单中选择"Unhide by name"选项，在弹出的"Unhide O bjects"对话框中选择"Rectangle80"选项并单击 Unhide 按钮，如图10-75所示，使此物体在场景中显示。

10
Chapter

9
Chapter
(p165~188)

10
Chapter
(p189~218)

11
Chapter
(p219~226)

12
Chapter
(p227~242)

13
Chapter
(p243~260)

14
Chapter
(p261~276)

15
Chapter
(p277~300)

16
Chapter
(p301~320)

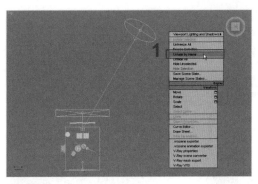 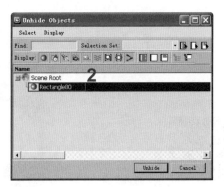

图10-75

Step 33 当被隐藏的弯曲外景物体在视图中显示后，单击 🔄 按钮渲染场景，效果如图10-76所示。

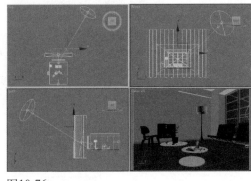 

图10-76

Step 34 单击 ✛ 按钮，在视图中选择弯曲物体并单击鼠标右键，如图10-77所示，在弹出的关联菜单中选择"Object Properties"选项，在弹出的"Object Properties"对话框中去掉"Cast Shadows"选项的勾选。

Step 35 单击 🔄 按钮进行渲染，可见太阳光源透过弯曲物体进入室内，如图10-78所示。

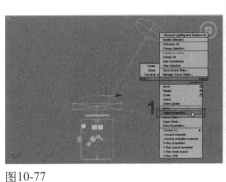  

图10-77　　　　　　　　　　　　　　　　　　　　图10-78

Step 36 选择新的空白材质球，设置材质名称为"外景"，将此材质转换为"VRayLightMtl"材质，如图10-79所示。单击"Params"卷展栏中的 None 按钮，在弹出的"Material/Map Browser"对话框中选择"Bitmap"贴图，并指定"外景.jpg"文件，将此材质的发光强度设置为1.6。

Step 37 进行渲染，可见添加了外景的效果如图10-80所示。

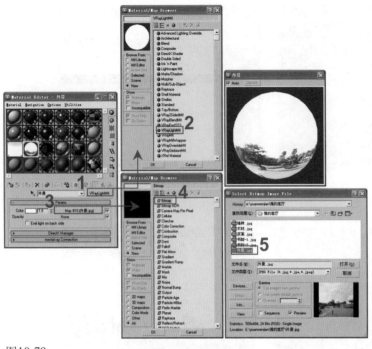

图10-79   图10-80

Step 38 激活空白材质球，为材质命名为"树枝"，转换材质类型为"VRayMtl"，如图10-81所示。单击"Diffuse"后的██████按钮，在弹出的"Color Selector"对话框中选择绿色（Hue：20；Sat：85；Value：120）作为材质固有色。单击"Reflect"后的██████按钮，在弹出的"Color Selector"对话框中选择灰色（Hue：0；Sat：0；Value：20）作为控制反射的颜色。在"Basic parameters"卷展栏中将"Refl.glossiness"数值设置为0.6。

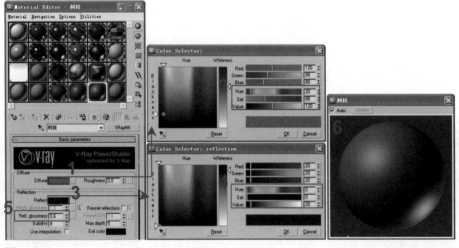

图10-81

10.5 本章小结

3ds max 2009 CG

　　VRay渲染器在效果图的应用上非常广泛，它具有出图速度快、材质表现丰富等系列特点。本章通过简约客厅实例讲述了室内效果图的制作流程和技巧，希望读者掌握制作方法后能渲染出更优秀的效果图。

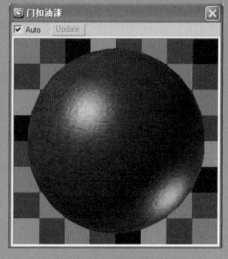

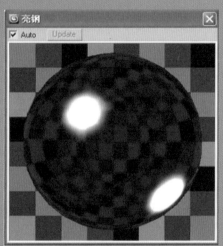

第11章 FinalRender软件相关知识

本章介绍FinalRender渲染器光源系统、材质系统、渲染设置面板这三大构成模块的相关知识。希望读者通过本章的学习能重点掌握渲染设置面板中Global switches（全局设置）、Skylight（天光）、Gobal Illumination（全局照明）、Caustics（焦散）、Camera（摄像机）卷展栏下的控制参数。

11.1 FinalRender光源系统

FinalRender渲染器同样和3ds max 2009照明系统兼容，同时，它也有自己独立的光源系统。FinalRender的光源系统包含了fRObjLight（fR对象光源）、fRPartLight（fR粒子光源）、CylinderLight（圆柱形光源）、RectLight（矩形光源），如图11-1所示。

图11-1

fRObjLight现在已经成为FinalRender渲染器的一个核心模块。它为max提供了额外的灯光类型，它可将场景中任何形状的物体变为光源。

我们首先来研究一下fRObjLight，fR使用AABS（自动解析绑定系统）来把fRObjLighht赋予三维场景中的物体，启动fRObjLight后，当光标指到某个可以被转换为fRObjLihgt的物体时，光标下就会出现"AABS"的字样，这时单击鼠标，这个物体就会被加入到fRObjLight的列表中。

fRPartLight是FinalRender渲染器为max添加的粒子灯光类型，它可将场景中的任何粒子系统变为光源。如果在一个粒子系统上使用fRPartLight帮助物体，AABS将对产生的效果自动进行考虑，每一个粒子将被自动变成一个优化的点光源。

CylindeLight是FinalRender渲染器为max添加的真实圆柱形灯光类型，它可方便准确地模拟日光灯管。

RlecLight是FinalRender渲染器为max添加的正方形面光源灯光类型，可用于制作天花板顶棚的灯带。

11.2 FinalRender材质系统

FinalRender渲染器同样拥有完善的材质系统，它提供了如图11-2所示的多种类型的材质。其中fR-Metal（fR金属材质）能创造真实的金属效果，fR-Glass（fR玻璃材质）能创造真实的玻璃材质。但是使用最频繁的还是fR-Advanced（fR高级材质），此材质功能强大且复杂。本节着重讲述此材质的知识。

将max默认的Standard转换为fR-Advanced材质后，材质的设置面板如图11-3所示。此材质包括"Standard"、"Shading"、"GI/Caustics"、"Adavanced Reflections"、"Adavanced Refractions"、"Sub-Surface Scattering"、"Maps"、"Shading Maps"、"DirectX Manager"、"mental ray Connection"卷展栏。下面对常用的几个卷展栏进行介绍。

图11-2

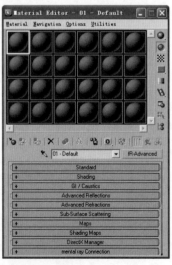

图11-3

"Standard"卷展栏用于控制材质的固有色、自发光、反射和折射等，如图11-4所示。

"Diffuse（漫反射）"用于定义材质表面的漫反射颜色。

"Level（等级）"此参数用来渲染动态范围的色彩，默认数值为100，这样漫反射色处于普通色彩范围。

"Self-Illum（自发光）"用于定义材质的自发光颜色。

"Level（等级）"向自发光材质获得较亮的反射效果，可用此参数控制反射效果。

"Reflect（反射色）"用于定义材质表面的反射颜色。

"IOR（反射率）"用于控制菲捏尔反射效果的强度。

"Fresnel（菲捏尔）"fR-Advanced材质能实现菲捏尔效果，勾选此选项将弹出菲捏尔效果。

"Samples（采样）"此数值定义从对象表面发射向每个像素的额外光线的数量。

"Blurry（模糊）"用于控制反射模糊的强度。数值越高，模糊越厉害。

"Refract（折射色）"用于定义材质的折射颜色。

"IOR（折射率）"用于控制光线穿过折射材质时的弯曲程度。

"Priority(优先权)"FinalRender渲染器提供了渲染优先权，勾选此选项将进行优先渲染。

"Fresnel（菲捏尔）"勾选此选项将使用菲捏尔算法。

"Samples（采样）"定义从对象表面发射向每个像素的额外光线的数量。

"Blurry（模糊）"用于控制折射模糊的强度。数值越高，模糊越厉害。

"All Settings（所有设置）"单击此选项后面的按钮，可以将此材质的参数设置进行保存。

"Shading"卷展栏用于控制材质的高光，如图11-5所示。

图11-4

图11-5

"Shading(描影)"在下拉列表中提供了多种描影方式供选择。

"Enable（激活）"勾选此选项激活fR-Advanced材质的镜面高光。

"Specular（高光）"用于定义高光的颜色。

"Specular Level（高光等级）"此参数控制镜面高光的强度。

"Glossiness（光泽度）"此参数控制镜面高光的聚焦程度。

"Soften（柔和度）"此参数用于软化镜面高光效果。

"Anisotropy（各向异性）"此参数控制镜面高光的形状。

"Orientation（倾向性）"此参数控制高光的方向。

"Global Roughness（全局粗糙）"此参数控制漫反射色构成和环境色构成混合程度。

在"GI/Caustics"卷展栏中可以控制材质发送和接受全局照明、焦散特效的强度。如图11-6所示。

"Global Illumination"选项组有以下两个选项：

"Send（发送）"勾选此选项，材质将产生全局光照。

"Receive（接受）"勾选此选项，材质将接受全局光照。

"Caustics"选项组有以下4个选项：

"Send（发送）"勾选此选项，激活材质将产生焦散效果。

"Receive（接受）"勾选此选项，激活材质将接受焦散效果。

"Generate Reflection（产生反射）"勾选此选项，就能得到反射对象产生的焦散效果。

"Generate Refraction（产生折射）"勾选此选项，就能得到折射对象产生的焦散效果。

"Adavanced Reflections"卷展栏提供了额外的控制参数和功能，能对反射效果进行更细致的调整。此卷展栏如图11-7所示。

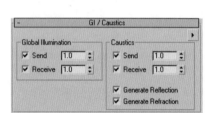

图11-6   图11-7

"Adavanced Refractions"卷展栏可以使用参数控制折射渲染特效来增强材质的真实性。此卷展栏如图11-8所示。

"Sub-Surface Scattering"卷展栏主要用于设置半透明材质。此卷展栏如图11-9所示。

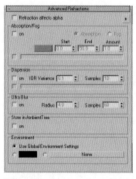

图11-8   图11-9

FinalRender渲染器通过位图纹理和程序贴图来控制光线追踪和渲染特效。FinalRender中使用纹理贴图和3ds max的传统使用方法一致，但是FinalRender渲染器使用了"Maps"和"Shading Maps"两个卷展栏来显示纹理控制，如图11-10所示。

图11-10

11.3 FinalRender渲染设置面板

3ds max 2009 CG

如果当前渲染器设置为FinalRender渲染器，那么渲染设置面板上将集中控制FinalRender渲染的大量参数。FinalRender渲染设置面板包含了多个卷展栏，如图11-11所示。下面将介绍初学者常用的几个卷展栏。

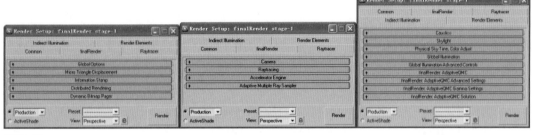

图11-11

11.3.1 Global Options卷展栏

"Global Options"卷展栏用于控制FinalRender渲染器表现和性能的设置，如图11-12所示。

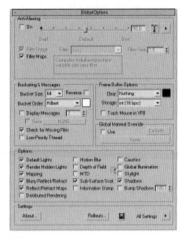

图11-12

"Anti-Aliasing"选项组：此选项的参数用于控制抗锯齿设置。

"On（打开）"勾选此选项将激活。单击 **T** 按钮将激活后面的参数设置。

"Filter（过滤器）"下拉菜单中提供了多种过滤器可供选择。

"Filter image（图像过滤）"勾选此选项能将图像过滤器应用到输出图像上。

"Filter Maps（贴图过滤）"勾选此选项能将图像过滤器应用到场景中的纹理贴图上。

"Filter Size（过滤尺寸）"此参数定义了将要应用的过滤区域，较高数值会得到平滑图像。

"Bucketing & Messges（分块和信息）"选项组：用于控制渲染的尺寸和渲染次序。

"Bucket Size（块尺寸）"在下拉菜单中提供了多个渲染块的尺寸。

"Reverse（反转）"当勾选此选项，块的生成序列会被翻转。

"Bucket Order（块生成顺序）"在下拉菜单中提供了渲染块生成顺序的几种模式。

"Frame Buffer Options（帧缓存选项）"选项组：用于控制帧缓存窗口中信息的清除和输出格式。

"Clear（清除）"在下拉列表中提供了多个选项，在新渲染开始前清除帧缓存窗口中的信息。

"Storage（存储）"在下拉列表中提供了多个支持最终图形的输出格式。

"Global Material Override（全局材质覆盖）"选项组：能够使用一种材质来代替场景中其他材质。

"Use（使用）"勾选此选项，会使用后面的材质来代替场景中的所有材质。

按钮：单击此按钮，然后选择新的材质作为全局替换材质。

"Options（属性）"选项组：可以快速激活或取消一些基本的光线追踪属性。

"Default Lights（默认灯光）"勾选此选项，在场景中无光源的情况下，FinalRender渲染器会使用场景中的默认灯光。

"Render Hidden Lights（渲染隐藏灯光）"勾选此选项，将渲染场景中隐藏的灯光效果。

"Mapping（贴图）"勾选此选项，FinalRender渲染器会渲染材质的纹理贴图。

"Blurry Reflect/Refract（模糊反射/折射）"勾选此选项，FinalRender渲染器将渲染模糊反射和模糊折射。

"Reflect/Refract Maps（反射/折射贴图）"勾选此选项，将激活反射/折射贴图。

"Sub-Surface Scat（次表面散射）"勾选此选项，将渲染材质的次表面散射。

"Motion Blur（运动模糊）"勾选此选项将渲染运动模糊效果。

"Depth of Field（景深）"勾选此选项将渲染景深效果。

"Settings（设置）"选项组：用于加载和保存FinalRender渲染器的参数设置。

11.3.2 Skylight卷展栏

"Skylight"卷展栏如图11-13所示，此卷展栏总的参数主要用于控制场景中的天空光。

图11-13

"Sky Type"在下拉列表中提供了"Simple Sky"和"Physical sky"两种类型的天空光可供选择。当选择"Physical sky"选项时，卷展栏下方的"Physical sky"选项组将被激活。

"Simple Sky"选项组：

"Color（颜色）"此参数后的数值控制天空光的强度。单击此选项后的颜色按钮，在弹出的颜色选择器中可以选择天空光的颜色。

按钮可以指定贴图作为天空光的照明来源。

"Sample（采样值）"该参数决定了当没有使用全局光照时，发送到场景中进行每个描影法计算的光线数量。

"Transparency（透明）"勾选此选项，在计算天空光时会考虑场景中的透明对象。

"Physical sky"选项组：

"Multiplier（强度）"用于设置物理天空光的强度。

"Sunlight（太阳光）"勾选此选项将激活太阳光，可在后面的输入框中设置太阳光的强度。

"Turbidity（浑浊度）"用于设置太阳光的浑浊度数值。

11.3.3 Global Illumination卷展栏

"Global Illumination"卷展栏如图11-14所示，主要用于控制场景全局光照。

图11-14

"Enable（激活）"勾选此选项将激活全局光照计算。

"Bounces（反弹）"用于控制全局光照光线的反弹次数。

■■■■按钮当光线超出最大反弹值后会使用这里设置的颜色显示。

None 按钮可以设置贴图作为光线的最终色。

"Engine（渲染引擎）"在下拉列表中提供了多种类型的渲染引擎方式供选择。

"Multiplier（倍增值）"设置场景中间接照明的强度。

"Sec.Multiplier（次级倍增值）"对场景中由二次反弹产生的光线间接光照强度进行控制。

11.3.4 Caustics卷展栏

"Caustics"卷展栏主要用于控制焦散特效，如图11-15所示。

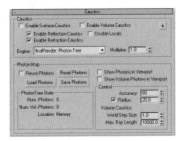

图11-15

"Enable Surface-Caustics（激活表面焦散）"勾选此选项，激活普通的焦散光照模式。

"Enable Volume-Caustics（激活体积焦散）"勾选此选项，激活体积焦散特效。

"Enable Reflection-Caustics（激活反射焦散）"勾选此选项，可渲染由反射对象产生的焦散效果。

"Enable Refraction-Caustics（激活折射焦散）"勾选此选项，可渲染由折射对象产生的焦散效果。

"Engine（引擎）"是系统提供的焦散引擎。

"Multiplier（倍增值）"用于控制渲染中焦散光线的强度。

"Reuse Photons（重新使用光子）"将重新使用先前产生的或保存在硬盘上的光子。

"Reset Photons（清空光子）"将清空内存中的光子。

"Load/Save Photons（加载和保存光子）"可单击相关按钮来加载或保存光子文件。

"Show Photons in Viewport（在视图中显示光子）"勾选此选项将在视图中显示光子。

"Show Volume Photons in Viewport（在视图中显示体积光子）"勾选此选项将在视图中显示计算后的体积光子。

"Accuracy（精确度）"此参数用于控制焦散光照特效品质和平滑度。

"World Step Size（世界步幅尺寸）"用于设置特定三维空间激光的步幅尺寸。

"Max Ray Length（最大光线长度）"设置每条由体积焦散创建的光线的长度。

11.3.5 Camera卷展栏

"Camera"卷展栏提供了多种摄像机类型，还可以控制景深和运动模糊特效，如图11-16所示。

图11-16

"Depth of Field"选项组：

"On（弹出）"勾选此选项将激活景深特效。

"Shutter Size（快门尺寸）"用于定义虚拟摄像机光圈的大小。

"Lens Type（镜头类型）"下拉列表中提供了多种类型的镜头来产生相机模糊失真效果。

"Samples（采样率）"用于控制景深效果的采样点。

"Lens Rotation（镜头旋转）"用于控制摄像机模糊失真的旋转角度。

"Target Distance（目标点距离）"基于景深特效的摄像机焦点，摄像机焦点又由摄像机的目标点决定。

"Use Cam-Targe（使用摄像机目标点）"勾选此选项，摄像机目标点将作为景深特效的焦点。

"Motion Blur"选项组：

"On（弹出）"勾选此选项将激活运动模糊特效。

"Apply to Objects（应用到对象）"勾选此选项，运算时会根据物体的速度在最终输出图像中对对象进行模糊处理。

"Apply to Camera（应用到摄像机）"勾选此选项将运动模糊特效应用到移动的摄像机上。

"Duration(frames)（周期）"此参数定义了虚拟电影物体接受光线的周期长短。

"Samples（采样率）"用于控制运动模糊的采样率。数值越高，得到的运动模糊效果越精细。

"Tralis（轨迹）"当勾选此选项，渲染得到的效果能使视觉愉悦。

"Tint & Color-Mapping"选项组：

"Use tint（使用色彩）"勾选此选项将激活物体到摄像机激励的色彩特效。

"Use Color-Mapping（使用颜色贴图）"勾选此选项将使用颜色贴图。

"Front Color（前景色）"使用这个梯度定义处于镜头中心之前的物体的变化程度。

"Back Color（远景色）"使用这个梯度定义处于焦点之后到远范围之内对象颜色的变化。

"Type（类型）"在下拉列表中可以选择颜色贴图的类型。

"Mult（倍增值）"用于定义颜色贴图的倍增值。

"Affect Background（影响背景）"勾选此选项将对背景产生影响。

"Plug-in Cameras"选项组：

"Camera"提供了多种类型的摄像机来观察视图。

11.4 本章小结

3ds max 2009 CG

本章介绍了FinalRender渲染器的光源系统、材质系统、渲染设置面板三大模块。读者掌握了本章的知识后，在后面深入学习此渲染器将更容易。

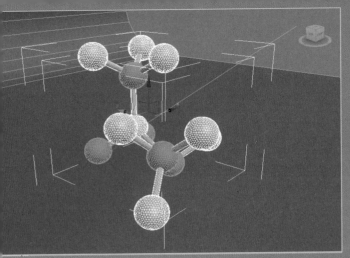
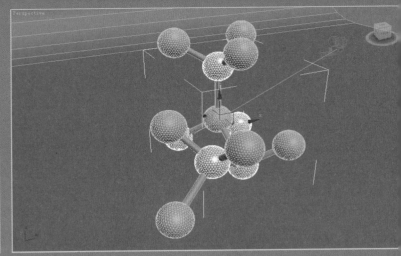

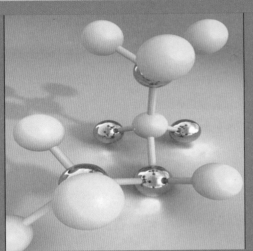

第12章 FinalRender的焦散特效——分子仪

焦散是三维软件中的一个名词，它主要在后期渲染的时候才会被提及。它的主要作用就是产生水波纹的光影效果。为了达到真实的效果，它可以计算很精致、准确的光影。本章通过分子仪实例讲述如何使用FinalRender渲染器制作焦散特效。分子仪由金属和塑料两种材质构成。本章的学习重点是如何使金属材质产生焦散特效。

12.1 创建摄像机

在场景中创建摄像机，确定"分子仪"场景的观察角度。

Step 1 在3ds max 2009中打开"分子仪.max"文件，如图12-1所示。

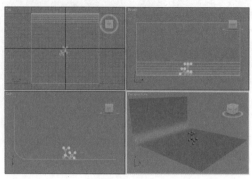

图12-1

Step 2 创建并调整摄像机位置，以确定观察角度。单击摄像机创建命令面板上的 Target 按钮，在Top视图中创建一架摄像机。单击 ✛ 按钮选择摄像机头，在视图下方设置（X：-35；Y：-300；Z：285）；接着选择摄像机目标点，设置（X：-35；Y：25；Z：40），如图12-2所示。

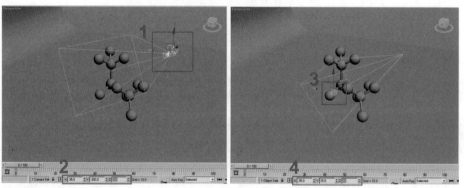

图12-2

Step 3 设置摄像机参数。激活Perspective视图，在键盘上按下【C】键，将透视图转换为摄像机视图。选择摄像机并单击 ✎ 按钮，在"Parameters"卷展栏中设置"Lens"数值为40，"FOV"数值将发生相应的变化。此时的摄像机视图如图12-3所示。

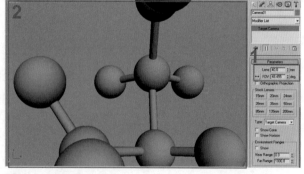

图12-3

Step 4 单击工具栏上的 🖳 按钮，在弹出的对话框中设置"Width"数值为375、"Height"数值为500。在摄像机视图左上角单击鼠标右键，在弹出的关联菜单中选择"Show Safe Frame"选项显示安全框，此时的摄像机视图如图12-4所示。

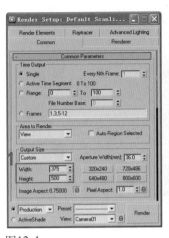
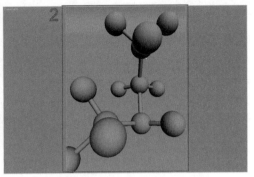

图12-4

Step 5　展开 "Assign Renderer" 卷展栏，当前渲染器为max默认的 "Default Scanline Renderer"，如图12-5所示。

图12-5

Step 6　在键盘上按下【M】键打开材质编辑器，激活一个空白材质球，使用默认的Standard材质。单击 "Diffuse" 后的　　　　　按钮，在弹出的颜色选择器中选择灰白色（Hue：0；Sat：0；Value：150），如图12-6所示。

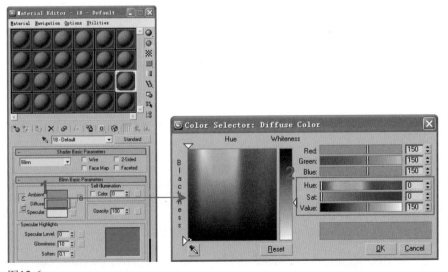

图12-6

Step 7　用鼠标右键单击视图下方的 按钮，在弹出的 "Viewport Configuration" 对话框中可见默认光源为 "1Light"。单击 按钮渲染场景，此时的场景效果如图12-7所示。

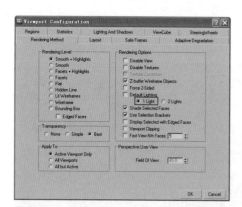
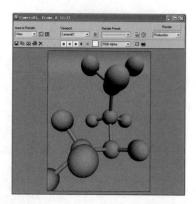

图12-7

12.2 选择FR渲染器并设置渲染参数

3ds max 2009 CG

在"Assign Renderer"对话框中选择当前渲染器为finalRender stage-1渲染器,接着展开此渲染器的参数卷展栏设置渲染参数。

Step 1 选择当前渲染器。在"Assign Renderer"对话框中单击 ··· 按钮,在弹出的对话框中选择finalRender stage-1渲染器并单击 OK 按钮,如图12-8所示。

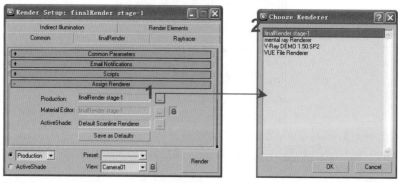

图12-8

Step 2 当选择了渲染器后,在渲染设置面板上设置基本的参数。展开"Global Options"卷展栏,勾选"On"选项激活各项参数。接着单击 按钮,此卷展栏的参数完全展现出来,这里使用默认参数。在"Filter"选项组的下拉菜单中选择"Catmull-Rom"过滤器。展开"Skylight"卷展栏,勾选"Sky Type"选项。当勾选了此选项后,"Global Illumination"卷展栏中的各项参数都被激活,这两个卷展栏是相互关联的,如图12-9所示。

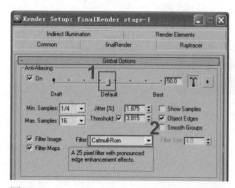
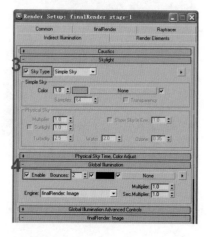

图12-9

Step 3 单击工具栏上的 ⚪ 按钮，渲染过程如图12-10所示。

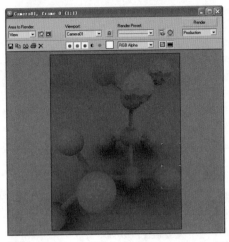

图12-10

Step 4 展开 "Global Illumination" 卷展栏，将 "Bounces" 数值由2提高到8。再次进行渲染，可见场景中的光线反弹次数增加，得到的场景光线更细腻，阴影也更柔和，如图12-11所示。

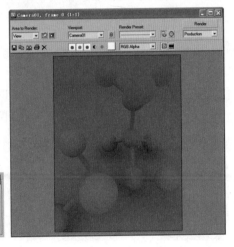

图12-11

Step 5 调整天空光强度。展开 "Skylight" 卷展栏，将 "Simple Sky" 选项组中的强度数值设置为1.5。接着单击 ▭ 按钮，在弹出的 "Color Selector" 卷展栏中设置天空光颜色为（Hue：155；Sat：75；Value：215）。渲染场景，可见场景天空光亮度得到增强，颜色也略有改变，如图12-12所示。

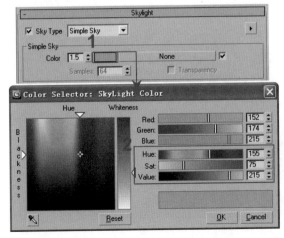

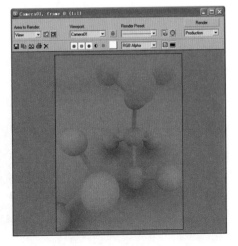

图12-12

12.3 指定FinalRender材质

在"材质编辑器"中创建场景的"背景"、"白色塑料"、"钢珠"材质。

Step 1 在"材质编辑器"中激活一个空白材质球，为材质命名为"背景"，将材质类型转换为"fR-Advanced"类型，如图12-13所示。单击"Diffuse"的　　　按钮，在弹出的"Color Selector"对话框中选择灰白色（Hue：0；Sat：0；Value：125）作为材质固有色。单击"Reflect"的　　　按钮，在弹出的"Color Selector"对话框中选择灰白色（Hue：0；Sat：0；Value：30）作为反射的颜色。在"Shading"卷展栏中勾选"Shading"选项组的"L1"多选项，设置"Specular Level"数值为15、"Glossiness"数值为25、"Soften"数值为10。

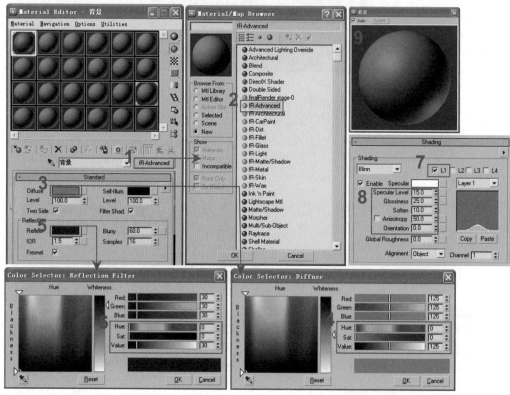

图12-13

Step 2 在视图中选择背景物体，在"材质编辑器"中激活此材质并单击 按钮，将材质指定给选择物体。进行渲染，此时的场景如图12-14所示。

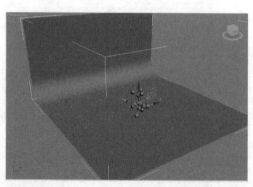

图12-14

Step 3 激活新的材质球，为材质命名为"白色塑料"，将材质类型转换为"fR-Advanced"类型，如图12-15所示。单击"Diffuse"的 ▮▮▮▮ 按钮，在弹出的"Color Selector"对话框中选择灰色（Hue：0；Sat：0；Value：150）作为材质固有色。单击"Reflect"的 ▮▮▮▮ 按钮，在弹出的"Color Selector"对话框中选择灰色（Hue：0；Sat：0；Value：65）作为反射的颜色。在卷展栏中勾选"Shading"选项组的"L1"多选项，设置"Specular Level"数值为20、"Glossiness"数值为35、"Soften"数值为10。回到"Standard"卷展栏，将"Blurry"数值设置为55。

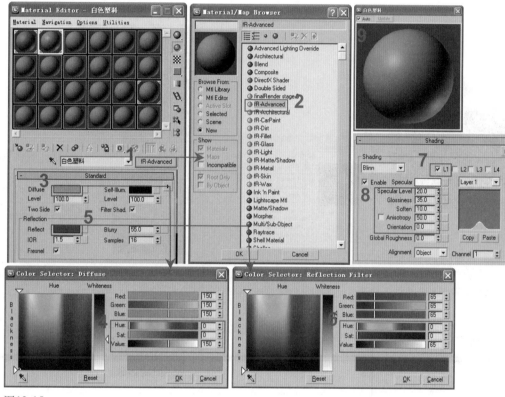

图12-15

Step 4 在视图中选择如图12-16左图所示的物体，激活此材质并单击 🔲 按钮，将材质指定给选择物体。进行渲染，此时的场景如图12-16右图所示。

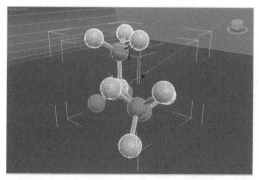
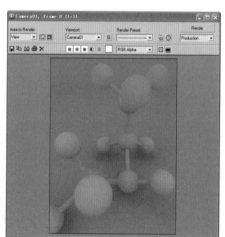

图12-16

Step 5 激活新的材质球，为材质命名为"钢珠"，将材质类型转换为"fR-Metal"类型，如图12-17所示。单击"Diffuse"的 ▭ 按钮，在弹出的"Color Selector"对话框中选择灰色（Hue：0；Sat：0；Value：125）作为材质固有色。单击"Reflect"的 ▭ 按钮，在弹出的"Color Selector"对话框中选择灰色（Hue：0；Sat：0；Value：245）作为反射的颜色。在"Metal Parameters"卷展栏中将"Reflectivity"数值设置为65；勾选"Specular Highlight"选项组的"On"选项；设置"Specular Level"数值为100、"Glossiness"数值为80；接着设置"Blurry"数值设置为55。

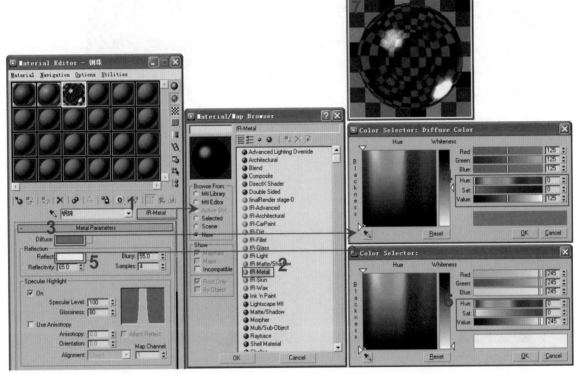

图12-17

Step 6 在视图中选择如图12-18左图所示的物体，激活此材质并单击 ▦ 按钮，将材质指定给选择物体。进行渲染，此时场景中的分子仪分别由两种不同的材质构成。

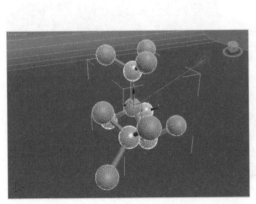

图12-18

12.4 创建并调整场景光源

3ds max 2009 CG

在场景中创建天空光源、环境光源和主光源，其中主光源是一盏目标聚光灯。

Step 1 此时场景中的金属材质呈黑色，这是因为环境影响的。可以添加贴图作为场景的天空光源。展开"Skylight"卷展栏，单击"Simple Sky"选项组后的 `None` 按钮，在弹出的"Material/Map Browser"对话框中选择"Bitmap HDR"选项并单击 `OK` 按钮，如图12-19所示。

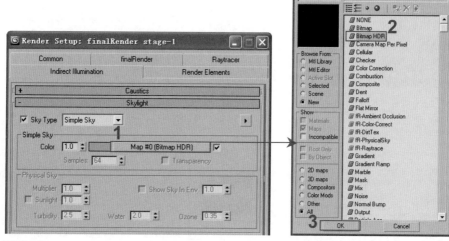

图12-19

Step 2 单击工具栏上的 ﬗ 按钮弹出材质编辑器，将"Skylight"卷展栏下"Simple Sky"选项组中添加的"Bitmap HDR"贴图拖动到空白材质球上，在弹出的"Instance"对话框中选择"Instance"选项进行复制，如图12-20所示。

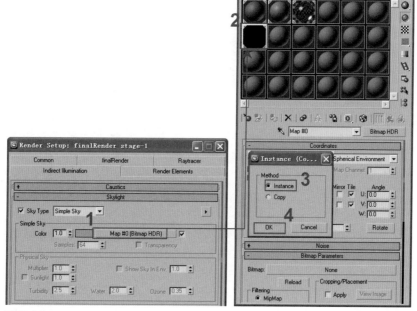

图12-20

Step 3 在"Bitmap HDR"贴图的设置面板上展开"Bitmap Parameters"卷展栏，单击"Bitmap"选项后的 None 按钮，在弹出的"Select Bitmap Image File"对话框中指定"hdr-01.hdr"文件。接着在弹出的"HDRI Load Settings"对话框中单击 OK 按钮完成贴图的指定。单击 按钮进行渲染，场景效果如图12-21所示，金属颜色仍然偏黑。

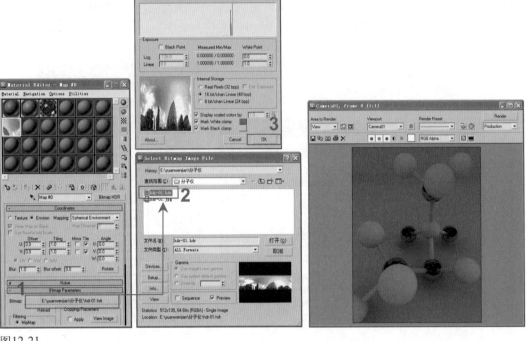

图12-21

Step 4 添加环境贴图。执行菜单栏中的"Rendering"→"Environment"命令，弹出"Environment and Effects"对话框，将材质编辑器中的"Bitmap HDR"贴图拖动到"Environment Map"选项下方的按钮，在弹出的"Instance"对话框中选择"Instance"选项进行复制。进行渲染，此时的金属材质开始反射环境，如图12-22所示。

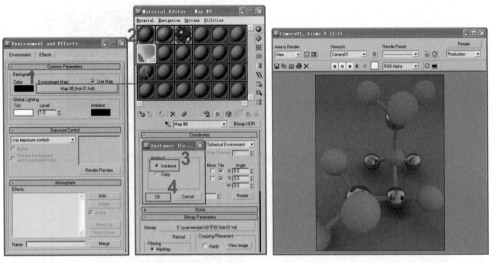

图12-22

Step 5 调整贴图的光线强度。在"Output"卷展栏中将"Output Amount"选项的数值增加为1.8，进行渲染，场景的整体光线得到增强，渲染图片变亮，如图12-23所示。

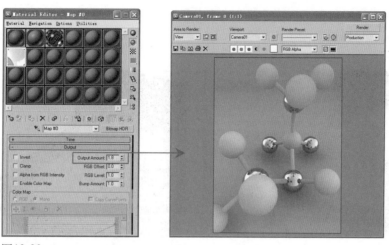

图12-23

Step 6 调整环境贴图的偏移和方向。展开贴图的"Coordinates"卷展栏，将U中"Offset"数值设置为-0.65，将"Tiling"数值设置为0.5，接着勾选"Mirror"选项。渲染可见金属材质反射的环境略有变化，如图12-24所示。

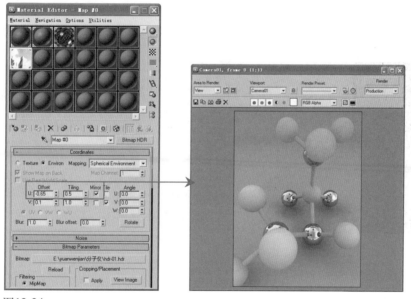

图12-24

Step 7 创建目标聚光灯。单击 Target Spot 按钮，在Top视图中创建一盏目标聚光灯，如图12-25所示。

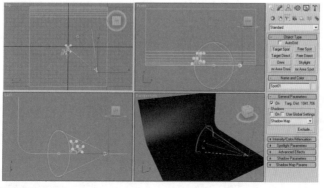

图12-25

Step 8 调整目标聚光灯的位置。单击工具栏上的 ✛ 按钮，在视图中选择目标聚光灯发射点。在视图下方设置（X：1000；Y：-1000；Z：1000）；接着选择摄像机目标点，在视图下方设置（X：0；Y：0；Z：0），如图12-26所示。

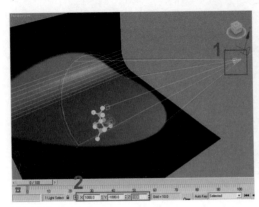 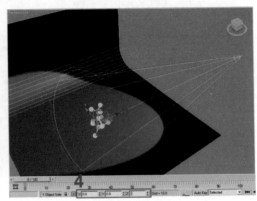

图12-26

Step 9 调整目标聚光灯的照射范围。在视图中选择目标聚光灯，单击 ✍ 按钮进入修改命令面板。在"Spolight Parameters"卷展栏中设置"Hotspot/Beam"数值为20、"Fall off/Field"数值为40，光源照射范围缩小。渲染后场景的整体亮度得到增强，如图12-27所示。

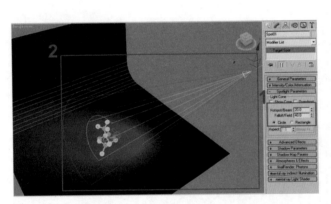 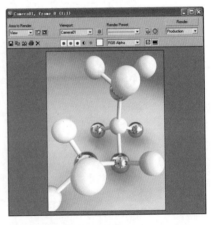

图12-27

Step 10 使场景产生阴影。在"General Parameters"卷展栏中勾选"Shadows"选项组中的"On"选项，在"Shadows"选项组的下拉菜单中选择阴影类型为"fR-Shadow Map"。单击 ⬚ 按钮进行渲染，场景产生阴影，如图12-28所示。

 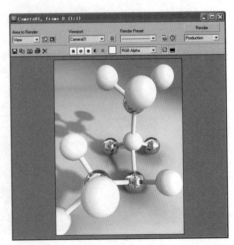

图12-28

场景中的分子仪局部曝光，可以将光源强度略为降低。在"Intensity/Color/Attenuation"卷展栏中将"Multiplier"数值设置为0.5。渲染可见场景总体光线增强，如图12-29所示。

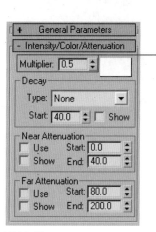

图12-29

调整目标聚光灯的颜色。单击"Intensity/Color/Attenuation"卷展栏中"Multiplier"后的____按钮，在弹出的颜色选择器中选择黄色（Hue：150；Sat：50；Value：255）作为光源颜色，如图12-30所示。

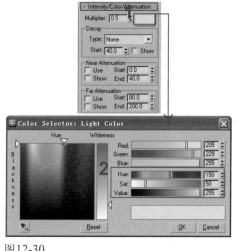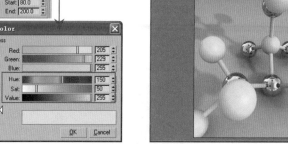

图12-30

12.5 设置焦散特效

设置场景的焦散特效。注意场景中哪些物体不需要产生焦散；哪些物体既不需要产生焦散，也不需要接受焦散；哪些物体既要产生焦散，也要接受焦散。

设置金属的焦散特效。单击 按钮弹出渲染设置面板，展开"Caustics"卷展栏，如图12-31所示。首先勾选"Caustics"选项组中的"Enable Surface-Caustics"选项弹出焦散效果。单击 按钮，在视图中选择目标聚光灯并单击 按钮，展开"finalRender:Photons"卷展栏，勾选"On"选项使光源产生光子。

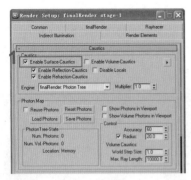
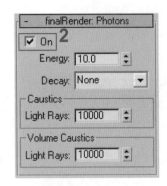

图12-31

Step 2 设置场景中物体的属性。选择如图12-32所示的物体并单击鼠标右键，在弹出的关联菜单中选择"Object Properties"选项。在弹出的"finalRender Object Properties"对话框中勾选"Receive CS"和"Send CS"选项，使选择物体既产生焦散，又接受焦散。

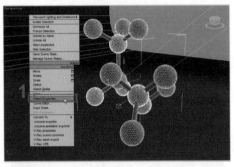
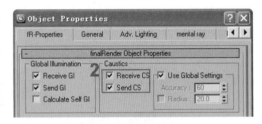

图12-32

Step 3 选择背景物体并单击鼠标右键，在弹出的关联菜单中选择"Object Properties"选项。在弹出的对话框中勾选"Receive CS"选项，使选择物体只接受焦散，如图12-33所示。

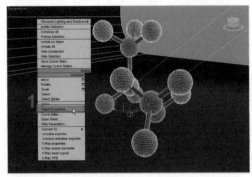
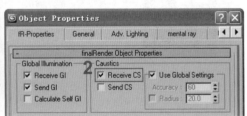

图12-33

Step 4 选择如图12-34所示的物体并单击鼠标右键，在弹出的关联菜单中选择"Object Properties"选项。在弹出的对话框中不勾选"Receive CS"和"Send CS"选项，使选择物体既不产生焦散，也不接受焦散。

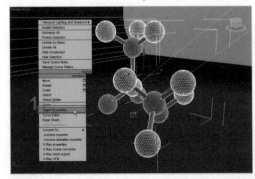

图12-34

Step 5　单击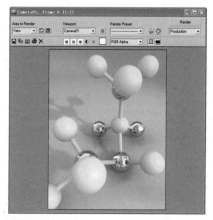按钮进行渲染，此时场景中的物体并未产生焦散效果，如图12-35所示。

图12-35

Step 6　增强焦散强度。展开"Caustics"卷展栏，将"Caustics"选项组中的"Multipli"数值设置为4000。渲染可见场景中的金属物体开始产生焦散效果，如图12-36所示。

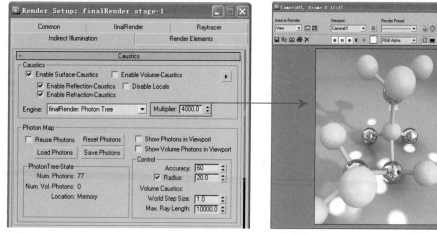

图12-36

Step 7　调整光源的光子。在视图中选择目标聚光灯并单击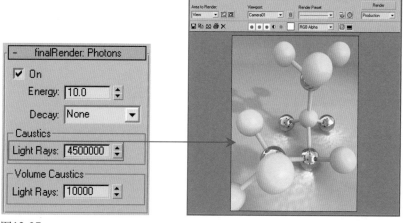按钮，展开"finalRender:Photons"卷展栏，将光线数量增加为4500000。再次渲染，场景中的焦散效果发生变化，呈现颗粒状光斑，如图12-37所示。

图12-37

Step 8 展开"Caustics"卷展栏，将"Control"选项组中的"Accuracy"精确度数值设置为250。场景中焦散的颗粒状光斑消失。如图12-38所示。

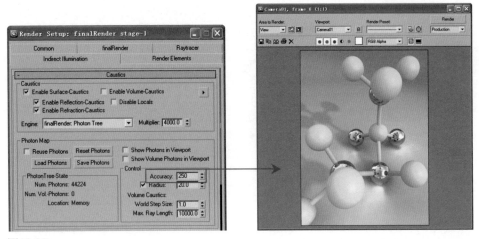

图12-38

Step 9 将"Control"选项组中的"Radius"半径数值设置为50。此时场景中的焦散效果如图12-39所示。

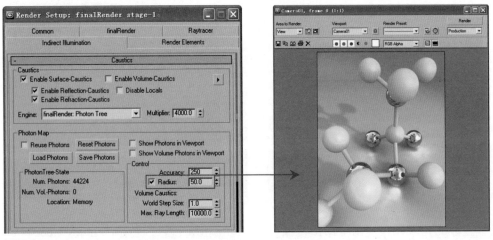

图12-39

12.6 本章小结

3ds max 2009 CG

　　焦散现在被用于很多渲染器中，现在的几种主流渲染器（VRay/FinalRender/Mental Ray/Brazil）中都会发现它的身影。其中，Mental Ray表现得最好。使用焦散特效可以模拟真实的钻石、玛瑙等贵重物品的成色。

第13章 FinalRender的景深特效——门锁

第5章的实例是通过VRay渲染器来实现景深特效的，FinalRender渲染器同样能渲染出景深特效。本章通过门锁实例学习如何运用FinalRender渲染器渲染景深特效。在进行渲染时可以对比体会两种渲染器的相同与不同处，这样能够使读者记忆深刻，加深理解。本章的学习重点是使用FinalRender渲染器实现景深效果。

13.1 准备工作

在场景中创建并调整摄像机，从而确定最终的观察角度；接着为场景中的所有物体指定素模材质。

Step 1 在3ds max 2009中打开还未设置光源、材质的场景模型，如图13-1所示。

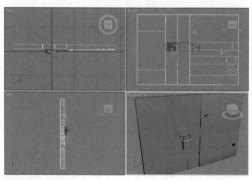

图13-1

Step 2 单击创建命令面板上的 Target 按钮，在Top视图中创建一架目标摄像机。调整摄像机的位置。选择摄像机头，在视图下方的输入框中设置（X：-25；Y：-250；Z：215）；接着选择摄像机的目标点，在视图下方的输入框中设置（X：15；Y：0；Z：150）。这样摄像机的位置将进行移动，如图13-2所示。

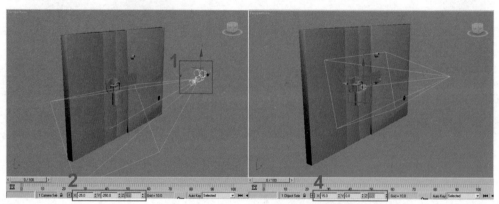

图13-2

Step 3 将Perspective透视图转换为摄像机视图，这样便于选择最佳观察角度。选择摄像机并单击 按钮，在卷展栏中将"lens"数值设置为35，此时的摄像机视图将发生变化，如图13-3所示。

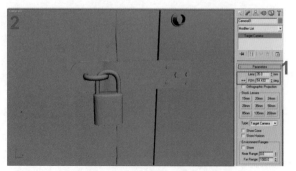

图13-3

Step 4 单击 按钮打开材质编辑器，激活空白材质球，使用默认的Standard材质。单击"Diffuse"后的 按钮，在弹出的颜色选择器中选择灰白色（Hue：0；Sat：0；Value：150）作为固有色。其他参数设置如图13-4所示。

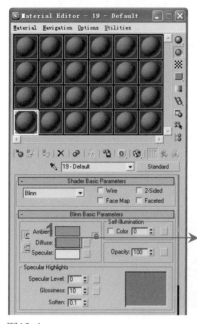
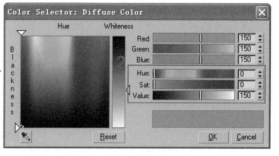

图13-4

Step 5 在视图中选择场景中所有的物体，在"材质编辑器"中激活此材质，单击 ![按钮] 按钮将材质指定给选择物体，如图13-5所示。

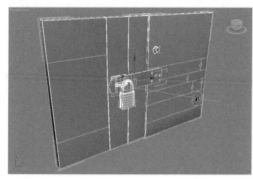

图13-5

Step 6 用鼠标右键单击视图下方的 ![按钮] 按钮，在弹出的"Viewport Configuration"对话框中可见默认光源为"1Light"。单击 ![按钮] 按钮渲染场景，此时场景的效果如图13-6所示。

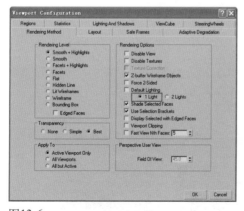

图13-6

13.2 创建场景光源

确定当前渲染器后，设置最基本的渲染参数来对场景进行渲染调试。本节重在调试光源；创建天空光源和主光源，并调整主光源的强度和颜色。

Step 1 确认当前渲染器为finalRender stage-1渲染器后，设置渲染参数，如图13-7所示。单击 按钮弹出渲染设置面板，展开"Global Options"卷展栏，勾选"On"选项激活各项参数。接着单击 按钮，展开各项参数。在"Filter"选项组的下拉菜单中选择"Catmull-Rom"过滤器。展开"Skylight"卷展栏，勾选"Sky Type"选项，同时激活"Global Illumination"卷展栏中的各项参数。将"Simple Sky"选项组中的强度数值设置为1.5；接着单击 按钮，在弹出的"Color Selector"对话框中选择天空光颜色为（Hue：155；Sat：75；Value：215）。展开"Global Illumination"卷展栏，将"Bounces"数值设置为8。

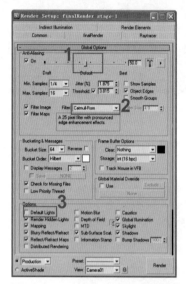
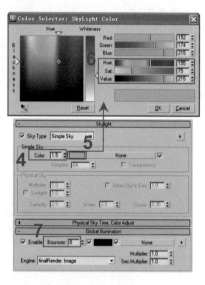

图13-7

Step 2 在"材质编辑器"中激活开始编辑过的材质球，将材质类型转换为"fR-Advanced"类型，如图13-8所示。调整材质的固有色，单击"Diffuse"后的 按钮，在弹出的"Color Selector"对话框中选择灰白色（Hue：0；Sat：0；Value：115）作为材质固有色。

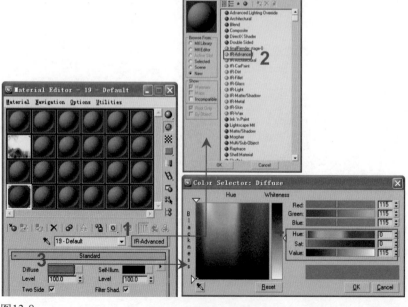

图13-8

Step 3 单击 按钮渲染场景，因为调整了场景的天空光颜色和材质颜色，因此，渲染图片有所改变，如图13-9所示。

Step 4 此时天空光的颜色偏冷，光源比较平均，可以尝试添加天空光贴图来充当光源。展开"Skylight"卷展栏，单击"Simple Sky"选项组后的 None 按钮，在弹出的"Material/Map Browser"对话框中选择"Bitmap HDR"选项并单击 OK 按钮，如图13-10所示。

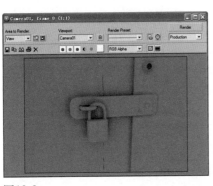

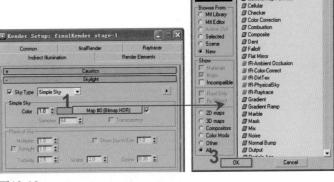

图13-9　　　　　　　　　　　　图13-10

Step 5 单击工具栏上的 按钮弹出材质编辑器，将"Skylight"卷展栏"Simple Sky"选项组中添加的"Bitmap HDR"贴图拖动到空白材质球上，在弹出的"Instance"对话框中选择"Instance"选项进行复制，如图13-11所示。

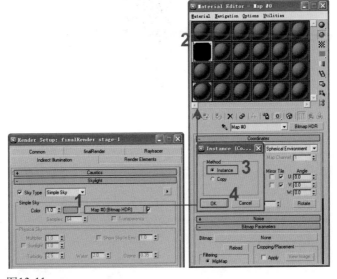

图13-11

Step 6 在"Bitmap HDR"贴图的设置面板上展开"Bitmap Parameters"卷展栏，如图13-12所示。单击"Bitmap"选项后的 None 按钮，在弹出的"Select Bitmap Image File"对话框中指定"环境.jpg"文件。在接着弹出的"HDRI Load Settings"对话框中单击 None 按钮完成贴图的指定。

提 示　"Bitmap HDR"贴图既可以指定后缀为jpg格式的文件，也可以指定后缀为hdr格式的文件。

9 Chapter (p165～188)

10 Chapter (p189～218)

11 Chapter (p219～226)

12 Chapter (p227～242)

13 Chapter (p243～260)

14 Chapter (p261～276)

15 Chapter (p277～300)

16 Chapter (p301～320)

Step 7 单击 按钮进行渲染，渲染图片整体颜色偏黄，如图13-13所示。

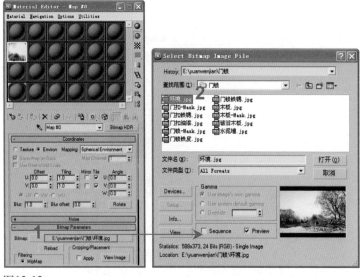

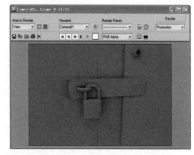

图13-12   图13-13

Step 8 单击 `Target Spot` 按钮，在Top视图中创建一盏目标聚光灯作为场景主光源，如图13-14所示。

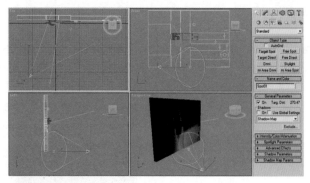

图13-14

Step 9 调整目标聚光灯的位置。单击工具栏上的 按钮，在视图中选择目标聚光灯的发射点。在视图下方设置（X：-500；Y：-500；Z：600），接着选择摄像机的目标点，在视图下方设置（X：0；Y：0；Z：125），如图13-15所示。

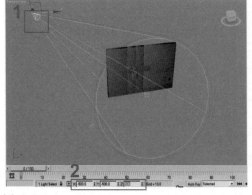

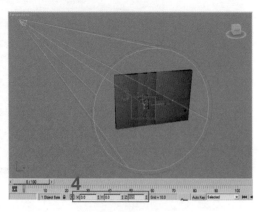

图13-15

Step 10 调整目标聚光灯的范围。在视图中选择目标聚光灯，单击 按钮进入修改命令面板。在"Spolight Parameters"卷展栏中设置"Hotspot/Beam"数值为40、"Fall off/Field"数值为60，光源照射范围将得到调整。场景的整体亮度得到提高，如图13-16所示。

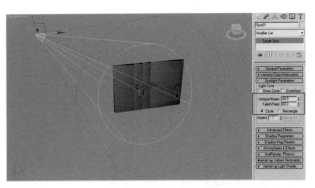

图13-16

Step 11 在"General Parameters"卷展栏中勾选"Shadows"选项组中的"On"选项，在"Shadows"选项组的下拉菜单中选择阴影类型为"fR-Area Shadows"。再次渲染，场景中的物体将产生阴影，如图13-17所示。

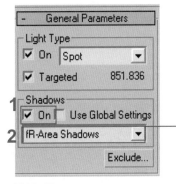
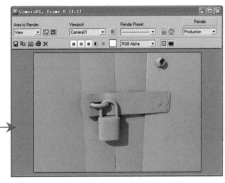

图13-17

Step 12 展开"fR-Area Shadows"卷展栏，将"Surface Smp"数值设置为32。观察渲染图片的阴影，阴影具有黑色颗粒，这是因为阴影采样不高造成的，如图13-18所示。

Step 13 将"Surface Smp"数值设置为128，提高阴影的采样，再次进行渲染，物体阴影的颗粒消失，如图13-19所示。

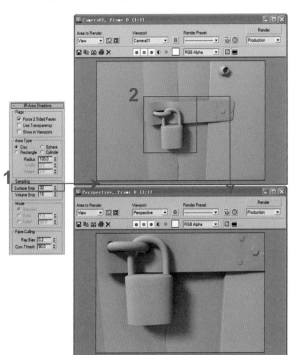
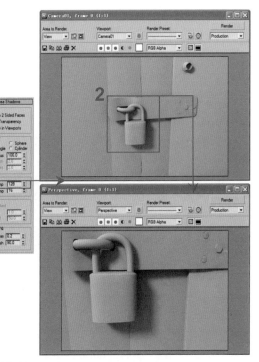

图13-18　　　　　　　　　　　图13-19

Step 14 调整目标聚光灯的强度。在"Intensity/Color/Attenuation"卷展栏中将"Multiplier"的数值设置为1.5。渲染场景，场景的亮度得到增强，如图13-20所示。

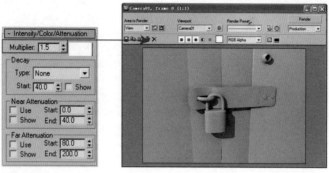

图13-20

Step 15 调整目标聚光灯的颜色。单击"Intensity/Color/Attenuation"卷展栏中"Multiplier"后的 ▢ 按钮，在弹出的颜色选择器中选择黄色（Hue：20；Sat：50；Value：255）作为光源颜色。再次渲染，场景整体颜色更加偏暖，如图13-21所示。

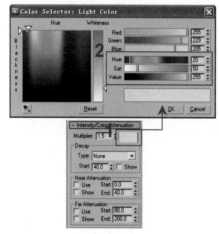

图13-21

13.3 创建场景材质

在材质编辑器中创建"门扣"、"门锁"、"水泥墙"、"木门"材质，其中"门扣"、"门锁"、"木门"都是复合材质，"水泥墙"是"fR-Advanced"材质。注意掌握"fR-Advanced"材质的使用方法。

Step 1 在材质编辑器中激活一个空白材质球，命名为"门扣"，如图13-22所示。单击 `Standard` 按钮，在弹出的"Material/Map Browser"对话框中选择"Blend"选项并单击 `OK` 按钮。在弹出的"Replace Material"对话框中选择"Discard old material"选项替换原来的材质，单击 `OK` 按钮完成材质类型的转换。

Step 2 在视图中选择门扣物体，接着在材质编辑器中激活"门扣"材质，单击 🖧 按钮将此材质指定给场景中的选择物体，如图13-23所示。

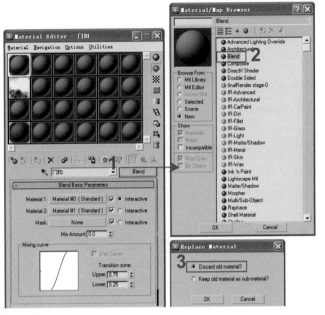

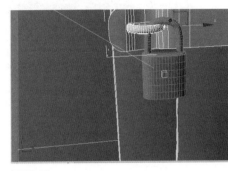

图13-22 图13-23

Step 3 在"Blend"材质的设置面板上单击 Material #0 [Standard] 按钮进入第一个子材质（Material1）的设置面板，将材质转换为"fR-Advanced"类型，为子材质命名为"门扣油漆"，如图13-24所示。单击"Diffuse"后的 按钮，在弹出的"Material/Map Browser"对话框中选择"Bitmap"选项并单击 OK 按钮。在接着弹出的"Select Bitmap Image File"对话框中选择"门扣油漆.jpg"文件。单击"Reflect"后的 按钮，在弹出的"Color Selector"对话框中选择（Hue：0；Sat：0；Value：120）的颜色作为控制材质反射颜色。展开"Maps"卷展栏，拖动"Diffuse"通道后的文件到"Bump"通道中，在弹出的"Instance"对话框中选中"Instance"选项，单击 OK 按钮将贴图复制。在"Shading"选项组中选择"L1"多选项，设置"Specular Level"数值为60、"Glossiness"数值为30、"Soften"数值为10。

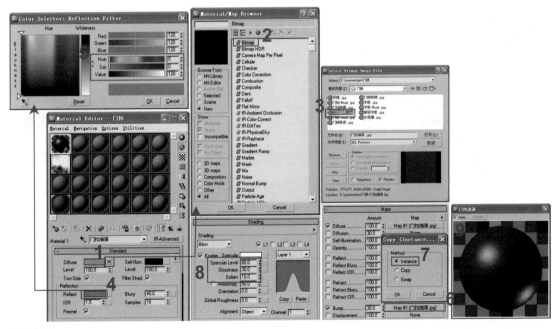

图13-24

Step 4 为门扣物体添加"UVW mapping"修改器，在卷展栏中选择"Box"选项，设置"Length"、"Width"、"Height"数值都为200，如图13-25所示。

Step 5　在"材质编辑器"中单击 按钮回到"Blend"材质的顶层。此时的"Blend"材质设置面板如图13-26所示。

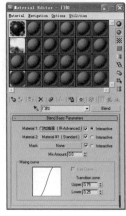

图13-25　　　　　　　　　　　　　　　　　　　　　　　　　　图13-26

Step 6　在"Blend"材质的设置面板上单击 Material #1 [Standard] 按钮进入第二个子材质（Material2）的设置面板，将材质转换为"fR-Advanced"类型，为子材质命名为"门扣铁锈"，如图13-27所示。单击"Diffuse"后的 按钮，在弹出的"Material/Map Browser"对话框中选择"Bitmap"选项并单击 OK 按钮。在接着弹出的"Select Bitmap Image File"对话框中选择"门扣铁锈.jpg"文件。单击"Reflect"后的 按钮，在弹出的"Color Selector"对话框中选择（Hue：0；Sat：0；Value：50）的颜色作为控制材质反射颜色。展开"Maps"卷展栏，拖动"Diffuse"通道后的文件到"Bump"通道中，在弹出的"Instance"对话框中选中"Instance"选项，单击 OK 按钮将贴图复制。在"Shading"选项组中选择"L1"多选项，设置"Specular Level"数值为25、"Glossiness"数值为35、"Soften"数值为10。

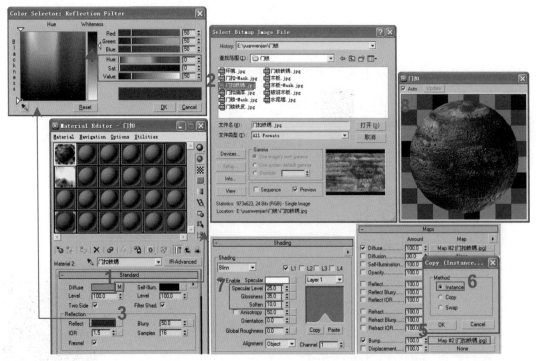

图13-27

Step 7　在"材质编辑器"中单击 按钮回到"Blend"材质的顶层。将"Mix Amount"数值设置为100，此时材质球完全显示第二个子材质，视图中的物体如图13-28所示。

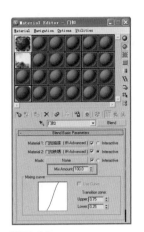

图13-28

Step 8 单击"Mask"后的 <u>None</u> 按钮，在弹出的"Material/Map Browser"对话框中选择"Bitmap"选项并单击 <u>OK</u> 按钮。在接着弹出的"Select Bitmap Image File"对话框中选择"门扣-Mask.jpg"文件。此时的材质球局部出现锈迹，如图13-29所示。

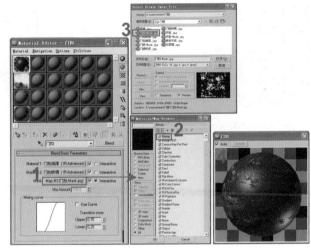

图13-29

Step 9 渲染可见门扣被指定了有锈迹斑驳的材质，如图13-30所示。

Step 10 激活新的空白材质球，命名为"门锁"，同样将此材质转换为"Blend"类型材质，如图13-31所示。

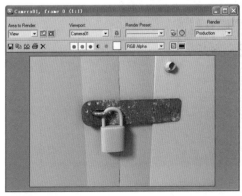

图13-30

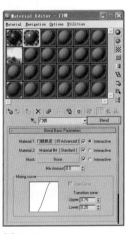

图13-31

Step
11
在"Blend"材质的设置面板上单击 Material #3 [Standard] 按钮进入第一个子材质（Material1）的
设置面板，转换材质类型为"fR-Advanced"，为子材质命名为"门锁铁皮"，如图13-32所
示。单击"Diffuse"后的■按钮，选择"Bitmap"贴图并指定"门锁铁皮.jpg"文件。单击
"Reflect"后的■■■按钮，在弹出的"Color Selector"对话框中选择（Hue：0；Sat：
0；Value：150）的颜色作为材质反射的颜色。展开"Maps"卷展栏，拖动"Diffuse"通道
后的文件到"Bump"通道中，选择"Instance"方式进行复制。在"Shading"选项组中选择
"L1"多选项，设置"Specular Level"数值为65、"Glossiness"数值为45、"Soften"数值
为10。

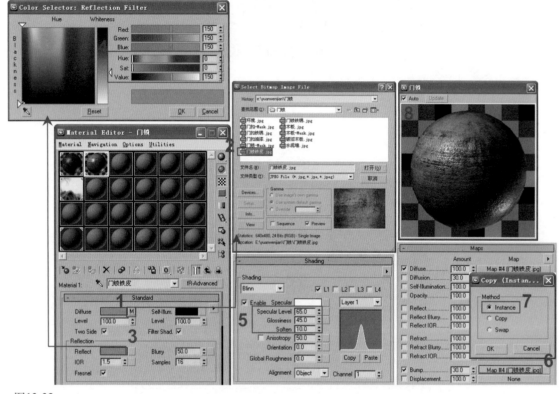

图13-32

Step
12
为门锁物体添加"UVW mapping"修改器，在卷展栏中选择"Box"选项，设置"Length"
数值为25、"Width"数值为65、"Height"数值为65。如图13-33所示。

图13-33

Step
13
单击■按钮进入"门锁"的第二个子材质（Material2）的设置面板，转换材质类型为"fR-
Advanced"，为子材质命名为"门锁铁锈"，如图13-34所示。单击"Diffuse"后的■按
钮，选择"Bitmap"贴图并指定"门锁铁锈.jpg"文件。单击"Reflect"后的■■■按

钮，在弹出的"Color Selector"对话框中选择（Hue：0；Sat：0；Value：40）作为材质反射的颜色。展开"Maps"卷展栏，拖动"Diffuse"通道后的文件到"Bump"通道中，选择"Instance"方式进行复制。在"Shading"选项组中选择"L1"多选项，设置"Specular Level"数值为30、"Glossiness"数值为35。如图13-34所示。

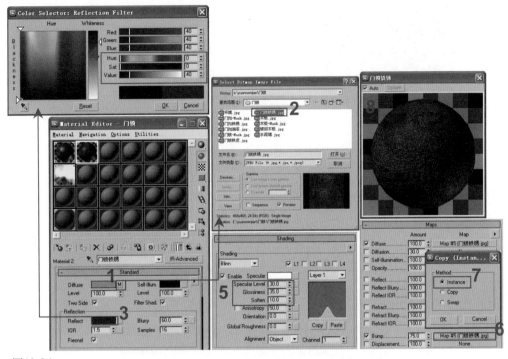

图13-34

Step 14 在材质编辑器中单击 按钮回到材质顶层。在设置面板上将"Mix Amount"数值设置为100，此时材质球完全显示"门锁铁锈"子材质，视图中的物体也显示"门锁铁锈"材质的贴图，如图13-35所示。

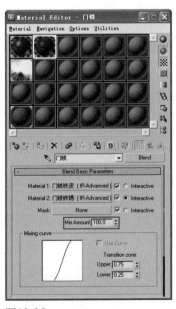

图13-35

Step 15 回到"门锁"材质的顶层，单击"Mask"后的 None 按钮，在弹出的"Material/Map Browser"对话框中选择"Bitmap"选项并单击 OK 按钮。在接着弹出的"Select Bitmap Image File"对话框中选择"门锁-Mask.jpg"文件。此时材质球局部出现锈迹，如图13-36所示。

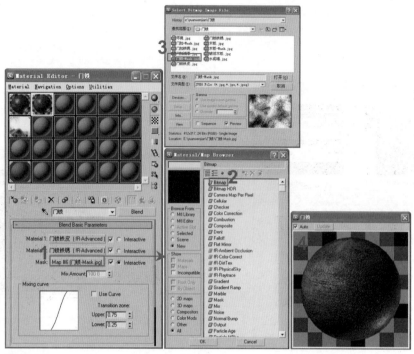

图13-36

Step 16 此时视图中的门锁物体显示的是刚才添加的贴图，如图13-37所示。

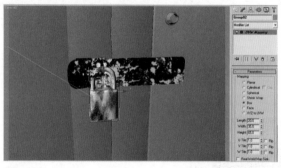

图13-37

Step 17 回到材质顶层级，在设置面板上将"Upper"数值设置为0.85，将"Lower"数值设置为0.35，此时的材质过渡更明显，如图13-38所示。

图13-38

Step 18 在视图中选择螺丝物体，接着在材质编辑器中激活"门锁"材质，单击 按钮将此材质指定给场景中的选择物体。为螺丝物体添加"UVW mapping"修改器，在卷展栏中选择"Box"选项，设置"Length"、"Width"、"Height"数值都为20。渲染效果如图13-39所示。

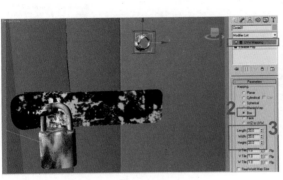

图13-39

Step 19 激活新的空白材质球，命名为"水泥墙"，将材质转换为"fR-Advanced"类型材质，如图13-40所示。单击"Diffuse"后的 按钮，选择"Bitmap"贴图并指定"水泥墙.jpg"文件。单击"Reflect"后的 按钮，在弹出的"Color Selector"对话框中选择（Hue：0；Sat：0；Value：60）的颜色作为材质反射的颜色。展开"Maps"卷展栏，拖动"Diffuse"通道后的文件到"Bump"通道中，选择"Instance"方式进行复制。在"Shading"选项组中选择"L1"多选项，设置"Specular Level"数值为35、"Glossiness"数值为45。

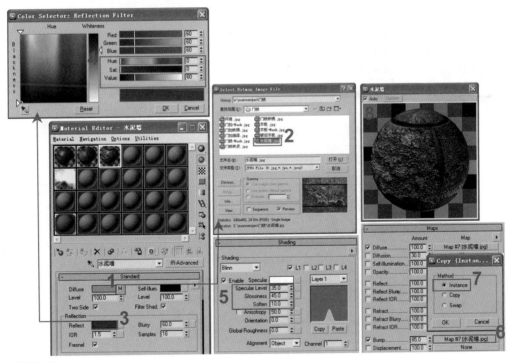

图13-40

Step 20 在视图中选择右侧的墙体，接着在材质编辑器中激活"水泥墙"材质，单击 按钮将此材质指定给场景中的选择物体。为螺丝物体添加"UVW mapping"修改器，在卷展栏中选择"Box"选项，设置"Length"数值为215、"Width"数值为500、"Height"数值为150。渲染效果如图13-41所示。

13 Chapter

9 Chapter (p165~188)

10 Chapter (p189~218)

11 Chapter (p219~226)

12 Chapter (p227~242)

13 Chapter (p243~260)

14 Chapter (p261~276)

15 Chapter (p277~300)

16 Chapter (p301~320)

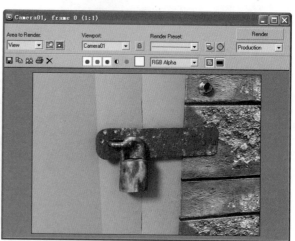

图13-41

Step 21 激活新的空白材质球，命名为"木门"。此材质仍然比较破旧，需要混合多种子材质，需要运用"Blend"类型材质来体现。进入第一个子材质（Material1）的设置面板，转换材质类型为"fR-Advanced"，为子材质命名为"木板"，如图13-42所示。单击"Diffuse"后的 ▢ 按钮，选择"Bitmap"贴图并指定"木板.jpg"文件。单击"Reflect"后的 ▬▬▬▬ 按钮，在弹出的"Color Selector"对话框中选择（Hue：0；Sat：0；Value：45）的颜色作为材质反射的颜色。展开"Maps"卷展栏，拖动"Diffuse"通道后的文件到"Bump"通道中，选择"Instance"方式进行复制。在"Shading"选项组中选择"L1"多选项，设置"Specular Level"数值为35、"Glossiness"数值为40。如图13-42所示。

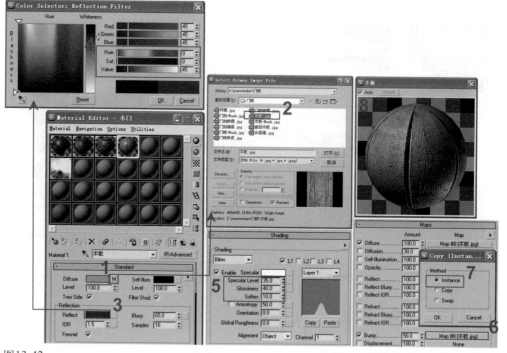

图13-42

Step 22 在视图中选择门物体，接着在材质编辑器中激活"木门"材质，单击 按钮将此材质指定给场景中的选择物体。为门添加"UVW mapping"修改器，在卷展栏中选择"Box"选项，设置"Length"、"Width"、"Height"数值都为300，如图13-43所示。

图13-43

Step 23 在材质编辑器中单击 ↑ 按钮回到材质顶层。在设置面板上将"Mix Amount"数值设置为100。在"Blend"材质的设置面板上进入第二个子材质（Material2）的设置面板，将材质转换为"fR-Advanced"类型，为子材质命名为"破旧木板"，如图13-44所示。单击"Diffuse"后的 ▇ 按钮，选择"Bitmap"贴图并指定"破旧木板.jpg"文件。单击"Reflect"后的 ▇ 按钮，在弹出的"Color Selector"对话框中选择（Hue：0；Sat：0；Value：35）的颜色作为材质反射的颜色。展开"Maps"卷展栏，拖动"Diffuse"通道后的文件到"Bump"通道中，选择"Instance"方式进行复制。在"Shading"选项组中选择"L1"多选项，设置"Specular Level"数值为25、"Glossiness"数值为35。

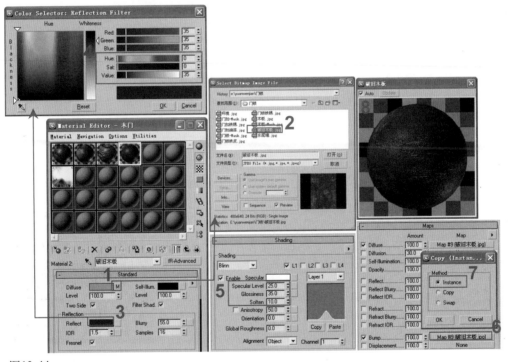

图13-44

Step 24 回到"木门"材质的顶层，单击"Mask"后的 None 按钮，在弹出的"Material/Map Browser"对话框中选择"Bitmap"选项并单击 OK 按钮。在接着弹出的"Select Bitmap Image File"对话框中选择"木板-Mask.jpg"文件。此时材质球如图13-45所示。

Step 25 当为场景中的物体指定了材质后进行渲染，此时的场景如图13-46所示。

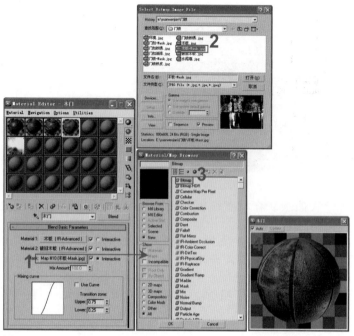

图13-45

图13-46

13.4 创建景深特效

3ds max 2009 CG

创建场景的景深特效时，注意对比使用景深特效前后画面的差异。

Step 1 单击 按钮弹出渲染设置面板，展开"Camera"卷展栏，勾选"On"选项，将"Shutter Size"数值设置为10，如图13-47所示。

Step 2 再次进行渲染出现景深效果，画面具有虚实对比效果，这样更能突出主体，如图13-48所示。

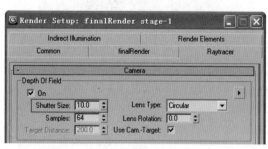

图13-47

图13-48

13.5 本章小结

3ds max 2009 CG

使用FinalRender渲染器也能实现优秀的景深效果。景深效果与摄像机的关系比较密切，所以，无论是VRay渲染器还是FinalRender渲染器，控制景深效果的参数都放置在"Camera"卷展栏中。

第14章 Matte/Shadow材质的使用——坦克

Matte/Shadow（无光/投影）材质是一种能够使物体(或任何的次表面)成为不可见物体，而显露当前的环境贴图的材质。不可见物体渲染时无法看到，但是它可以对其后面的场景物体起到遮挡的作用，也可以仅仅接受投影，还可以接受反射。本章通过坦克实例学习怎样使用Matte/Shadow材质使地面与背景的过渡更自然。本章的学习重点是Matte/Shadow材质的使用。

14.1 确定摄像机的观察角度

在场景中创建并调整摄像机，从而确定此场景的观察角度。

Step 1 在3ds max 2009中打开如图14-1所示的场景文件"坦克.max"。

图14-1

Step 2 单击 Target 按钮，在视图中创建一架摄像机。选择视图中的摄像机头，在视图下方设置（X：-100；Y：-3750；Z：700）；接着选择摄像机的目标点设置（X：-150；Y：-850；Z：725），如图14-2所示。

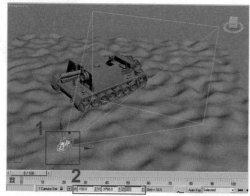
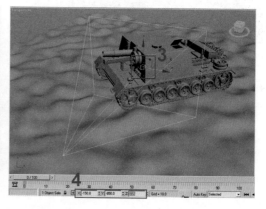

图14-2

Step 3 将透视图转换为摄像机视图，选择摄像机并单击 ✐ 按钮进入修改命令面板，将"Lens"数值设置为35，"FOV"数值设置为54.432，如图14-3所示。

图14-3

Step 4 单击 ✍ 按钮，在弹出的对话框中设置"Width"数值为375，设置"Height"数值为500。在摄像机视图左上角单击鼠标右键，在弹出的关联菜单中选择"Show Safe Frame"选项显示安全框，此时摄像机视图如图14-4所示。

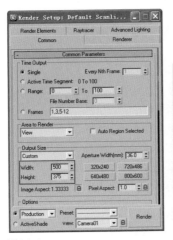

图14-4

Step 5 打开材质编辑器激活新的空白材质球，使用默认的标准材质。单击"Diffuse"后的 █ 按钮，在弹出的颜色选择器中选择灰白色（Hue：0；Sat：0；Value：125）作为过渡色，如图14-5所示。

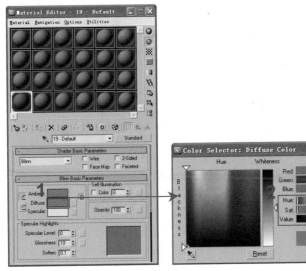

图14-5

Step 6 在视图中选择场景中的所有对象，单击材质编辑器上的 █ 按钮将调整过的材质赋予选择物体。查看场景默认光源。用鼠标右键单击视图下方的 █ 按钮，在弹出的"Viewport Configuration"对话框中可见默认光源为"1Light"。单击 █ 按钮渲染场景，此时场景效果如图14-6所示。

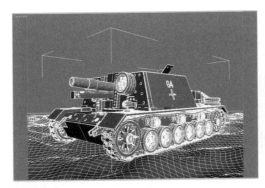

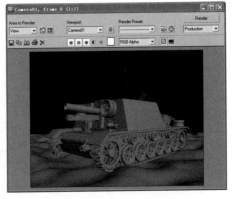

图14-6

263

14.2 创建场景光源

为了更好地观测灯光效果，可以为场景中的物体设置简单初始的材质；然后创建并调整光源，测试场景的光源效果。

Step 1 选择当前渲染器为finalRender stage-1渲染器。展开"Global Options"卷展栏，勾选"On"选项激活各项参数。接着单击 T 按钮，此卷展栏的参数被激活，这里使用默认参数。在"Filter"选项组的下拉菜单中选择"Catmull-Rom"过滤器，如图14-7所示。

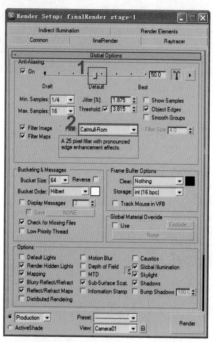

图14-7

Step 2 展开"Skylight"卷展栏，勾选"Sky Type"选项，同时激活"Global Illumination"卷展栏中的各项参数。展开"Skylight"卷展栏，将"Simple Sky"选项组中的强度数值设置为2；接着单击 按钮，在弹出的"Color Selector"卷展栏中设置天空光颜色为（Hue：155；Sat：75；Value：215），如图14-8所示。

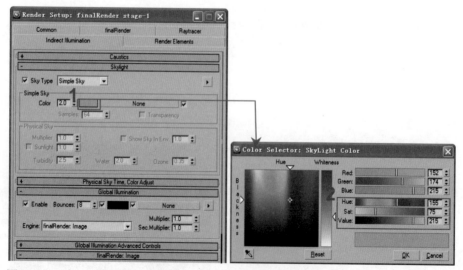

图14-8

Step 3 单击工具栏上的 ██ 按钮进行渲染，渲染效果如图14-9所示。场景受到天空光的影响，偏蓝色，场景的背景为黑色。

Step 4 创建场景主光源。单击 Target Spot 按钮，在顶部视图中创建一盏目标聚光灯，如图14-10所示。

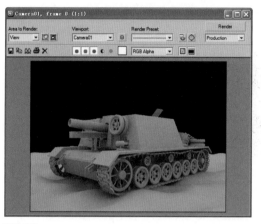

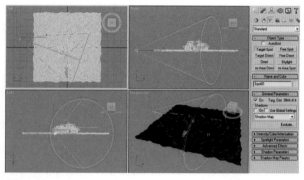

图14-9　　　　　　　　　　　　　　　　　图14-10

Step 5 调整目标聚光灯的位置。选择视图中的目标聚光灯灯头，在视图下方设置（X：-10000；Y：4000；Z：8000），接着选择目标聚光灯的目标点，设置（X：0；Y：0；Z：0），如图14-11所示。

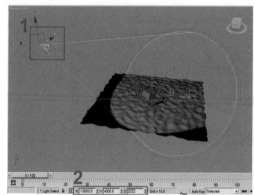

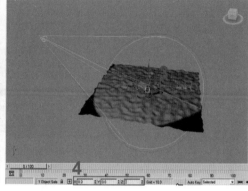

图14-11

Step 6 在视图中选择目标聚光灯并单击 ██ 按钮进入修改命令面板。在"Spolight Parameters"卷展栏中设置"Hotspot/Beam"数值为25、"Fall off/Field"数值为35，光源照射范围得到调整。渲染后场景的整体亮度得到增强，如图14-12所示。

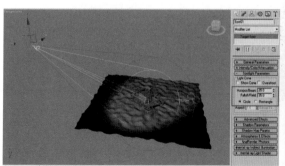

图14-12

Step 7　在"General Parameters"卷展栏中勾选"Shadows"选项组中的"On"选项，在"Shadows"选项组的下拉菜单中选择阴影类型为"fR-Area Shadows"。在"fR-Area Shadows"卷展栏中将"Radius"数值设置为1。再次渲染可见场景中的物体产生阴影，如图14-13所示。

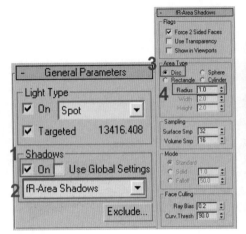
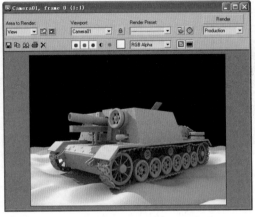

图14-13

Step 8　在"fR-Area Shadows"卷展栏中将"Radius"数值设置为2000，这样，渲染图片的可见场景阴影边缘更加柔和，如图14-14所示。

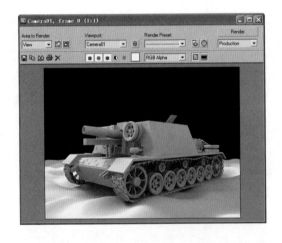

图14-14

Step 9　调整主光源的强度。在"Intensity/Color/Attenuation"卷展栏中将"Multiplier"数值设置为1.5。渲染可见场景总体光线增强，如图14-15所示。

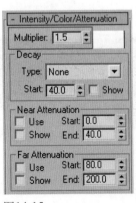
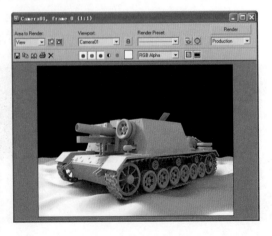

图14-15

创建辅助光源。单击标准灯光创建命令面板上的 Omni 按钮，在Top视图中单击创建一盏泛光灯，如图14-16所示。

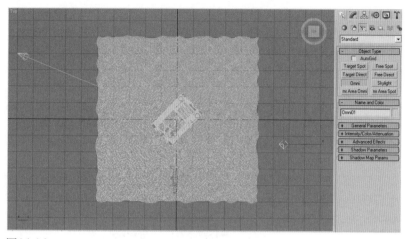

图14-16

选择视图中的泛光灯，并在视图下方设置（X：9000；Y：-2000；Z：3000），泛光灯的位置将进行移动。再次渲染，可见坦克正面的亮度得到增强，局部出现曝光现象，如图14-17所示。

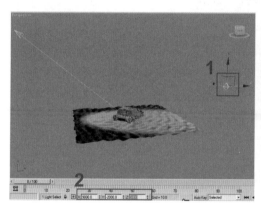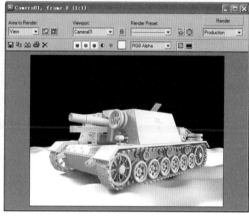

图14-17

为了使坦克的局部不再曝光，在"Intensity/Color/Attenuation"卷展栏中将"Multiplier"数值设置为0.2。再次渲染，因为降低了泛光灯的强度，场景曝光问题得到解决，如图14-18所示。

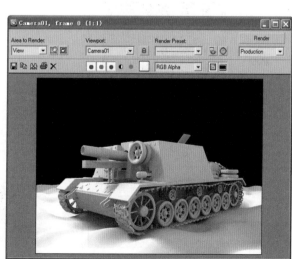

图14-18

14.3 创建场景材质

创建场景中的各种材质时，首先显示场景的背景贴图，接着使用"Matte/Shadow"材质使地面与背景过渡自然，然后创建坦克的"外壳"材质、"黑钢"材质、"黑漆"和"白漆"材质。

14.3.1 在视图中显示背景贴图

Step 1 执行菜单栏中的"Rendering"→"Environment"命令弹出"Environment and Effects"对话框。单击"Environment Map"选项组中的 `None` 按钮，在弹出的"Material/Map Browser"对话框中选择"Bitmap"贴图，接着指定"背景.jpg"文件，如图14-19所示。

图14-19

Step 2 在键盘上按下【M】键展开材质编辑器，将"Environment Map"选项组中的贴图拖动到材质编辑器中的空白材质球上，在弹出的"Instance"对话框中选择"Instance"方式进行复制，如图14-20所示。

Step 3 虽然此时在"Environment and Effects"对话框中指定了背景贴图，但是摄像机视图中的贴图并未进行显示，如图14-21所示。

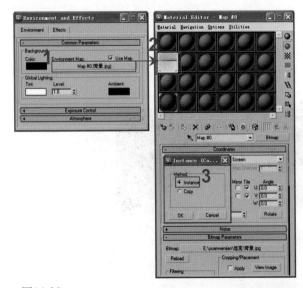

图14-20   图14-21

执行菜单栏中的"Views"→"Viewport Background"→"Viewport Background"命令，如图14-22所示，弹出"Viewport Background"对话框，在此对话框中单击 Files... 按钮，指定背景贴图的路径；接着勾选"Display Background"选项，在"Viewport"选项组的下拉菜单中选择"Camera01"选项。

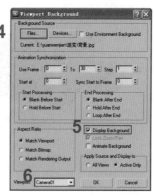

图14-22

这样，背景贴图将在摄像机视图中显示，此时，场景具有背景，而不再是黑色，如图14-23所示。

图14-23

14.3.2 使用Matte/Shadow材质使地面与背景过渡自然

观察渲染图片，可见背景和地面的界限分明，衔接不是很好，可以通过"Matte/Shadow"材质来解决这个问题。在材质编辑器中激活新的空白材质球，为材质命名为"地面阴影"。单击 Standard 按钮，在弹出的"Material/Map Browser"对话框中选择"matte/shadow"选项转换材质类型，如图14-24所示。

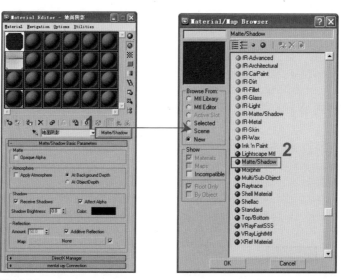

图14-24

Step 2 在视图中选择地面物体，激活此材质并单击  按钮，将材质指定给选择物体。进行渲染，此时地面与背景过渡自然，如图14-25所示。

图14-25

14.3.3 调整背景贴图的"Output Amount"数值增强场景亮度

此时，场景光线略为偏暗，可以通过调整背景贴图的数值来增强场景亮度。激活材质编辑器中的背景贴图，将"Output Amount"数值设置为1.2。再次进行渲染，渲染图片亮度得到增强，如图14-26所示。

图14-26

14.3.4 创建坦克的材质

Step 1 在"材质编辑器"中激活新的空白材质球，命名为"外壳"，如图14-27所示。单击 Standard 按钮，在弹出的"Material/Map Browser"对话框中选择"Blend"选项并单击 OK 按钮。在弹出的"Replace Material"对话框中选择"Discard old material"选项替换原来的材质，单击 OK 按钮完成材质类型的转换。

Step 2 在"Blend"材质的设置面板上进入第一个子材质（Material1）的设置面板，将材质转换为"fR-Advanced"类型，为子材质命名为"外壳钢板"，如图14-28所示。单击"Diffuse"后的 按钮，在弹出的"Material/Map Browser"对话框中选择"Bitmap"选项并单击 OK 按钮。在接着弹出的"Select Bitmap Image File"对话框中选择"外壳钢板.jpg"文件。单击"Reflect"后的 按钮，在弹出的"Color Selector"对话框中选择（Hue：0；Sat：0；Value：100）的颜色作为材质反射颜色。展开"Maps"卷展栏，拖动"Diffuse"通道

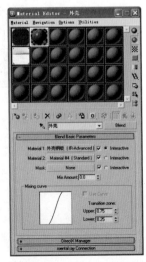

图14-27

后的文件到"Bump"通道中，在弹出的"Instance"对话框中选中"Instance"选项，单击 OK 按钮将贴图复制。在"Shading"选项组中选择"L1"多选项，设置"Specular Level"数值为50、"Glossiness"数值为50。

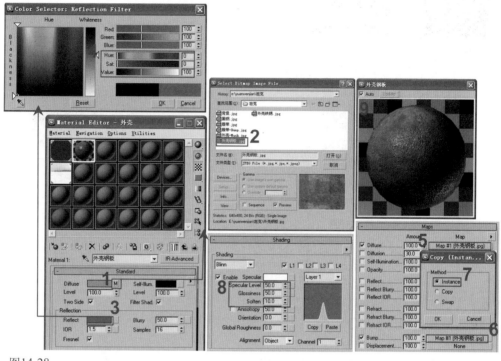

图14-28

Step 3 在视图中选择坦克物体，接着在材质编辑器中激活"外壳"材质，单击 按钮将此材质指定给场景中的选择物体。为坦克物体添加"UVW mapping"修改器，在卷展栏中选择"Box"选项，设置"Length"、"Width"、"Height"数值都为200，如图14-29所示。

图14-29

Step 4 单击 按钮进入"外壳"的第二个子材质（Material2）的设置面板，转换材质类型为"fR-Advanced"，为子材质命名为"外壳铁锈"，如图14-30所示。单击"Diffuse"后的 按钮，选择"Bitmap"贴图并指定"门锁铁锈.jpg"文件。单击"Reflect"后的 按钮，在弹出的"Color Selector"对话框中选择（Hue：0；Sat：0；Value：50）作为材质反射颜色。展开"Maps"卷展栏，拖动"Diffuse"通道后的文件到"Bump"通道中，选择"Instance"方式进行复制。在"Shading"选项组中选择"L1"多选项，设置"Specular Level"数值为35、"Glossiness"数值为45。如图14-30所示。

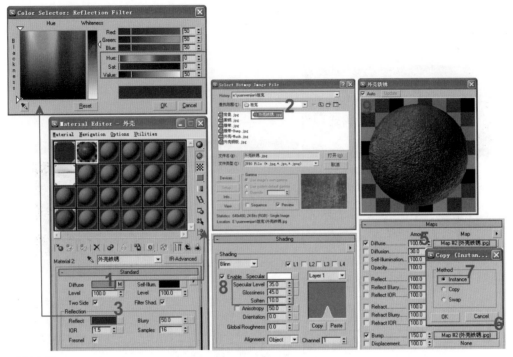

图14-30

Step 5
单击 ☝ 按钮回到此材质的最顶层，将"Blend"材质设置面板中"Mix Amount"的数值设置为100。此时场景中的坦克完全显示第二个子材质，如图14-31所示。

图14-31

Step 6
单击"Mask"后的 None 按钮，在弹出的"Material/Map Browser"对话框中选择"Bitmap"选项并单击 OK 按钮。在接着弹出的"Select Bitmap Image File"对话框中选择"外壳-Mask.jpg"文件。此时，场景中的坦克物体显示的是遮罩贴图，如图14-32所示。

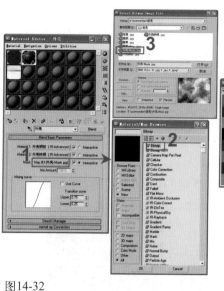

图14-32

Step 7 渲染摄像机视图，效果如图14-33所示。

图14-33

Step 8 回到材质顶层级，在设置面板上将"Upper"的数值设置为0.85，将"Lower"的数值设置为0.3。此时的材质过渡更明显，如图14-34所示。

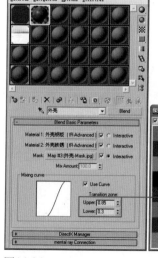

图14-34

Step 9 激活新的空白材质球，命名为"黑钢"，将材质转换为"fR-Advanced"类型材质，如图14-35所示。单击"Diffuse"后的 ▓ 按钮，选择"Bitmap"贴图并指定"黑钢.jpg"文件。单击"Reflect"后的 按钮，在弹出的"Color Selector"对话框中选择（Hue：0；Sat：0；Value：125）的颜色作为材质反射的颜色。展开"Maps"卷展栏，拖动"Diffuse"通道后的文件到"Bump"通道中，选择"Instance"方式进行复制。将"Bump"通道前方的数值设置为100。在"Shading"选项组中选择"L1"多选项，设置"Specular Level"数值为55、"Glossiness"数值为45。

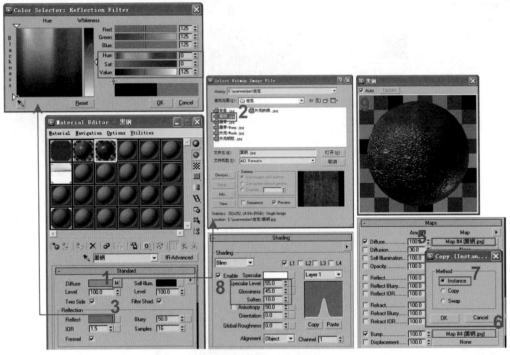

图14-35

Step 10 在视图中选择炮筒和轮子物体，接着在材质编辑器中激活"黑钢"材质，单击 按钮将此材质指定给场景中的选择物体。为选择物体添加"UVW mapping"修改器，在卷展栏中选择"Box"选项，设置"Length"、"Width"、"Height"数值都为250，如图14-36所示。

图14-36

Step 11 激活新的空白材质球，命名为"履带"，将材质转换为"fR-Advanced"类型材质。单击"Diffuse"后的 按钮，选择"Bitmap"贴图并指定"履带.jpg"文件，如图14-37所示。单击"Reflect"后的 按钮，在弹出的"Color Selector"对话框中选择（Hue：0；Sat：0；Value：50）的颜色作为材质反射的颜色。展开"Maps"卷展栏，单击"Bump"通道中的 None 按钮，选择"Bitmap"贴图并指定"履带-Bump.jpg"文件，将"Bump"通道前方的数值设置为100。在"Shading"选项组中选择"L1"多选项，设置"Specular Level"数值为40、"Glossiness"数值为40。

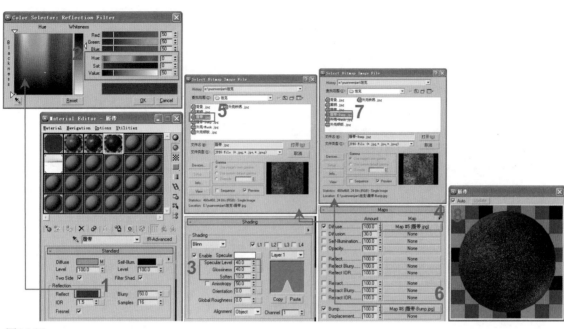

图14-37

Step 12 在视图中选择坦克履带物体，接着在材质编辑器中激活"履带"材质，单击 ⚙ 按钮将此材质指定给场景中的选择物体。为选择物体添加"UVW mapping"修改器，在卷展栏中选择"Box"选项，设置"Length"、"Width"、"Height"数值都为500，如图14-38所示。

图14-38

Step 13 激活新的空白材质球，命名为"白漆"，将材质转换为"fR-Advanced"类型材质，如图14-39所示。单击"Diffuse"后的 ▭ 按钮，在弹出的"Color Selector"对话框中选择白颜色。在"Shading"选项组中选择"L1"多选项，设置"Specular Level"数值为45、"Glossiness"数值为55。在视图中选择标志外框，单击 ⚙ 按钮将此材质指定给场景中的选择物体。

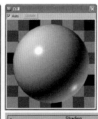

图14-39

Step 14 激活新的空白材质球，命名为"黑漆"，将材质转换为"fR-Advanced"类型材质，如图14-40所示。单击"Diffuse"后的 ████ 按钮，在弹出的"Color Selector"对话框中选择黑色。在"Shading"选项组中选择"L1"多选项，设置"Specular Level"数值为60、"Glossiness"数值为40。在视图中选择标志，单击 ▣ 按钮将此材质指定给场景中的选择物体。

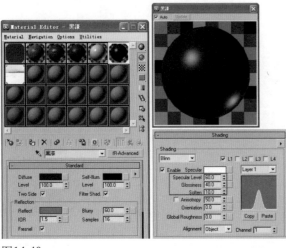
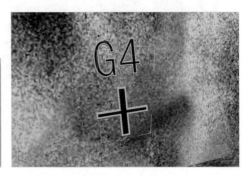

图14-40

Step 15 当指定完成场景材质后，渲染效果如图14-41所示。

图14-41

14.4 本章小结

3ds max 2009 CG

　　当使用Matte/Shadow（无光/投影）材质指定模型，且模型表面接受其他物体受光后，在其表面产生的投影效果中，自身在渲染时不会显示出来，不会对背景进行遮挡，但可遮挡其他物体，还可产生自身投影和接受投影的效果。该材质常用来表现三维场景的投影效果，很多只看到投影却看不到物体的动画都可以用它来制作。

第15章 破旧质感的体现——自行车

本章通过破旧自行车实例学习破旧质感的体现方法。本场景中大量的环境都具有沧桑感，旧水管、旧墙、破旧地砖等物体都显示陈旧并饱经风霜的效果，破旧质感的制作通常依赖Blend材质来表现。Blend材质也叫做混合材质，在CG作品中使用频率较高，混合材质可以在曲面的单个面上将两种材质进行混合。本章的学习重点是使用Blend材质制作破旧效果。

15.1 准备工作

在场景中创建摄像机，确定需要的观察角度，并为场景中的物体指定素模材质。

Step 1 在3ds max 2009中打开"自行车.max"文件，如图15-1所示。

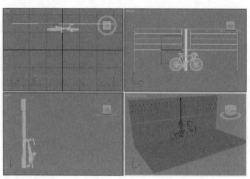

图15-1

Step 2 单击 Target 按钮，在Top视图中拖动创建一架目标摄像机。接着选择摄像机头，在视图下方的输入框中设置（X：-25；Y：-250；Z：215）；接着选择摄像机的目标点，在视图下方的输入框中设置（X：15；Y：0；Z：150），如图15-2所示。

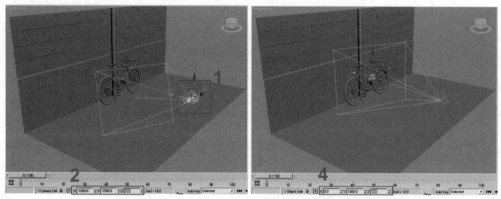

图15-2

Step 3 激活Perspective透视图并转换为摄像机视图，这样便于选择最佳观察角度。在图15-3中选择摄像机并单击 按钮，在卷展栏中将"lens"数值设置为35，此时的摄像机视图将发生变化。

图15-3

Step 4　单击 按钮弹出渲染设置面板，设置"Width"数值为500，设置"Height"数值为344。在摄像机视图左上角单击鼠标右键，在弹出的关联菜单中选择"Show Safe Frame"选项显示安全框，此时摄像机视图如图15-4所示。

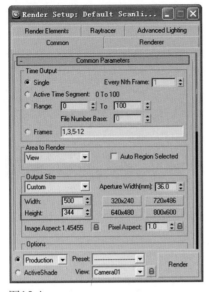

图15-4

Step 5　打开材质编辑器，激活新的空白材质球，材质为标准类型材质。单击"Diffuse"后的按钮，在弹出的颜色选择器中选择灰色（Hue：0；Sat：0；Value：140）作为过渡色，如图15-5所示。

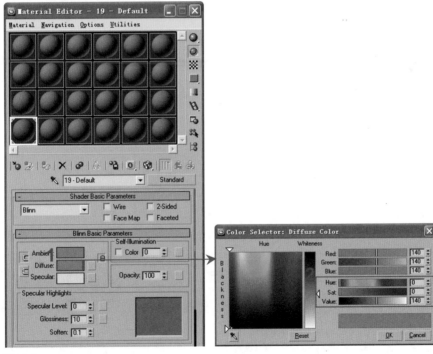

图15-5

Step 6　用鼠标右键单击视图下方的 按钮，在弹出的"Viewport Configuration"对话框中可见默认光源为"1Light"。单击 按钮渲染场景，此时场景效果如图15-6所示。

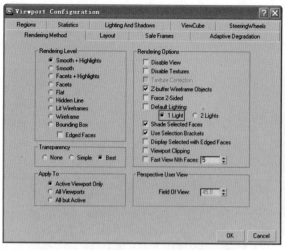

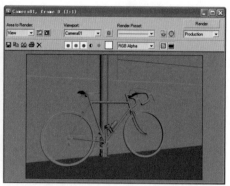

图15-6

15.2 创建场景光源

确定当前渲染器并设置基本渲染参数，在场景中创建并调试光源。

Step 1 选择当前渲染器为finalRender stage-1渲染器。展开"Global Options"卷展栏，勾选"On"选项激活各项参数，如图15-7所示。接着单击 ⊤ 按钮，此卷展栏的参数完全展开，在"Filter"选项组的下拉菜单中选择"Catmull-Rom"过滤器。展开"Skylight"卷展栏，勾选"Sky Type"选项，同时激活"Global Illumination"卷展栏中的各项参数。展开"Skylight"卷展栏，将"Simple Sky"选项组中的强度数值设置为1；接着单击 ███ 按钮，在弹出的"Color Selector"卷展栏中设置天空光颜色为（Hue：155；Sat：75；Value：215）。

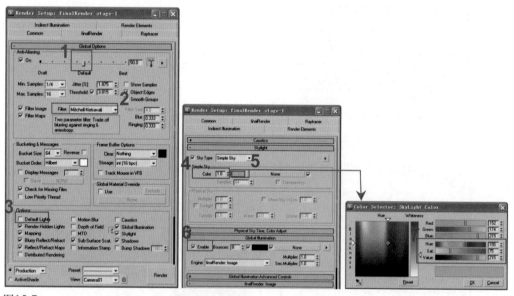

图15-7

Step 2 单击工具栏上的 ◉ 按钮进行渲染，渲染效果如图15-8所示。场景受到天空光的影响，整体偏蓝色。

图15-8

Step 3 设置天空光贴图。单击"Simple Sky"选项组中的 None 按钮，在弹出的"Mater/Map Browser"对话框中选择"Bitmap HDR"贴图，如图15-9所示。

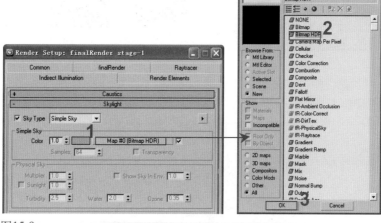

图15-9

Step 4 在键盘上按下【M】键展开材质编辑器，将"Simple Sky"选项组中的"Bitmap HDR"拖动到材质编辑器中的空白材质球上，在弹出的"Instance"对话框中选择"Instance"方式进行复制，如图15-10所示。

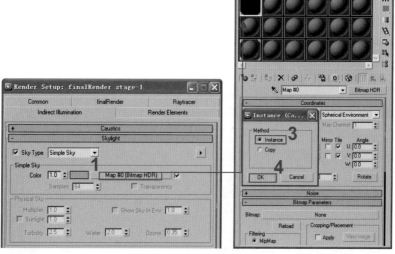

图15-10

Step 5 单击"Bitmap Parameters"对话框中"Bitmap"后的长方形按钮，如图15-11所示。接着指定"hdr-01.hdr"文件。

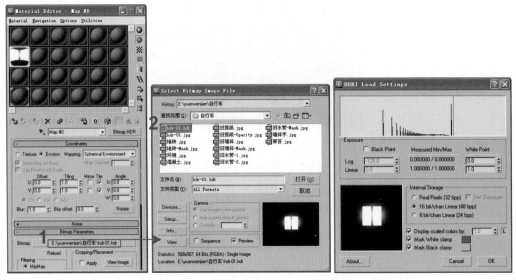

图15-11

Step 6 单击工具栏上的 ⚙ 按钮进行渲染，渲染效果如图15-12所示。场景受到天空光贴图的影响，场景光线整体偏暗。

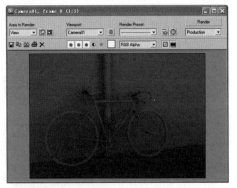

图15-12

Step 7 提高天空光贴图的亮度。在材质编辑器中激活天空光贴图，在"Output"对话框中将"Output Amount"数值设置为5。再次进行渲染，场景光线得到增强，如图15-13所示。

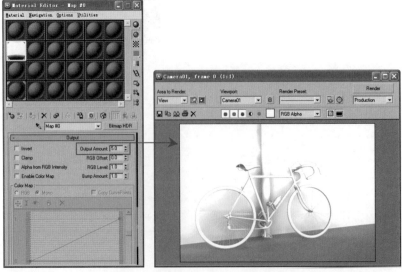

图15-13

Step 8 此时渲染图片的光线略强，可以通过调整天空光贴图的位置来调整场景光线。在天空光贴图的"Coordinates"卷展栏中将U轴上的"Offset"数值设置为0.26。这样贴图位置将发生改变，如图15-14所示。

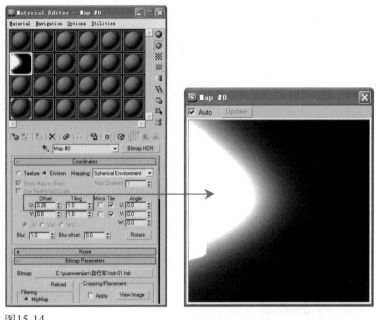

图15-14

Step 9 单击工具栏上的 ◎ 按钮进行渲染，场景光线得到控制，如图15-15所示。

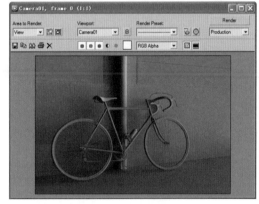

图15-15

Step 10 单击光源创建命令面板上的 Target Spot 按钮，在Top视图中创建一盏目标聚光灯，如图15-16所示。

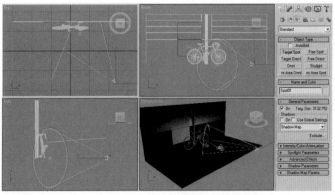

图15-16

Step 11 调整目标聚光灯的位置。在图15-17中选择光源发射点，在视图下方的输入框中设置（X：8000；Y：-6000；Z：10000）；接着选择光源目标点，在视图下方的输入框中设置（X：0；Y：1000；Z：0）。

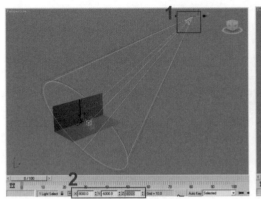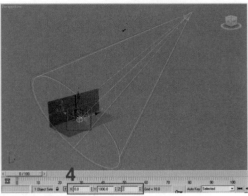

图15-17

Step 12 调整目标聚光灯的颜色。在图15-18所示的"Intensity/Color/Attenuation"卷展栏中单击"Multiplier"后的按钮，在弹出的颜色选择器中选择（Hue：155；Sat：75；Value：215）；接着在"Intensity/Color/Attenuation"卷展栏中将"Hotspot/Beam"数值设置为15，将"Falloff/Field"数值设置为30。

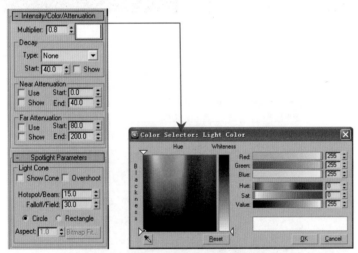

图15-18

Step 13 此时的目标聚光灯照射范围如图15-19所示，再次渲染场景具有主光源。

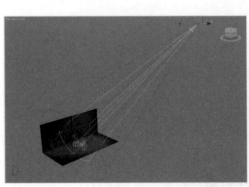

图15-19

Step 14 在图15-20所示的"General Parameters"卷展栏中勾选"Shadows"选项组的"On"选项，选择"fR-Area Shadows"类型的阴影；在"fR-Area Shadows"卷展栏的"Area Type"选项组中选择"Disc"选项，设置"Radius"数值为1。再次进行渲染，场景中的物体具有阴影。

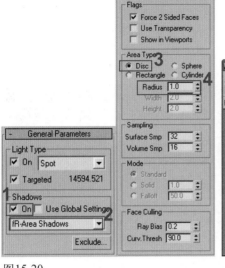

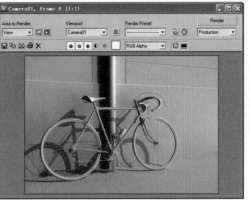

图15-20

Step 15 如果想使画面阴影效果不那么生硬，可以将图15-21中的"Radius"数值设为400。再次进行渲染，阴影将变得柔和。

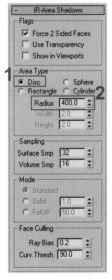

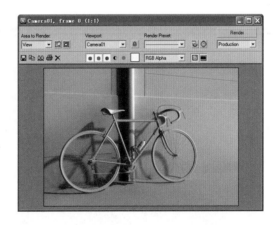

图15-21

15.3 创建场景材质

3ds max 2009 CG

创建场景中的各种材质，如"黄色烤漆"材质、"黑色塑料"材质、"亮钢"材质、"黑钢"材质、"旧水管"材质、"旧报纸"材质、"旧墙"材质、"破旧地砖"材质。

15.3.1 黄色烤漆材质的创建

Step 1 在材质编辑器中激活新的空白材质球，命名为"黄色烤漆"，将材质转换为"fR-Advanced"类型材质，如图15-22所示。单击"Diffuse"后的████按钮，在弹出的"Color Selector"对话框中选择（Hue：20；Sat：215；Value：200）的颜色作为材质固有色。单击"Reflect"后的████按钮，在弹出的"Color Selector"对话框中选择（Hue：0；Sat：0；Value：215）的颜色作为材质反射的颜色。在"Shading"选项组中选择"L1"多选项，设置"Specular Level"数值为65、"Glossiness"数值为45。

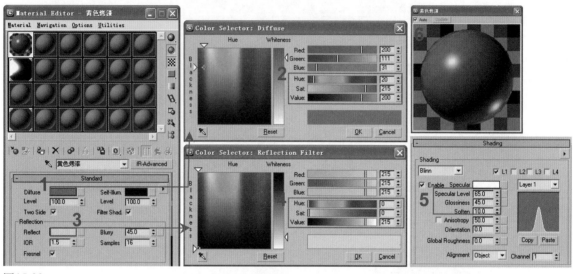

图15-22

Step 2 在视图中选择自行车三角架，接着在材质编辑器中激活"黄色烤漆"材质，单击 🔧 按钮，将此材质指定给场景中的选择物体，效果如图15-23所示。

图15-23

15.3.2 黑色塑料材质的创建

Step 1 在材质编辑器中激活新的空白材质球，命名为"黑色塑料"，将材质转换为"fR-Advanced"类型材质，如图15-24所示。单击"Diffuse"后的████按钮，在弹出的"Color Selector"对话框中选择（Hue：0；Sat：0；Value：30）的颜色作为材质固有色。单击"Reflect"后的████按钮，在弹出的"Color Selector"对话框中选择（Hue：0；Sat：0；Value：125）的颜色作为材质反射的颜色。在"Shading"选项组中选择"L1"多选项，设置"Specular Level"数值为60、"Glossiness"数值为40。

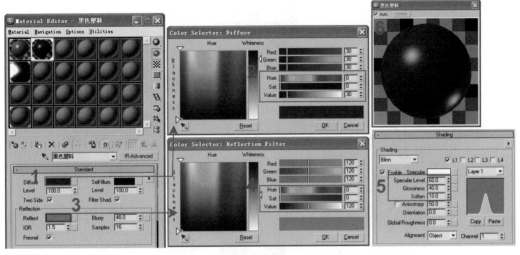

图15-24

Step 2 在视图中选择自行车轮胎和坐垫，接着在材质编辑器中激活"黑色塑料"材质，单击 按钮，将此材质指定给场景中的选择物体，效果如图15-25所示。

图15-25

15.3.3 亮钢材质的创建

Step 1 在材质编辑器中激活新的材质球，为材质命名为"亮钢"，将材质类型转换为"fR-Metal"类型，如图15-26所示。单击"Diffuse"的 █████ 按钮，在弹出的"Color Selector"对话框中选择灰色（Hue：0；Sat：0；Value：150）作为材质固有色。单击"Reflect"的 █████ 按钮，在弹出的"Color Selector"对话框中选择灰色（Hue：0；Sat：0；Value：175）作为反射的颜色。在"Metal Parameters"卷展栏中将"Reflectivity"数值设置为45；勾选"Specular Highlight"选项组的"On"选项，设置"Specular Level"数值为100、"Glossiness"数值为80，接着设置"Blurry"数值设置为65。

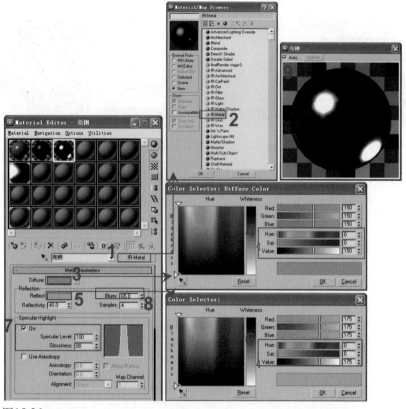

图15-26

Step 2 在视图中选择自行车龙头和钢圈，接着在材质编辑器中激活"亮钢"材质，单击 按钮，将此材质指定给场景中的选择物体。效果如图15-27所示。

图15-27

15.3.4 黑钢材质的创建

Step 1 激活新的材质球，为材质命名为"黑钢"，将材质类型转换为"fR-Metal"类型，如图15-28所示。单击"Diffuse"的 按钮，在弹出的"Color Selector"对话框中选择灰色（Hue：0；Sat：0；Value：50）作为材质固有色。单击"Reflect"的 按钮，在弹出的"Color Selector"对话框中选择灰色（Hue：0；Sat：0；Value：125）作为反射的颜色。在"Metal Parameters"卷展栏中将"Reflectivity"数值设置为35；勾选"Specular Highlight"选项组的"On"选项；设置"Specular Level"数值为85、"Glossiness"数值为65；接着设置"Blurry"数值设置为55。

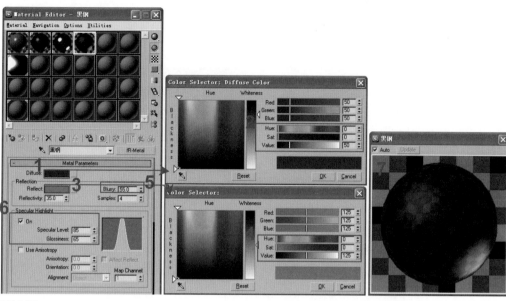

图15-28

Step 2 在视图中选择链条和脚架物体，接着在材质编辑器中激活"亮钢"材质，单击 按钮，将此材质指定给场景中的选择物体。此时渲染视图，效果如图15-29所示。

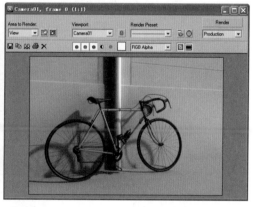

图15-29

Step 3 执行菜单栏中的"Rendering"→"Environment"命令，弹出"Environment and Effects"对话框，如图15-30所示。单击"Environment Map"选项组中的 None 按钮，在弹出的"Material/Map Browser"对话框中选择"Bitmap HDR"贴图。

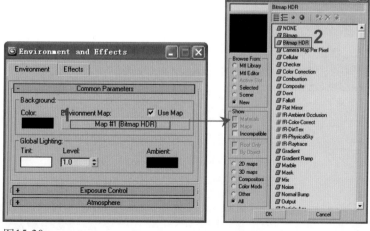

图15-30

Step 4 在键盘上按下【M】键展开材质编辑器，如图15-31所示，将"Environment Map"选项组中的贴图拖动到材质编辑器中的空白材质球上，在弹出的"Instance"对话框中选择"Instance"方式进行复制。

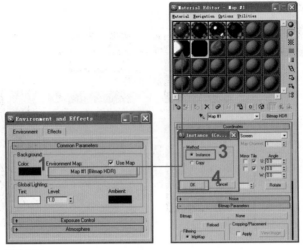

图15-31

Step 5 单击图15-32所示的"Bitmap Parameters"对话框中"Bitmap"后的长方形按钮，接着指定"环境.jpg"文件作为环境贴图。

图15-32

Step 6 提高环境贴图的亮度。在材质编辑器中激活天空光贴图，在"Output"对话框中将"Output Amount"数值设置为3，如图15-33所示。再次进行渲染，环境光线得到增强。

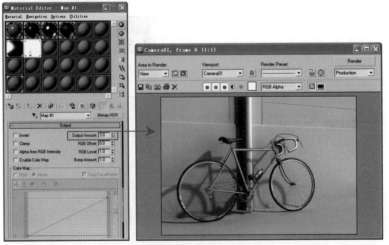

图15-33

15.3.5 旧水管材质的创建

Step 1 创建水管的材质，此材质具有污垢，需要使用"Blend"材质来表现。激活新的材质，单击 Standard 按钮，如图15-34所示。在弹出的"Material/Map Browser"对话框中选择"Blend"选项并单击 OK 按钮。在弹出的"Replace Material"对话框中选择"Discard old material"选项替换原来的材质，单击 OK 按钮完成材质类型的转换。

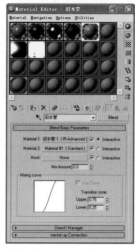

图15-34

Step 2 进入第一个子材质（Material1）的设置面板，将材质转换为"fR-Advanced"类型，为子材质命名为"旧水管-1"，如图15-35所示。单击"Diffuse"后的 按钮，在弹出的"Material/Map Browser"对话框中选择"Bitmap"选项并单击 OK 按钮。在接着弹出的"Select Bitmap Image File"对话框中选择"旧水管-1.jpg"文件。单击"Reflect"后的 按钮，在弹出的"Color Selector"对话框中选择（Hue：0；Sat：0；Value：100）的颜色作为控制材质反射颜色。展开"Maps"卷展栏，拖动"Diffuse"通道后的文件到"Bump"通道中，在弹出的"Instance"对话框中选中"Instance"选项，单击 OK 按钮将贴图复制。在"Shading"选项组中选择"L1"多选项，设置"Specular Level"数值为40、"Glossiness"数值为45、"Soften"数值为10。

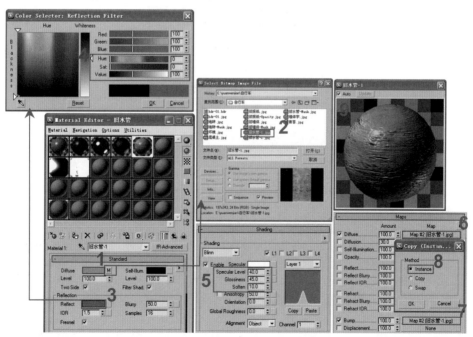

图15-35

Step 3 在视图中选择水管物体，接着在材质编辑器中激活此材质，单击 按钮，将此材质指定给场景中的选择物体，如图15-36所示。为水管添加"UVW mapping"修改器，在卷展栏中选择"Cylindrical"选项，设置"Length"和"Width"数值为500，设置"Height"数值为2000。

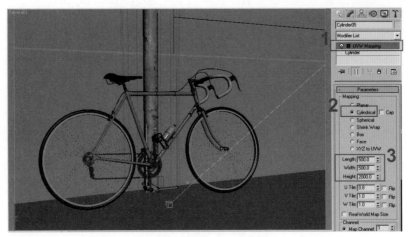

图15-36

Step 4 在材质编辑器中单击 按钮回到材质顶层。在设置面板上将"Mix Amount"数值设置为100，如图15-37所示。

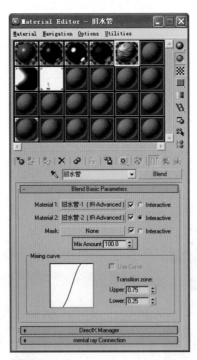

图15-37

Step 5 进入第二个子材质（Material2）的设置面板，将材质转换为"fR-Advanced"类型，为子材质命名为"旧水管-2"，如图15-38所示。单击"Diffuse"后的 按钮，在弹出的"Material/Map Browser"对话框中选择"Bitmap"选项并指定"旧水管-2.jpg"文件。单击"Reflect"后的 按钮，在弹出的"Color Selector"对话框中选择（Hue：0；Sat：0；Value：60）的颜色作为控制材质反射颜色。展开"Maps"卷展栏，拖动"Diffuse"通道后的文件到"Bump"通道中，在弹出的"Copy"对话框中选中"Instance"选项，单击 OK 按钮将贴图复制。在"Shading"选项组中选择"L1"多选项，设置"Specular Level"数值为30、"Glossiness"数值为35。

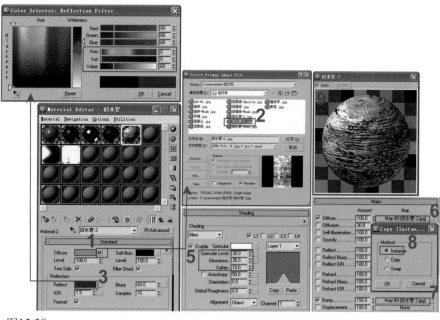

图15-38

Step 6 此时视图中水管物体的贴图如图15-39所示。

图15-39

Step 7 回到"旧水管"材质的顶层，如图15-40所示，单击"Mask"后的 None 按钮，在弹出的"Material/Map Browser"对话框中选择"Bitmap"选项并单击 OK 按钮。在接着弹出的"Select Bitmap Image File"对话框中选择"旧水管-Mask.jpg"文件。此时材质球局部出现污垢。

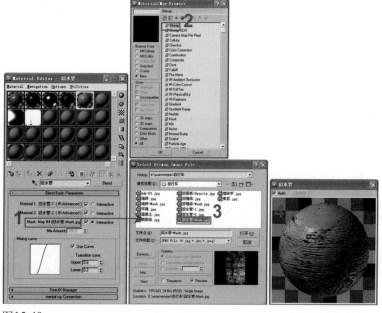

图15-40

Step 8 单击 👁 按钮渲染摄像机视图，旧水管效果如图15-41所示。

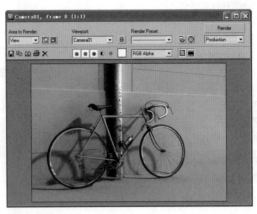

图15-41

15.3.6 旧报纸材质的创建

Step 1 激活新的材质球，为此材质命名为"旧报纸"，将材质转换为"fR-Advanced"类型。单击"Diffuse"后的 █ 按钮，在弹出的"Material/Map Browser"对话框中选择"Bitmap"选项并指定"旧报纸.jpg"文件。在"Shading"选项组中选择"L1"多选项，设置"Specular Level"数值为25、"Glossiness"数值为30，如图15-42所示。在视图中选择墙壁上的报纸物体，接着在材质编辑器中激活此材质，单击 █ 按钮将此材质指定给场景中的选择物体。

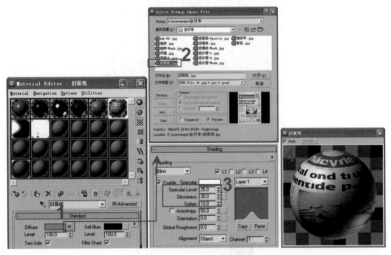

图15-42

Step 2 渲染摄像机视图，可见报纸的贴图坐标不正确。为墙壁添加"UVW mapping"修改器，在卷展栏中选择"Box"选项，设置"Length"数值为1600，设置"Width"数值为1200，设置"Height"数值为15。此时报纸的贴图才正确显示，如图15-43所示。

图15-43

Step 3 展开如图15-44所示的"Maps"卷展栏，单击"Opacity"通道后的 [　None　] 按钮，在弹出的"Material/Map Browser"对话框中选择"Bitmap"选项并指定"旧报纸-Opacity.jpg"文件。此时的报纸材质局部透明。

图15-44

提示　　　当在"Opacity"通道中添加贴图后，报纸将根据贴图的黑白颜色进行分布，报纸材质局部变得透明。

Step 4 再次渲染摄像机视图，此时场景中的材质如图15-45所示。

图15-45

15.3.7　旧墙材质的创建

Step 1 在材质编辑器中激活新的材质球，为材质命名为"旧墙"，将材质类型转换为"Blend"材质，如图15-46所示。

Step 2 进入第一个子材质（Material1）的设置面板，将材质转换为"fR-Advanced"类型，为子材质命名为"水泥墙"，如图15-47所示。单击"Diffuse"后的▇按钮，在弹出的"Material/Map Browser"对话框中选择"Mix"贴图。

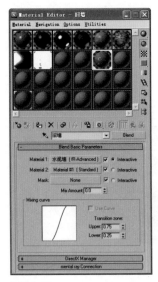

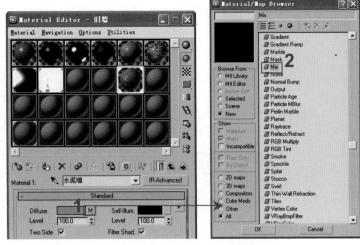

图15-46   图15-47

Step 3 进入"Mix"贴图的设置面板，单击Color#1后的 [None] 按钮，在弹出的"Material/Map Browser"对话框中选择"Bitmap"选项并指定"混凝土.jpg"文件。接着单击Color#2后的 [ ] 按钮，在弹出的"Color Selector"对话框中选择（Hue：0；Sat：0；Value：225）的颜色。然后单击"Mix Amount"后的 [None] 按钮，在弹出的"Material/Map Browser"对话框中选择"Bitmap"选项并指定"墙体字.jpg"文件。此时的材质球如图15-48所示。

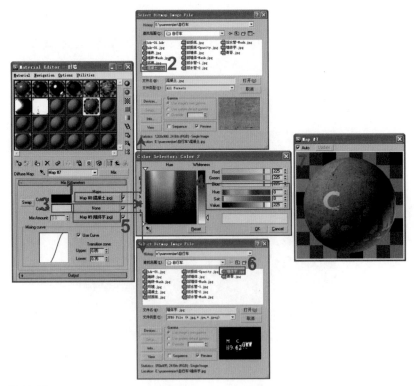

图15-48

Step 4 展开如图15-49所示的"Maps"卷展栏，单击"Diffuse"通道后的 [None] 按钮，在弹出的"Material/Map Browser"对话框中选择"Bitmap"选项并指定"混凝土.jpg"文件，将此通道前方的数值设置为50。单击"Reflect"后的 [ ] 按钮，在弹出的"Color Selector"对话框中选择（Hue：0；Sat：0；Value：65）作为材质反射的颜色。在

"Shading"选项组中选择"L1"多选项，设置"Specular Level"数值为30、"Glossiness"数值为40。

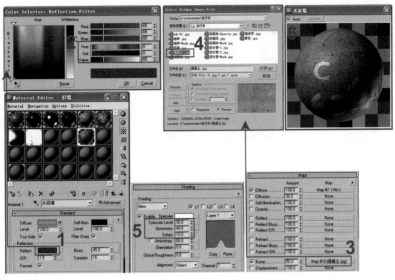

图15-49

Step 5 在视图中选择墙壁物体，接着在材质编辑器中激活此材质，单击 按钮将此材质指定给场景中的选择物体。为墙壁添加"UVW mapping"修改器，在卷展栏中选择"Box"选项，设置"Length"数值为2400，设置"Width"数值为4200，设置"Height"数值为100。渲染摄像机视图，场景中的墙壁如图15-50所示，无陈旧感。

图15-50

Step 6 在材质编辑器上单击 按钮回到材质顶层。在设置面板上将"Mix Amount"数值设置为100，如图15-51所示。

Step 7 进入第二个子材质（Material2）的设置面板，转换材质类型为"fR-Advanced"，为子材质命名为"旧墙体"，如图15-52所示。单击"Diffuse"后的 按钮，选择"Bitmap"贴图并指定"旧墙体.jpg"文件。单击"Reflect"后的 按钮，在弹出的"Color Selector"对话框中选择（Hue：0；Sat：0；Value：45）作为材质反射的颜色。展开"Maps"卷展栏，拖动"Diffuse"通道后的文件到"Bump"通道中，选择"Instance"方式进行复制。在"Shading"选项组中选择"L1"多选项，设置"Specular Level"数值为25、"Glossiness"数值为35。

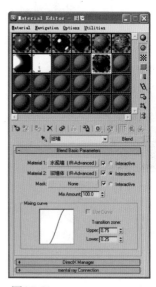

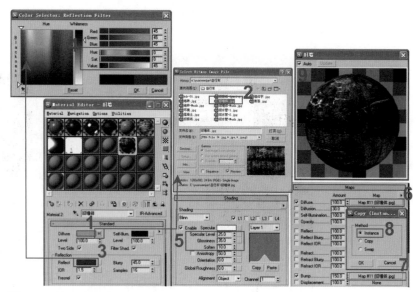

图15-51 　　　　　　　　　　　　　　　　图15-52

Step 8 此时场景中墙壁显示的是第二个子材质贴图，如图15-53所示。

Step 9 回到"旧墙"材质的顶层，单击"Mask"后的 None 按钮，在弹出的"Material/
Map Browser"对话框中选择"Bitmap"选项并指定"旧墙体-Mask.jpg"文件。此时拥有了
遮罩贴图的材质球如图15-54所示。

图15-53 　　　　　　　　　　　　　　　　图15-54

Step 10 再次渲染摄像机视图，场景中的墙壁材质如图15-55所示。

图15-55

15.3.8 破旧地砖材质的创建

Step 1 设置场景中的地砖材质时，仍然需要通过"Blend"材质来体现破旧感。在材质编辑器中激活新的材质球，为材质命名为"破旧地砖"，将材质类型转换为"Blend"材质，如图15-56所示。

Step 2 进入第一个子材质（Material1）的设置面板，转换材质类型为"fR-Advanced"，为子材质命名为"地砖"，如图15-57所示。单击"Diffuse"后的▓按钮，选择"Bitmap"贴图并指定"地砖.jpg"文件。单击"Reflect"后的▓▓▓▓按钮，在弹出的"Color Selector"对话框中选择（Hue：0；Sat：0；Value：75）的颜色作为材质反射的颜色。展开"Maps"卷展栏，拖动"Diffuse"通道后的文件到"Bump"通道中，选择"Instance"方式进行复制。在"Shading"选项组中选择"L1"多选项，设置"Specular Level"数值为35、"Glossiness"数值为45。

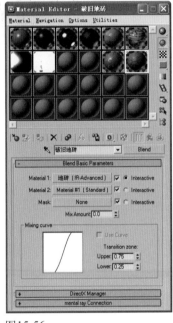

图15-56

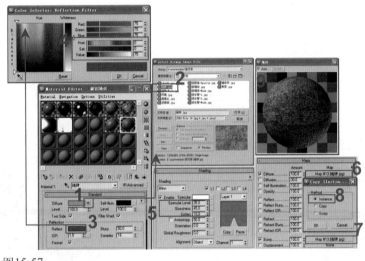

图15-57

Step 3 在视图中选择地面，接着在材质编辑器中激活此材质，单击▓按钮将此材质指定给场景中的选择物体。为墙壁添加"UVW mapping"修改器，在卷展栏中选择"Box"选项，设置"Length"和"Width"数值为1000，设置"Height"数值为1，如图15-58所示。

图15-58

Step 4 进入如图15-59所示的第二个子材质（Material2）的设置面板，转换材质类型为"fR-Advanced"，为子材质命名为"青苔"。单击"Diffuse"后的▓按钮，选择"Bitmap"贴图并指定"青苔.jpg"文件。展开"Maps"卷展栏，拖动"Diffuse"通道后的文件到"Bump"通道中，选择"Instance"方式进行复制。在"Shading"选项组中选择"L1"多选项，设置"Specular Level"数值为25、"Glossiness"数值为30。

Step 5 此时场景中的地面完全显示的是第二个子材质的贴图，如图15-60所示。

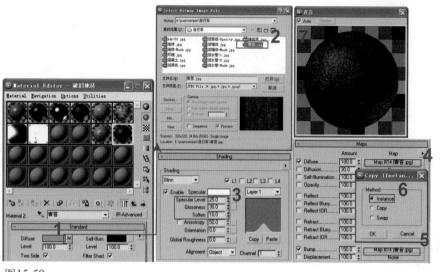

图15-59

图15-60

Step 6 回到"旧墙"材质的顶层，单击"Mask"后的 None 按钮，在弹出的"Material/Map Browser"对话框中选择"Bitmap"选项并指定"地砖-Mask.jpg"文件。此时拥有了遮罩贴图的材质球如图15-61所示。

Step 7 此时场景中的所有物体都被指定了材质，单击 按钮进行渲染，效果如图15-62所示。

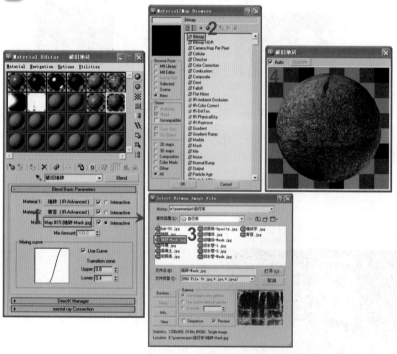

图15-61

图15-62

15.4 本章小结

本章介绍的Blend（混合）材质能将两个不同的材质融合在一起，根据融合度的不同，控制两种材质的显示程度也不同。用户可以利用这种特性制作材质变形动画，也可指定一张图像作为融合的Mask遮罩。利用它本身的灰度值来决定两种材质的融合程度，它经常被用于制作一些质感要求较高的物体，如打磨的大理石、破墙、脏地板等。

第16章 户外光线与质感的控制——仙人球

本章通过仙人球实例学习对户外光线与质感的控制。此场景表现的是多云的户外光线，这样，场景中没有非常强烈的太阳光源，此时光线强度适中，反差小，能够表现植物的细部。此场景涉及的材质也比较多，注意体现多种材质的不同质感。本章的学习重点是模拟多云天气的光线特点。

16.1 准备工作

在进行渲染前，首先要创建摄像机，确定场景的观察角度，摄像机角度的选择对于作品的表现、构图都有很大关系。

Step 1 在3ds max 2009中打开"仙人球.max"文件，如图16-1所示。

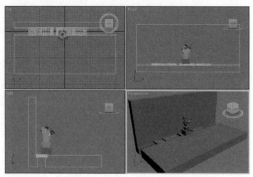

图16-1

Step 2 为了更清楚地观察场景中的物体，单击  Target 按钮，在Top视图中创建一架摄像机，如图16-2所示。选择摄像机头，在视图下方的输入框中设置（X：100；Y：-825；Z：450）；接着选择摄像机的目标点，在视图下方的输入框中设置（X：-275；Y：550；Z：300）。

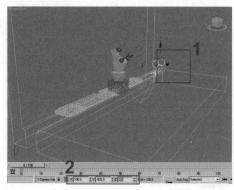 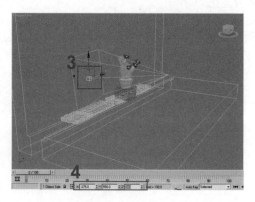

图16-2

Step 3 激活Perspective透视图并转换为摄像机视图。为了便于选择最佳的观察角度，需要调整摄像机参数。选择摄像机并单击 按钮，在卷展栏中将"lens"数值设置为35，此时的摄像机视图将发生变化，如图16-3所示。

图16-3

Step 4 打开渲染设置面板，设置"Width"数值为406，设置"Height"数值为500。在摄像机视图左上角单击鼠标右键，在弹出的关联菜单中选择"Show Safe Frame"选项显示安全框，此时摄像机视图如图16-4所示。

图16-4

Step 5 打开材质编辑器，激活新的空白材质球，材质为标准类型材质。单击Diffuse后的 ▬▬▬ 按钮，在弹出的颜色选择器中选择灰色（Hue：0；Sat：0；Value：150）作为过渡色，如图16-5所示。在视图中选择所有的物体，接着在激活此材质的前提下，单击 ▣ 按钮将此材质指定给场景中选择的物体。

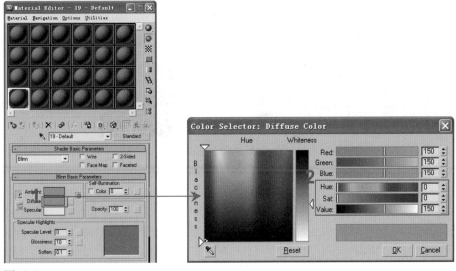

图16-5

Step 6 用鼠标右键单击视图下方的 ▣ 按钮，在弹出的"Viewport Configuration"对话框中可见默认光源为"1Light"。单击 ▣ 按钮渲染场景，场景效果如图16-6所示。

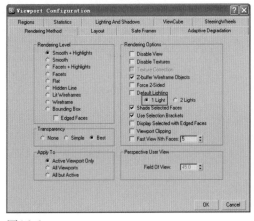

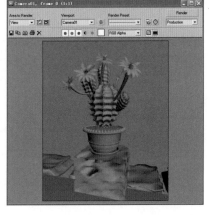

图16-6

16.2 创建户外场景光源

创建户外场景中的光源时，使用"Bitmap HDR"贴图模拟环境光源；接着运用目标聚光灯创建主光源模拟户外光线。

16.2.1 使用Bitmap HDR贴图模拟环境光源

Step 1 选择当前渲染器为finalRender stage-1渲染器。展开"Global Options"卷展栏，勾选"On"选项激活各项参数，如图16-7所示。接着单击**T**按钮，此卷展栏的参数完全展开，在"Filter"选项组的下拉菜单中选择"Catmull-Rom"过滤器。展开"Skylight"卷展栏，勾选"Sky Type"选项，将"Simple Sky"选项组中的强度数值设置为1；接着单击████按钮，在弹出的"Color Selector"卷展栏中设置天空光颜色为（Hue：155；Sat：75；Value：215）。

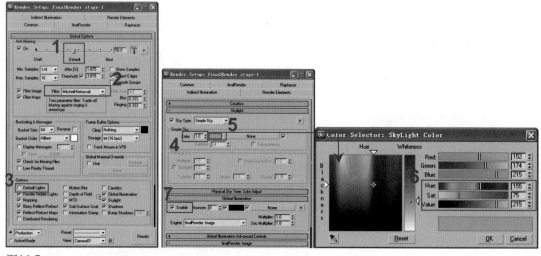

图16-7

Step 2 单击工具栏上的◎按钮进行渲染，渲染效果如图16-8所示，场景受到了蓝色天空光的影响。

Step 3 仅仅通过天空光的颜色来影响场景，画面的光效不够丰富。通常，户外场景的光效受到多种因素影响，因此，可以通过设置天空光贴图来影响场景光源。单击"Simple Sky"选项组中的████ None ████按钮，在弹出的"Mater/Map Browser"对话框中选择"Bitmap HDR"贴图，如图16-9所示。

图16-8

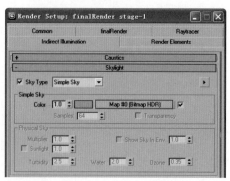

图16-9

Step 4　在键盘上按下【M】键展开材质编辑器，将"Simple Sky"选项组中的"Bitmap HDR"拖动到材质编辑器中的空白材质球上，在弹出的"Instance"对话框中选择"Instance"方式进行复制，如图16-10所示。

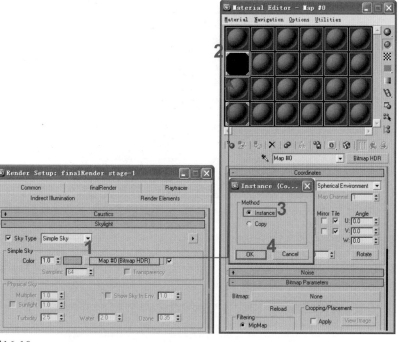

图16-10

Step 5　单击"Bitmap Parameters"对话框中"Bitmap"后的长方形按钮，接着指定"环境.jpg"文件，如图16-11所示。

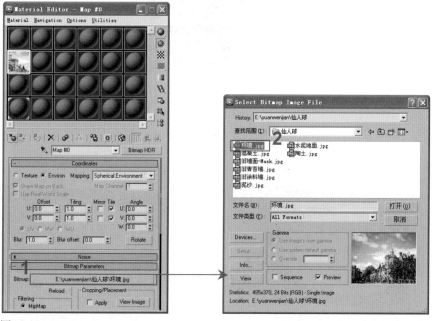

图16-11

Step 6　单击工具栏上的 按钮进行渲染，渲染效果如图16-12所示。场景受到天空光贴图的影响，因此，场景的光线较丰富。

图16-12

16.2.2 创建主光源模拟户外光线

Step 1 可以创建一盏主光源模拟户外太阳光源。单击光源创建命令面板上的 Target Spot 按钮，在Top
视图中创建一盏目标聚光灯，如图16-13所示。

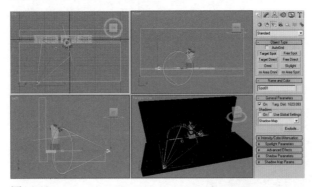

图16-13

Step 2 调整目标聚光灯的位置。选择如图16-14所示的光源发射点，在视图下方的输入框中设置
（X：-2000；Y：-2000；Z：2500）；接着选择光源目标点，在视图下方的输入框中设置
（X：-100；Y：-125；Z：0）。

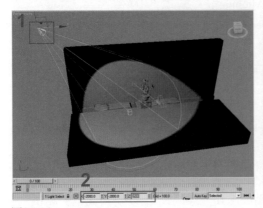
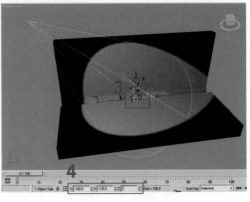

图16-14

Step 3 调整目标聚光灯的颜色。在"Intensity/Color/Attenuation"卷展栏中将"Hotspot/Beam"数值
设置为45，将"Falloff/Field"数值设置为75。目标聚光灯的照射范围增加，照射区域边缘光
线柔和，如图16-15所示。

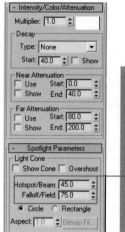
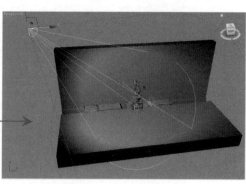

图16-15

Step 4 因为在场景中添加了主光源，再次渲染可见场景亮度得到增加，如图16-16所示。

图16-16

16.2.3 调整光源颜色并设置场景阴影

Step 1 调整目标聚光灯的颜色。在"Intensity/Color/Attenuation"卷展栏中单击"Multiplier"后的按钮，在弹出的颜色选择器中选择（Hue：155；Sat：75；Value：215）的颜色作为目标聚光灯的颜色，如图16-17所示。

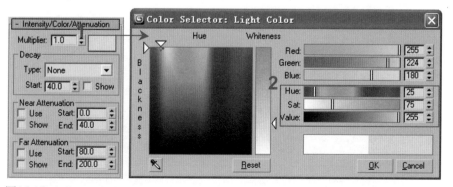

图16-17

Step 2 再次渲染场景，由于受到目标聚光灯的影响，可见场景偏暖色，如图16-18所示。

图16-18

Step 3 在"General Parameters"卷展栏中勾选"Shadows"选项组的"On"选项，选择"fR-Area Shadows"类型的阴影；再次进行渲染，场景中的物体产生阴影，如图16-19所示。

图16-19

Step 4 此时场景中的阴影略显生硬，可以将"Radius"数值设为200；再次渲染，阴影将变得柔和，如图16-20所示。

图16-20

16.3 创建场景材质

本节创建场景中的"混凝土"材质、"陶土"材质、"泥沙"材质、"仙人球"材质、"花瓣"材质、"花丝"材质、"水泥地面"材质、"破旧墙面"材质等。

16.3.1 混凝土材质的创建

Step 1 在材质编辑器中激活新的空白材质球，命名为"混凝土"，将材质转换为"fR-Advanced"类型材质，如图16-21所示。单击"Diffuse"后的 ▊ 按钮，在弹出的"Material/Map Browser"对话框中选择"Bitmap"选项并单击 OK 按钮。在接着弹出的"Select Bitmap Image File"对话框中选择"混凝土.jpg"文件。展开"Maps"卷展栏，拖动"Diffuse"通道后的文件到"Bump"通道中，在弹出的"Copy"对话框中选中"Instance"选项，单击 OK 按钮将贴图复制。在"Shading"选项组中选择"L1"多选项，设置"Specular Level"数值为35、"Glossiness"数值为45。

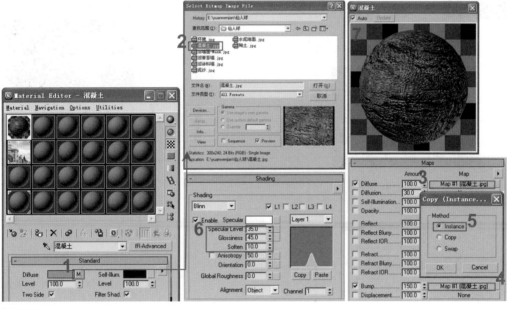

图16-21

Step 2 在视图中选择石台物体，接着在材质编辑器中激活此材质，单击 🖧 按钮将此材质指定给场景中的选择物体，如图16-22所示。为水管添加"UVW mapping"修改器，在卷展栏中选择"Box"选项，设置"Length"、"Width"和"Height"数值都为200。

图16-22

16.3.2 陶土材质的创建

Step 1 在材质编辑器中激活新的空白材质球，命名为"陶土"，将材质转换为"fR-Advanced"类型材质，如图16-23所示。单击"Diffuse"后的 ▇ 按钮，在弹出的"Material/Map Browser"对话框中选择"Bitmap"选项并指定"陶土.jpg"文件。单击"Reflect"后的 ▇▇▇▇▇ 按钮，在弹出的"Color Selector"对话框中选择（Hue：0；Sat：0；Value：85）的颜色作为材质反射的颜色。展开"Maps"卷展栏，拖动"Diffuse"通道后的文件到"Bump"通道中，在弹出的"Copy"对话框中选中"Instance"选项，单击 ▇ OK ▇ 按钮将贴图复制。在"Shading"选项组中选择"L1"多选项，设置"Specular Level"数值为55、"Glossiness"数值为45，其余设置见图16-23。

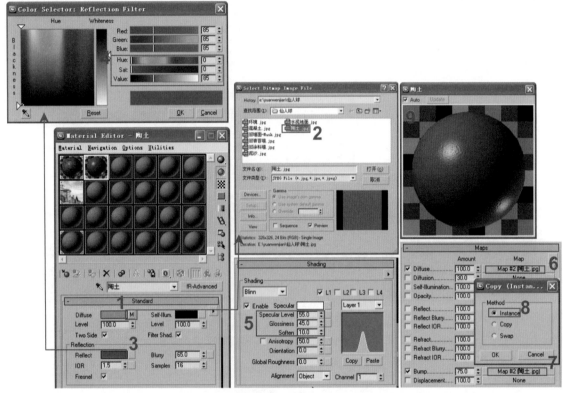

图16-23

Step 2 在视图中选择花盆物体，接着在材质编辑器中激活此材质，单击 ▇ 按钮将此材质指定给场景中的选择物体。为花盆添加"UVW mapping"修改器，在卷展栏中选择"Box"选项，设置"Length"、"Width"和"Height"数值都为500，如图16-24所示。

图16-24

16.3.3 泥沙材质的创建

Step 1 在材质编辑器中激活新的空白材质球，命名为"泥沙"，将材质转换为"fR-Advanced"类型材质，如图16-25所示。单击"Diffuse"后的▉按钮，在弹出的"Material/Map Browser"对话框中选择"Bitmap"选项并指定"泥沙.jpg"文件。展开"Maps"卷展栏，拖动"Diffuse"通道后的文件到"Bump"通道中，在弹出的"Copy"对话框中选中"Instance"选项，单击 OK 按钮将贴图复制。在"Shading"选项组中选择"L1"多选项,设置"Specular Level"数值为20、"Glossiness"数值为25。

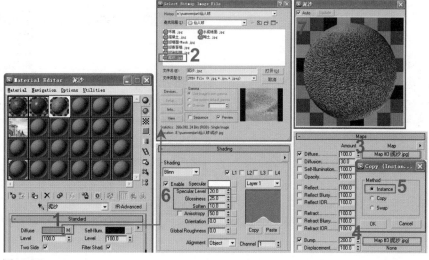

图16-25

Step 2 在视图中选择花盆中的泥土物体，接着在材质编辑器中激活此材质，单击▉按钮将此材质指定给场景中的选择物体。为水管添加"UVW mapping"修改器，在卷展栏中选择"Box"选项，设置"Length"、"Width"和"Height"数值都为200，如图16-26所示。

图16-26

16.3.4 仙人球和仙人球刺材质的创建

Step 1 在材质编辑器中激活新的空白材质球，命名为"仙人球"，将材质转换为"fR-Advanced"类型材质，如图16-27所示。单击"Diffuse"后的▉按钮，在弹出的"Material/Map Browser"对话框中选择"Gradient"贴图。在"Gradient"贴图设置面板上单击"Color#1"后的▉▉▉▉按钮，在弹出的"Color Selector"对话框中选择（Hue：75；Sat：125；Value：135）的颜色。单击"Color#2"后的▉▉▉▉按钮，在弹出的"Color Selector"对话框中选择（Hue：75；Sat：125；Value：135）的颜色。单击"Color#3"后的▉▉▉▉按

钮，在弹出的"Color Selector"对话框中选择（Hue：80；Sat：115；Value：100）的颜色。
单击"Reflect"后的 按钮，在弹出的"Color Selector"对话框中选择（Hue：85；
Sat：75；Value：85）的颜色。在"Shading"选项组中选择"L1"多选项，设置"Specular
Level"数值为35、"Glossiness"数值为45。

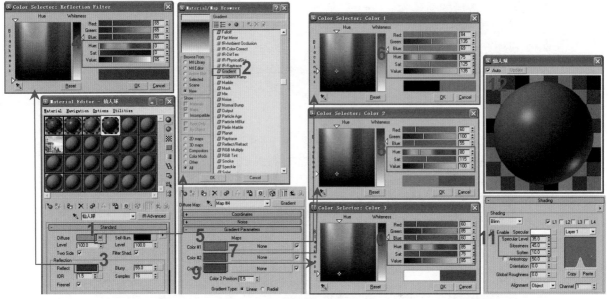

图16-27

Step 2 在视图中选择仙人球球体，接着在材质编辑器中激活此材质，单击 按钮将此材质指定给场
景中的选择物体，并分别为仙人球球体添加"UVW mapping"修改器，如图16-28所示。

图16-28

Step 3 在材质编辑器中激活新的空白材质球，命名为"仙人球刺"，将材质转换为"fR-
Advanced"类型材质，如图16-29所示。单击"Diffuse"后的 按钮，在弹出的"Material/
Map Browser"对话框中选择"Gradient"贴图。在"Gradient"贴图设置面板上单击
"Color#1"后的 按钮，在弹出的"Color Selector"对话框中选择（Hue：40；Sat：
150；Value：200）的颜色。单击"Color#2"后的 按钮，在弹出的"Color Selector"
对话框中选择（Hue：50；Sat：75；Value：75）的颜色。单击"Color#3"后的 按
钮，在弹出的"Color Selector"对话框中选择（Hue：30；Sat：60；Value：60）的颜色。
单击"Reflect"后的 按钮，在弹出的"Color Selector"对话框中选择（Hue：85；
Sat：75；Value：85）的颜色。在"Shading"选项组中选择"L1"多选项，设置"Specular
Level"数值为30、"Glossiness"数值为35。

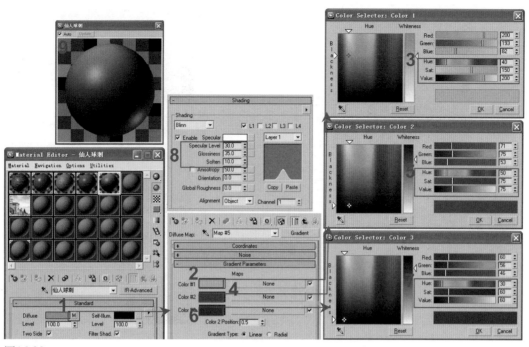

图16-29

Step 4　在视图中选择仙人球球体，接着在材质编辑器中激活此材质，单击 按钮将此材质指定给场景中的选择物体，并分别为仙人球球体添加"UVW mapping"修改器，如图16-30所示。

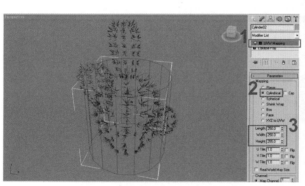

图16-30

16.3.5 花柄和花瓣材质的创建

Step 1　在材质编辑器中激活新的空白材质球，命名为"花柄"，将材质转换为"fR-Advanced"类型材质，如图16-31所示。单击"Diffuse"后的 按钮，在弹出的"Material/Map Browser"对话框中选择"Gradient"贴图。在"Gradient"贴图设置面板上单击"Color#1"后的 按钮，在弹出的"Color Selector"对话框中选择（Hue：25；Sat：20；Value：240）的颜色。单击"Color#2"后的 按钮，在弹出的"Color Selector"对话框中选择（Hue：35；Sat：85；Value：200）的颜色。单击"Color#3"后的 按钮，在弹出的"Color Selector"对话框中选择（Hue：60；Sat：115；Value：120）的颜色。在"Shading"选项组中选择"L1"多选项，设置"Specular Level"数值为25、"Glossiness"数值为40。

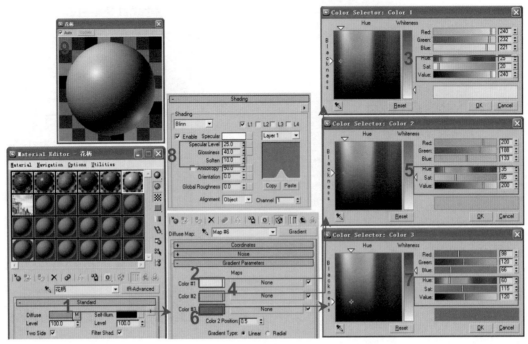

图16-31

Step 2 在视图中选择花柄，接着在材质编辑器中激活此材质，单击 按钮将此材质指定给场景中的选择物体。为场景中的花柄分别添加"UVW mapping"修改器，选择如图16-32所示的物体并添加"UVW mapping"修改器。在卷展栏中选择"Cylindrical"选项，设置"Length"和"Width"数值为55、"Height"数值为255。

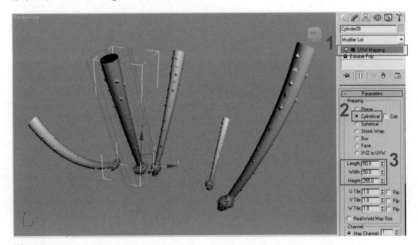

图16-32

Step 3 在材质编辑器中激活新的空白材质球，命名为"花瓣"，将材质转换为"fR-Advanced"类型材质，如图16-33所示。单击"Diffuse"后的 按钮，在弹出的"Material/Map Browser"对话框中选择"Gradient"贴图。在"Gradient"贴图设置面板上单击"Color#1"后的 按钮，在弹出的"Color Selector"对话框中选择（Hue：0；Sat：0；Value：250）的颜色。单击"Color#2"后的 按钮，在弹出的"Color Selector"对话框中选择（Hue：26；Sat：6；Value：230）的颜色。单击"Color#3"后的 按钮，在弹出的"Color Selector"对话框中选择（Hue：30；Sat：15；Value：175）的颜色。在"Shading"选项组中选择"L1"多选项，设置"Specular Level"数值为25、"Glossiness"数值为45。

16
Chapter

9
Chapter
(p165~188)

10
Chapter
(p189~218)

11
Chapter
(p219~226)

12
Chapter
(p227~242)

13
Chapter
(p243~260)

14
Chapter
(p261~276)

15
Chapter
(p277~300)

16
Chapter
(p301~320)

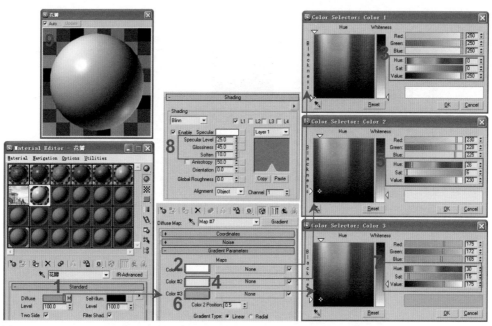

图16-33

Step 4 在视图中选择花朵，接着在材质编辑器中激活此材质，单击 按钮将此材质指定给场景中的选择物体。为场景中的花朵分别添加"UVW mapping"修改器，选择如图16-34所示的物体并添加"UVW mapping"修改器。在卷展栏中选择"Cylindrical"选项，设置"Length"和"Width"数值为125、"Height"数值为75。

图16-34

16.3.6 花药和花丝材质的创建

Step 1 在材质编辑器中激活新的空白材质球，命名为"花药"，将材质转换为"fR-Advanced"类型材质，如图16-35所示。单击"Diffuse"后的 按钮，在弹出的"Color Selector"对话框中选择（Hue：25；Sat：50；Value：250）的颜色作为材质固有色。在"Shading"选项组中选择"L1"多选项，设置"Specular Level"数值为20、"Glossiness"数值为40。

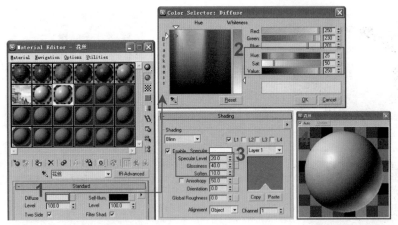

图16-35

Step 2 在视图中选择花蕊，接着在材质编辑器中激活此材质，单击 按钮将此材质指定给场景中的选择物体，如图16-36所示。

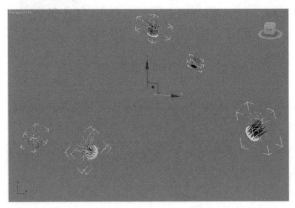

图16-36

Step 3 在材质编辑器中激活新的空白材质球，命名为"花丝"，将材质转换为"fR-Advanced"类型材质，如图16-37所示。单击"Diffuse"后的 按钮，在弹出的"Color Selector"对话框中选择（Hue：0；Sat：0；Value：85）的颜色作为材质固有色。在"Shading"选项组中选择"L1"多选项，设置"Specular Level"数值为20、"Glossiness"数值为40。

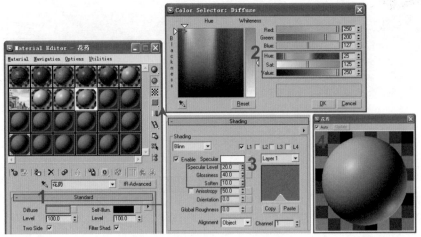

图16-37

Step 4 在视图中选择花蕊，接着在材质编辑器中激活此材质，单击 按钮将此材质指定给场景中的选择物体，渲染摄像机视图，效果如图16-38所示。

图16-38

16.3.7 水泥地面材质的创建

Step 1　在材质编辑器中激活新的空白材质球，命名为"水泥地面"，将材质转换为"fR-Advanced"类型材质，如图16-39所示。单击"Diffuse"后的▢按钮，在弹出的"Material/Map Browser"对话框中选择"Bitmap"选项并单击 ▢ OK ▢ 按钮。在接着弹出的"Select Bitmap Image File"对话框中选择"水泥地面.jpg"文件。展开"Maps"卷展栏，拖动"Diffuse"通道后的文件到"Bump"通道中，在弹出的"Copy"对话框中选中"Instance"选项，单击 ▢ OK ▢ 按钮将贴图复制。在"Shading"选项组中选择"L1"多选项，设置"Specular Level"数值为40、"Glossiness"数值为50。

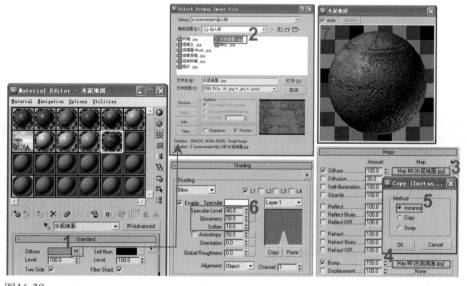

图16-39

Step 2　在视图中选择地面物体，接着在材质编辑器中激活此材质，单击🔳按钮将此材质指定给场景中的选择物体。为水管添加"UVW mapping"修改器，在卷展栏中选择"Box"选项，设置"Length"数值为300，设置"Width"和"Height"数值都为1000；渲染摄像机视图，可见地面材质如图16-40所示。

图16-40

16.3.8 破旧墙面材质的创建

Step 1 创建水管的材质，此材质表面很破旧，需要使用"Blend"材质来表现。激活新的材质，命名为"破旧墙面"。如图16-41所示，单击 Standard 按钮，在弹出的"Material/Map Browser"对话框中选择"Blend"选项并单击 OK 按钮。在弹出的"Replace Material"对话框中选择"Discard old material"选项替换原来的材质，单击 OK 按钮完成材质类型的转换。进入第一个子材质（Material1）的设置面板，将材质转换为"fR-Advanced"类型，为子材质命名为"旧涂料墙"。单击"Diffuse"后的 按钮，在弹出的"Material/Map Browser"对话框中选择"Bitmap"选项并指定"旧涂料墙.jpg"文件。单击"Reflect"后的 按钮，在弹出的"Color Selector"对话框中选择（Hue：0；Sat：0；Value：40）的颜色作为材质反射的颜色。展开"Maps"卷展栏，拖动"Diffuse"通道后的文件到"Bump"通道中，在弹出的"Copy"对话框中选中"Instance"选项，单击 OK 按钮将贴图复制。在"Shading"选项组中选择"L1"多选项，设置"Specular Level"数值为30、"Glossiness"数值为40。

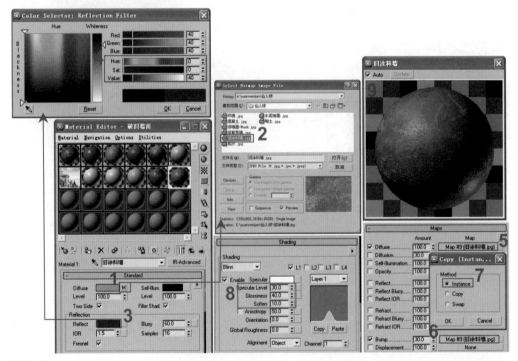

图16-41

Step 2 在视图中选择墙面物体，接着在材质编辑器中激活此材质，单击 按钮将此材质指定给场景中的选择物体。为水管添加"UVW mapping"修改器，在卷展栏中选择"Box"选项，设置"Length"数值为2000、"Width"数值为1500、"Height"数值为1800，如图16-42所示。

图16-42

Step 3 进入第二个子材质（Material2）的设置面板，将材质转换为"fR-Advanced"类型，为子材质命名为"旧青苔墙"，如图16-43所示。单击"Diffuse"后的 按钮，在弹出的"Material/Map Browser"对话框中选择"Bitmap"选项并单击 OK 按钮。在接着弹出的"Select Bitmap Image File"对话框中选择"旧青苔墙.jpg"文件。展开"Maps"卷展栏，拖动"Diffuse"通道后的文件到"Bump"通道中，在弹出的"Copy"对话框中选中"Instance"选项，单击 OK 按钮将贴图复制。在"Shading"选项组中选择"L1"多选项，设置"Specular Level"数值为30、"Glossiness"数值为35。

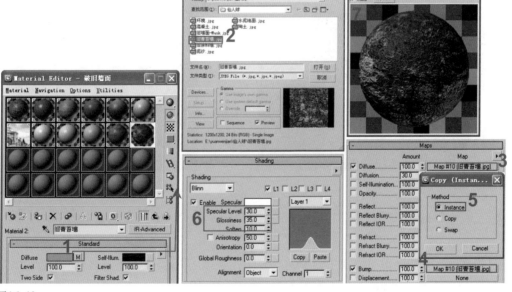

图16-43

Step 4 在材质编辑器上单击 按钮回到材质顶层。在设置面板上将"Mix Amount"数值设置为100，在视图中的墙面将显示子材质二的贴图，如图16-44所示。

Step 5 回到"破旧墙面"材质的顶层，单击"Mask"后的 None 按钮，在弹出的"Material/Map Browser"对话框中选择"Bitmap"选项并单击 OK 按钮。在接着弹出的"Select Bitmap Image File"对话框中选择"旧墙面-Mask.jpg"文件。此时材质球局部出现青苔，如图16-45所示。

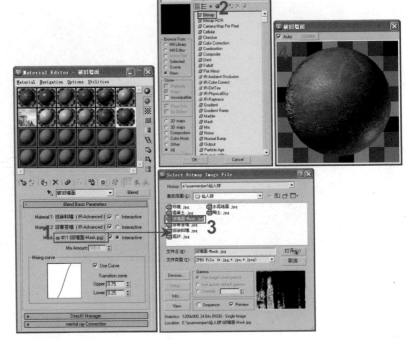

图16-44   图16-45

Step 6 此时在视图中的墙面将显示遮罩贴图，如图16-46所示。

Step 7 再次渲染摄像机视图，场景中所有的物体都指定了材质，如图16-47所示。

图16-46   图16-47

16.4 本章小结

3ds max 2009 CG

本章中的FinalRender渲染器使用"Bitmap HDR"贴图模拟环境光源，这里既可以为"Bitmap HDR"贴图指定HDRI格式的文件，也可以指定位图文件充当光源。大多数渲染器只能指定HDRI格式的文件作为光源。